制导炮弹导引控制一体化设计技术

孙世岩　姜　尚　梁伟阁　田福庆　著

科 学 出 版 社
北　京

内 容 简 介

本书从基础理论与作战实际结合的角度出发，针对制导炮弹在末制导段中存在的多项客观约束条件，对制导炮弹导引控制一体化设计技术进行较为全面系统的分析，其基本原理和分析处理的方法具有普遍意义，对其他旋转类和非旋转类飞行器也具有一定的适用性与参考价值。本书主要内容包括：舰炮制导炮弹的导引控制一体化设计模型；带多约束的导引控制近似一体化设计方法；考虑多约束的导引控制一体化通道独立设计方法；含多约束的导引控制一体化全状态耦合设计方法；导引控制一体化设计的半实物仿真研究等。

本书可供导引控制、弹箭外弹道、飞行力学等专业的科研人员、工程技术人员参考，也可供相关专业本科生和研究生教学之用。

图书在版编目（CIP）数据

制导炮弹导引控制一体化设计技术/孙世岩等著. —北京：科学出版社，2021.9

ISBN 978-7-03-069792-9

Ⅰ. ①制… Ⅱ. ①孙… Ⅲ. ①舰炮-控制系统-设计 Ⅳ. ①TJ391

中国版本图书馆 CIP 数据核字（2021）第 187405 号

责任编辑：裴 育 朱英彪 李 娜 / 责任校对：任苗苗
责任印制：吴兆东 / 封面设计：蓝正设计

科学出版社出版
北京东黄城根北街 16 号
邮政编码：100717
http://www.sciencep.com
北京建宏印刷有限公司 印刷
科学出版社发行 各地新华书店经销
*
2021 年 9 月第 一 版 开本：720 × 1000 B5
2022 年 7 月第二次印刷 印张：13
字数：260 000

定价：98.00 元

（如有印装质量问题，我社负责调换）

前　言

导引与控制系统是舰炮制导炮弹执行作战任务的关键，现已成为各军事强国竞相关注的重点。随着攻防装备体系的升级、弹目相对运动的加剧，质心导引与姿态控制之间的耦合作用显著增强，为了提升制导性能，需要进行导引控制一体化设计。

舰炮制导炮弹相较于导弹等非旋转类飞行器，具有研发成本低、舱室体积小、控制能力弱以及弹体旋转等特征。成本低、体积小，就必然要求导引与控制两个子系统共享昂贵的传感器。弹体旋转特性进一步增强了质心导引与姿态控制之间、俯仰与偏航通道之间的耦合关系，同时提高了弹目相对运动、弹体动力学与运动学等模型的非线性程度，使作用在弹体上的力与力矩同两个子系统状态的联系更加密切。制导性能难免会受到多项客观因素的约束，为了达到更好的毁伤效果，常需要以期望攻击角命中目标，弹体旋转使准确测量视线角速度变得困难，舵机作为唯一可控制的执行机构，其所能够提供的操纵力与力矩有限。毋庸置疑，弹体旋转与多约束都给导引控制一体化设计带来了新的挑战，尤其体现在系统重要状态的有限时间收敛性及系统一致最终有界等方面，而这些恰恰是在作战中实际存在且亟待解决的问题。

本书基于舰炮制导炮弹，在其打击近岸固定目标或机动目标的末制导段，从设计模型、设计方法、数学仿真与半实物仿真等方面，系统地研究了考虑多项约束的导引控制一体化设计方法。全书共 6 章，主要内容包括舰炮制导炮弹的导引控制一体化设计模型、带多约束的导引控制近似一体化设计方法、考虑多约束的导引控制一体化通道独立设计方法、含多约束的导引控制一体化全状态耦合设计方法、导引控制一体化设计的半实物仿真研究等。本书所提出的设计模型与设计方法不仅适用于舰炮制导炮弹，而且能够应用于制导炮弹、制导火箭弹等其他旋转类飞行器，在经过适当简化后还可以适用于非旋转类飞行器，这对于导引控制一体化研究思路的拓宽、设计方法的完善、适用范围的扩大以及工程应用的推进，都具有一定的理论意义与实践价值。

本书由海军工程大学孙世岩副教授、田福庆教授主持制定框架结构和撰写大纲，多位作者共同撰写完成。第 1、2 章由孙世岩副教授撰写；第 3～5 章由姜尚讲师撰写；第 6 章由梁伟阁讲师撰写。本书参考和引用了诸多国内外专家学者的研究成果，对引用的成果均在参考文献中列出，在此对所有文献的作者表示感谢。海军工程大学石章松教授审阅了本书，并提出了许多宝贵意见，在此表示感谢。本书的撰写得到了海军工程大学有关领导和工作人员的支持,在此一并表示感谢。

本书内容较为广泛，涉及多方面的专业知识，由于作者水平有限，书中难免有不妥之处，敬请广大读者指正。

作　者
2021 年 5 月

目　录

主要符号说明

$\boldsymbol{a}_P , \boldsymbol{a}_T$	弹体加速度矢量，目标加速度矢量
c_y'	全弹升力系数导数
c_z''	马格努斯力系数联合偏导数
$c_y^{\delta_z} , c_y^{\delta_y}$	俯仰舵升力系数导数，偏航舵升力系数导数
d_P	弹体参考直径
g	重力加速度
$J_{x_4} , J_{y_4} , J_{z_4}$	弹体相对于其三条惯性主轴的转动惯量
L	弹体参考长度
l_c	舵面压心到弹体质心的距离
m_P	弹体质量
m_z'	静力矩系数导数
m_{zz}'	赤道阻尼力矩系数导数
m_y''	马格努斯力矩系数联合偏导数
m_{xz}'	极阻尼力矩系数导数
m_{xw}'	尾翼导转力矩系数导数
n_{Py_2} , n_{Pz_2}	弹体法向过载，弹体侧向过载
n_{Py_2k} , n_{Pz_2k}	弹体法向可用过载，弹体侧向可用过载
q	空气来流动压
$\boldsymbol{R} , r$	弹目距离矢量，弹目距离矢量在偏航平面上的投影

S	弹体参考面积
$\boldsymbol{v}_P, \boldsymbol{v}_T, v_P, v_T$	弹体速度与目标速度的矢量和大小
$\boldsymbol{w}_{x_0}, \boldsymbol{w}_{y_0}, \boldsymbol{w}_{z_0}$	纵风，铅垂风，横风
α, β, γ_v	攻角，侧滑角，速度倾角
$\alpha^*, \beta^*, \gamma_v^*$	准攻角，准侧滑角，准速度倾角
θ, ψ, γ	俯仰角，偏航角，滚转角
θ_P, ψ_P	弹道倾角，弹道偏角
θ_Q, ψ_Q	视线倾角，视线偏角
θ_T, ψ_T	目标弹道倾角，目标弹道偏角
$\boldsymbol{\xi}$	弹体纵轴矢量
ρ	空气密度
δ_f	尾翼斜置角
δ_y, δ_z	偏航舵偏角，俯仰舵偏角
$\delta_{yeq}, \delta_{zeq}$	等效偏航舵偏角，等效俯仰舵偏角

第1章 绪　论

1.1 研究背景与意义

海军战略由近海防御型向近海防御与远海护卫型的转变，以及由海到陆、由海制陆、垂直包围等海战思想的发展进步，都对舰炮武器提出了更高要求：对海、对岸具有远程精确打击与持续火力支援的能力[1]。舰炮仅仅是发射平台，在对目标毁伤的有效性方面，至关重要的是弹药的终端效应。随着微电子、导航、探测与控制等领域高新技术的日新月异，一种低成本、高精度的舰炮制导炮弹应运而生[2]，它能够实现态势感知、电子侦察与精确打击等多种作战效果[3]，不仅比导弹射速高、效费比高、持续作战能力强，而且较常规弹药射程远、脱靶量小[4]，能够对近岸指挥所、舰艇、装甲等固定目标与机动目标进行远程压制和精确打击，为登陆部队提供持续可靠的海上火力支援[5]。

导引与控制系统是舰炮制导炮弹执行作战任务的关键。其中，导引系统的主要功能是测量弹体与目标的相对运动信息，根据预设的导引方法得到命中目标所需的导引指令[6]；控制系统主要根据导引指令与弹体运动状态，按照设定的控制方法形成控制指令，驱动执行机构产生适当的操纵力与力矩，改变弹体的姿态与速度方向，并克服风等不确定干扰，以保证飞行稳定，最终准确地命中目标[7]。

导引与控制系统的常规设计方式是忽略两子系统之间的耦合作用，在分离设计完成后再联调整合，适用于攻击固定目标或低速非机动目标，因其原理简单、易于实现而得到了广泛应用，但前提是需要满足时标分离条件[8]，即控制系统的时间常数远小于导引系统，所以难以对整合后系统的稳定性进行理论证明。随着攻防装备体系的快速升级，弹体与目标的速度和机动能力均得到了提升，导引系统中各状态的变化更为剧烈，两子系统之间的耦合关系更为紧密，使得上述前提难以成立[9]，容易导致脱靶量较大、终端攻击角度不理想等结果，系统的稳定性与可靠性也难以满足战技指标要求,那么就需要对两子系统重新进行设计与联调，致使设计成本增加、研发周期延长[10]。

辩证唯物主义的基本原理已明确指出：当系统的各部分以有序、合理、优化的结构形成整体时，整体功能会大于各部分功能之和[11]。因此，为了提高制导系统的整体性能，需要基于常规设计方式，先初步运用两子系统之间的联系，即在设计导引方法时考虑控制系统的动态特性，以过载作为连接两子系统的桥梁，进行导引控制近似一体化(approximate integrated guidance and control, AIGC)设计[12]；进而充分考虑两子系统之间的耦合作用，将准气动角当作两子系统的纽带，进行导引控制一体化(integrated guidance and control, IGC)设计[13]。IGC 与 AIGC 在本质上都是先通过合适的状态量构建出两子系统的直接联系，形成一个串级型的严反馈闭环系统，然后根据弹目相对运动与弹体运动状态，主动开发运用两子系统之间的耦合关系以降低保守性、增强稳定性，通过合适的设计方法直接解算出过载控制指令或执行器操纵指令[14]。鉴于上述优势，将先进的控制理论与工程技术应用于高超声速飞行器[15]、导弹[16]等高速运动飞行器的 IGC 设计，是导引与控制领域中的重要发展趋势，但目前鲜见关于旋转类飞行器 IGC 设计的研究，如何妥善处理飞行器的旋转特性，使得系统在满足考虑多项约束的同时保持一致最终有界(uniformly ultimately bounded, UUB)，仍然是该领域中涉及未深的问题。

相较于上述非旋转类飞行器，舰炮制导炮弹具有明显的特征，如研发成本低、舱室体积小、控制能力弱和弹体旋转等。成本低、体积小就必然需要导引与控制两子系统共享昂贵的传感器[17]；弹体旋转进一步增强了质心导引与姿态控制之间、俯仰与偏航通道之间的耦合关系，也提高了弹目相对运动、弹体动力学与运动学等模型的非线性程度，使作用在弹体上的力与力矩同两子系统状态的联系更加密切[18]。在末制导段飞行过程中，制导性能难免会受到多项客观因素的约束：为了达到更好的毁伤效果，常需要以期望攻击角命中目标[19]；弹体旋转使准确测量视线角速度变得困难，这对弹载传感器提出了很高的要求[20]；舵机作为唯一可控制的执行机构，其偏转范围受到限制，导致其所能够提供的操纵力与力矩有限[21]；传动齿隙会降低舵机的动态性能[22]。弹体旋转与多约束给 IGC 设计带来了新的挑战，尤其在系统重要状态的有限时间收敛性，以及系统一致最终有界等方面。

本书以旋转舰炮制导炮弹为研究对象，在其打击近岸固定目标或机动目标的末制导段，着眼于设计模型、设计方法、数学仿真与半实物仿真(hardware in the loop simulation, HILS)等方面，对多约束 IGC 设计方法展开系统研究，所提出的设计模型与设计方法不仅适用于舰炮制导炮弹，而且能够应用于制导迫弹、制导火箭弹等其他旋转类飞行器，在经过适当简化后还可以适用于非旋转类飞行器，这对于 IGC 研究思路的拓宽、设计方法的完善、适用范围的扩大以及工程应用的推进，都具有一定的理论意义与实践价值。

1.2 国内外研究现状

1.2.1 舰炮制导炮弹

自 20 世纪 90 年代以来，国际热点地区爆发的局部战争多数从海上发起，各军事强国都将以海制岸的作战能力看作现实需求而颇为重视。由于舰炮制导炮弹很好地迎合了现代高科技作战对远程化、信息化、精确化和高消耗性武器的需要，填补了导弹与传统弹药之间的空白，并且不需要特殊的发射平台，有效地缩短了研发周期，降低了研发成本，被视为提高舰炮武器作战效能的重要途径。舰炮制导炮弹的主要发展历程[23]如表 1.1 所示。

表 1.1 舰炮制导炮弹的主要发展历程

时间	技术特点	作战目标	代表
20 世纪 80 年代	炮射制导弹药舰上应用	中程攻击	Dead Eye 型
20 世纪 90 年代	增程、控制技术	远程攻击	弹道修正弹
21 世纪	增程、制导、控制技术	远程精确攻击	LRLAP 型

为了便于对舰炮制导炮弹进行 IGC 设计方法的研究，下面对国外主要型号舰炮制导炮弹的重要性能参数进行梳理与总结，以期能够较为全面地掌握舰炮制导炮弹的主要结构、基本原理及技术特征。

1. 美国 155mm 远程对陆攻击炮弹

远程对陆攻击炮弹(long range land attack projectile, LRLAP)是 BAE 系统公司为 155mm 先进舰炮系统所研制的，如图 1.1 所示，弹长为 2.4m，质量为 118kg，采用火箭助推与滑翔增程技术，射程≥185km，圆概率误差(circular error probable, CEP)≤20m，射速为 12 发/min，采用全球定位系统(global positioning system, GPS)/惯性导航系统(inertial navigation system, INS)制导技术，工程与制造研发阶段于 2014 年结束，并进行了大量射击实验[23]。先进舰炮系统发射 LRLAP 的概念图如图 1.2 所示。

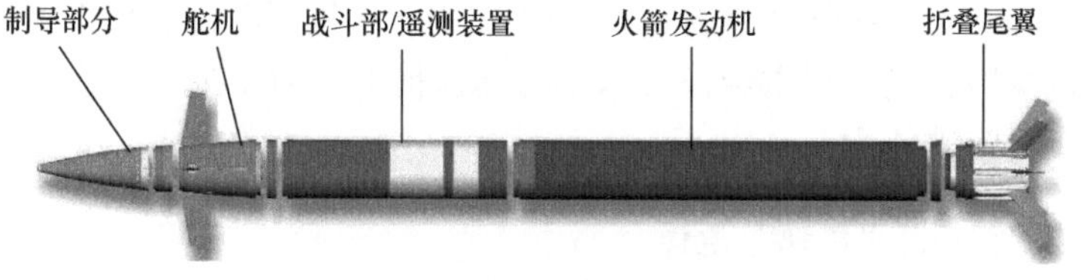

图 1.1 远程对陆攻击炮弹

图 1.2 先进舰炮系统发射 LRLAP 的概念图

2. 美国 127mm EX-171 增程制导炮弹

为了满足美国海军陆战队对远程精确舰炮制导炮弹的需求，德州仪器公司针对 Mk45-Mod4 式 127mm 舰炮研发了增程制导炮弹(extended range guided munition, ERGM)，如图 1.3 所示。该炮弹头部为制导装置和鸭舵，中部为杀爆战斗部，尾部为火箭发动机和尾翼，弹长为 1.86m，质量为 48.8kg，采用火箭助推与滑翔增程技术[24]，射程≥100km，CEP≤5m，射速为 10 发/min，采用 GPS/INS 制导技术，具备打击移动目标、多发同时弹着、大落角攻击的能力，在 2010 年的靶场实验中准确命中了 74km 外的目标。

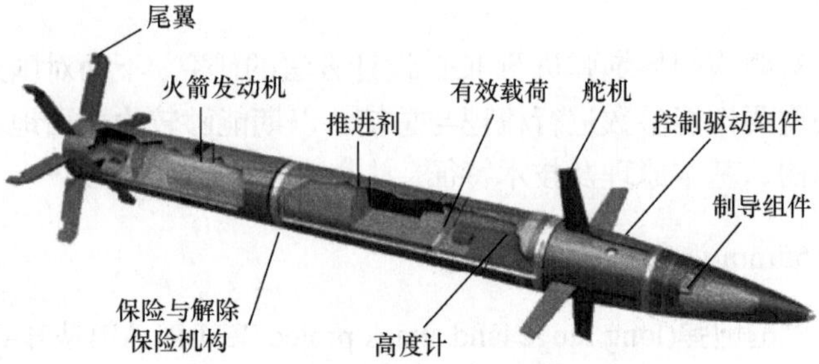

图 1.3　127mm EX-171 增程制导炮弹

3. 美国 127mm 多业务标准制导炮弹

127mm 多业务标准制导炮弹(multi service standard guided projectile, MS-SGP)由 BAE 系统公司研制，射程≥100km，CEP≤10m，射速为 10 发/min，采用 GPS/INS 制导技术，配备光电或红外导引头，配用 16.3kg 杀爆战斗部，可以由 Mk45 舰炮等通用平台发射，能够提供经济可承受的远程精确火力支援，已达到 6 级技术成熟度，具有再瞄准能力。

4. 法国 155mm “鹈鹕” 炮弹

155mm “鹈鹕” 炮弹由法国地面武器工业集团公司研制，CEP≤10m，采用 GPS/INS 制导技术，有远程和超远程两型：远程型弹长为 0.9m，质量为 47kg，采用滑翔增程技术，射程≥60km，携载 63 枚多用途子炸弹或 3 枚 “博纳斯” 攻顶子弹药；超远程型弹长为 1.4m，质量为 61kg，前部、中部、后部分别为控制舱、战斗部、火箭发动机，运用火箭助推与滑翔增程技术，射程≥85km，携载 77 枚多用途子炸弹或 4 枚 “泥鸽” 子炸弹。

5. 意大利 127mm “火山” 炮弹

127mm “火山” 炮弹是奥托·梅莱拉公司为意大利海军的 127mm 舰炮研发的

远程制导炮弹，如图 1.4 所示。该炮弹由固定头部、战斗部和可自由旋转的尾部组成，头部设有 4 片鸭舵，通过次口径与尾翼稳定设计使初速≥1200m/s，射速为 35 发/min，采用 GPS/INS 制导技术，配用 15kg 破片战斗部，有 B-精确制导型、C-远程型两型[25]：B-精确制导型炮弹长为 0.95m，质量为 29kg，采用滑翔增程技术，射程≥90km，CEP≤20m，装有针对舰艇的红外引信，配用半穿甲战斗部，在 2500m 高度、距目标约 6000m 时，启动寻的系统；C-远程型炮弹质量为 39kg，采用火箭助推与滑翔增程技术，射程≥120km，CEP≤20m，用于对陆攻击，滑翔阶段以超声速飞行，具备多发同时弹着、大落角攻击的能力。

图 1.4　127mm“火山”炮弹

6. 英国 155mm 低成本制导炮弹

英国 155mm 低成本制导炮弹(low cost guided projectile, LCGP)弹长为 1.62m，质量为 45kg，采用火箭助推与滑翔增程技术，射程≥150km，在 100km 以外的射程上 CEP≤30m，采用 GPS/INS 制导技术，配用子母战斗部，采用复合材料、惯性测量单元与微机电系统等高新技术，降低了研发成本，如图 1.5 所示。

图 1.5　155mm 低成本制导炮弹

将上述国外舰炮制导炮弹的主要性能指标归纳于表 1.2。可见国外舰炮制导炮弹型号的主要技术特征为口径大、射程远、精度高、成本低与器件微小型化等，采用鸭式气动布局，通过尾翼增强弹体飞行稳定性，采用火箭助推与滑翔增程技术、GPS/INS 制导技术，执行机构采用电动舵机进行双通道控制，且具备攻击机动目标、大落角攻击、多发同时弹着等能力，为我国在该领域的研究与发展提供了值得借鉴的思路和经验。

表 1.2　国外舰炮制导炮弹的主要性能指标

国家	型号	口径/mm	弹长/m	质量/kg	增程技术	射程/km	CEP/m	制导技术	执行机构	尾翼稳定
美国	LRLAP	155	2.4	118	火箭+滑翔	≥185	≤20	GPS/INS	鸭舵	√
	EX-171	127	1.86	48.8	火箭+滑翔	≥100	≤5	GPS/INS	鸭舵	√
	MS-SGP	127	—	—	火箭+滑翔	≥100	≤10	GPS/INS	鸭舵	√
法国	“鹈鹕”远程型	155	0.9	47	滑翔	≥60	≤10	GPS/INS	鸭舵	√
	“鹈鹕”超远程型	155	1.4	61	火箭+滑翔	≥85	≤10	GPS/INS	鸭舵	√
意大利	“火山” B	127	0.95	29	次口径+滑翔	≥90	≤20	GPS/INS	鸭舵	√
	“火山” C	127	—	39	次口径+火箭+滑翔	≥120	≤20	GPS/INS	鸭舵	√
英国	LCGP	155	1.62	45	火箭+滑翔	≥150	≤30	GPS/INS	鸭舵	√

1.2.2　考虑约束的导引与控制设计方法

由于作战任务的需要，并且考虑到弹体旋转、弹载器件性能[26]等因素的影响，弹体在末制导段飞行过程中，制导性能难免会受到多种客观因素的约束，主要包括攻击角约束、视线角速度测量受限和执行器控制饱和等，这给导引与控制方法的设计带来了诸多困难。若要求弹体在满足上述约束的同时，仍然具有较小的脱靶量，并且系统具有 UUB 等重要性能，仅满足脱靶量要求的经典制导设计方法显然已捉襟见肘。因此，研究满足多项条件约束的导引与控制方法具有重要的理论价值和广泛的应用前景，正吸引着众多专家学者投入其中。

1. 攻击角约束

为了获得更好的毁伤效果，常常需要结合目标易损特性，使弹体在命中目标时满足期望的攻击角，以发挥战斗部的最大效能。如图 1.6 所示，在打击水面舰艇等纵横比较大的目标时，需要横向切入攻击，当攻击装甲坦克、碉堡工事等四周坚固但顶端薄弱的目标时，以大角度攻顶更为合适[27]。

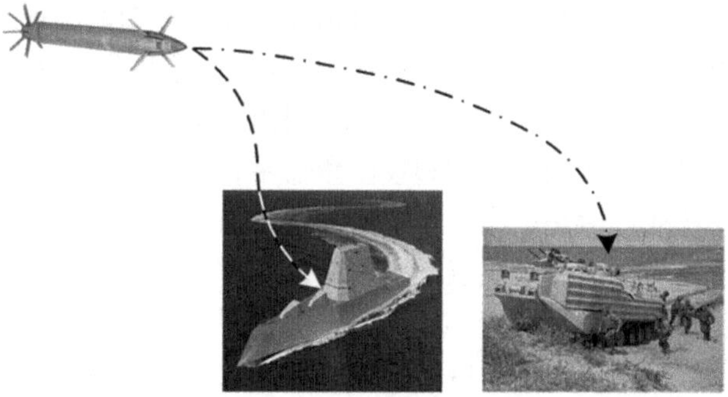

图 1.6　攻击角约束示意图

Kim 和 Grider[28]在 1973 年针对纵向二维平面内的再入飞行器，首次提出了考虑攻击角约束的最优导引律。此后，众多学者结合比例导引(proportional navigation guidance, PNG)[29-32]以及最优控制[28,33,34]、滑模控制(sliding mode control, SMC)[35-51]、神经网络控制[47]、模糊控制[48]等现代控制理论对其进行了广泛而深入的研究。

PNG 由于方法简单、易于实现且脱靶量较小，是经典制导方法中应用较为广泛的一种，适用于打击固定目标或慢速目标[29]。王广帅等[30]基于 PNG 设计了不需要剩余飞行时间的偏置 PNG，用于制导武器对地面慢速目标带落角约束的末制导段。Zhang 等[31]提出了考虑攻击角约束的偏置 PNG，能够在攻击角约束下有效命中慢速目标。进而，闫梁等[32]用时变偏置角速度作为偏置项，将 PNG 拓展应用至空间，但视线角速度会随着弹目接近而逐渐发散。

最优控制的基本思想是按照约束条件建立数学模型，将约束下的制导方法设计转变为最优控制问题，再经过合理假设与化简得到 Riccati 显式方程。为了满足在打击固定目标时的攻击角约束，Lee 等[33]假设导弹速度定常且控制系统无滞后特性，基于最优控制设计最小化二次性能指标，实现了零脱靶量。Zhang 等[34]通过求解二次最优 Riccati 方程，针对静止目标设计了满足脱靶量要求与攻击角约束的最优导引律，但需要已知通道耦合、目标机动等因素，这对处于高速运动中的弹体提出了过高的要求。

滑模控制通过变结构控制使非线性动态系统沿预设的滑模面运动，对系统内外干扰均具有较强的鲁棒性[52]。为了以设定的攻击角拦截机动目标，Rao 和 Ghose[35]将目标机动视为未知有界干扰，并基于二阶滑模研究了渐近收敛导引律。Harl 和 Balakrishnan[36]结合鲁棒与滑模控制设计了同时满足攻击时间和攻击角约束的导引律，所产生的需用过载均小于可用过载，适用于更多的交战场景。实际上，作战任务往往要求攻击角能在有限时间内收敛至期望值，为此，Zhang 等[37]基于有限时间稳定理论，提出满足攻击角约束且能保证视线角速度在有限时间内收敛至零的滑模控制导引律。进而，Hou 等[38]基于非奇异终端滑模(nonsingular terminal sliding mode, NTSM)提出了一种导引律，使视线角跟踪误差与视线角速度均在有限时间内收敛，导弹在拦截匀速运动目标时的期望攻击角范围更大。为了拓宽初始适用条件，Kumar 等[39]基于 NTSM 提出了从任意初始航向角拦截目标的导引律，在有限时间内实现了以期望攻击角命中目标，系统鲁棒性良好。

考虑到实际作战环境是三维空间，Lee 和 Kim[40]针对静止目标提出了考虑攻击角约束的双滑模导引律，其优点是在命中前能够稳定地满足角约束，并且受交战环境非线性耦合因素的影响较小。赵曜等[41]针对地面静止目标提出了三维有限时间滑模导引律，控制导弹以期望的纵向和侧向攻击角进行精确打击。Kumar 和 Ghose[42]基于 NTSM 设计了能在有限时间内以期望攻击角命中机动目标的三维导引律，通过 Lyapunov 理论证明系统稳定。针对带三维落角约束的导弹导引与控制系统设计，王建华等[43]基于终端滑模(terminal sliding mode, TSM)和扩张状态观测器(extended state observer, ESO)设计了俯仰、偏航与滚转通道上的控制指令，通过六自由度数学仿真验证了此方法的有效性。

进而，为了满足 IGC 设计时对攻击角的约束，Yang 等[44]提出了基于滑模控制和非线性干扰观测器的 IGC 设计方法，通过 Lyapunov 理论分析了系统稳定性，推导了攻击角误差与非线性扰动估计误差之间的关系。Wu 和 Yang[45]针对导弹对攻击角的制导要求，通过非线性转换将纵平面 IGC 模型转换为适用于滑模控制的标准形式，并运用线性矩阵不等式给出了滑模有限时间收敛的充分条件。

滑模控制为了满足系统对稳定性的设计要求，切换项增益需要大于等于不确定干扰的绝对值上界，而作战环境的日益复杂以及客观约束条件的增多都增大了系统干扰的幅值，这就很容易导致控制指令产生高频抖振，致使系统性能降低。因此，张尧等[46]采用连续饱和函数代替切换项，在一定程度上削弱了高频抖振，优势是调整参数少、结构简单易实现，但系统在理论上不再满足稳定条件。为此，Li 等[47,48]进而将神经网络、自适应模糊等智能控制方法与滑模控制结合，运用视线角速度、弹目距离与滑模面等信息分别设计了小波神经网络和自适应模糊系统，用来代替切换项，有效削弱了控制量高频抖振，而且能够保证系统一致最终有界。

上述研究大多将通道耦合、建模误差、风以及目标机动等不确定性因素视为未知有界干扰，但并未给出具体有效的处理方法。ESO 由 Han[53]首次提出，它可以在缺乏对象精确模型的情况下，对系统内部状态和外部干扰进行迅速而准确的观测，适用于导引与控制系统这类具有严反馈形式的串级系统。为了使水下动能武器在攻击机动目标时获得更好的毁伤效果，张小件等[49]将 ESO 与反步控制(backstepping control, BSC)、滑模控制相结合，设计了带攻击角约束的非线性导引律，运用 ESO 精确地估计机动目标，提高了系统的稳定性与鲁棒性。Wang 等[50]将攻击角约束下的导引律设计转换为状态跟踪问题，设计 ESO 估计机动目标，采用自适应趋近律设计 NTSM，能根据系统状态的变化调整切换项增益，提升了制导性能，并且保证了系统一致最终有界，但他们并未将 ESO 观测误差纳入系统稳定性分析的范围内。

目前对攻击角的定义主要有三种：弹体落角[54]、视线角[55]、命中时刻弹目速度矢量夹角[56]。由于前两种均为第三种的特殊情况，所以选用第三种定义进行研究更具有普适性。通过零化碰撞航线上的弹目相对法向速度，可以将攻击角约束等价地转换为对终端视线角的约束问题[51]。

2. 视线角速度测量受限

导引装置能够测量视线角、视线角速度等重要的相对运动信息，是制导武器的重要组成部分，按照安装配置方式其主要分为平台式与捷联式[57]，前者有速率陀螺能够直接测量视线角速度，但平台的存在也导致了结构复杂、可靠性降低、成本增加[58]；后者则将导引装置刚性地安装在弹体上，省去了稳定平台，能够缩小体积、提高可靠性、降低成本，并为 IGC 设计提供了可行的技术路径[59]。

对于舰炮制导炮弹这类舱室体积小、冲击过载高的制导武器，从适用性、可靠性与经济性等方面来考虑，则更加倾向于选择捷联式导引装置，但问题是测量视线角速度会受到限制[60]，而这正是诸多制导方法都需要的信息。尽管有学者研究了不需要视线角速度的制导方法[61]，但这在本质上仍然依赖弹目运动状态的精确感知。因此，结合视线角等信息来研究提取视线角速度的方法具有重要意义。

近年来，众多学者投入到这方面的研究当中，目前的方法主要有两类：使用 Kalman 滤波器[62-64]、使用由非线性函数构成的状态观测器[65-69]。为了解决捷联式探测器无法提供视线角速度的难题，Maley[62]研究了从视线与弹轴之间的误差角和弹体姿态角速度中提取视线角速度的 Kalman 滤波器，通过攻击非机动目标的弹道仿真结果验证了该方法的可行性。王小刚等[63]研究了鲁棒滤波在飞行器捷联导引头视线角速度估计中的应用，建立视线角速度的解耦模型与量测方程，通过仿真表明该方法的有效性与鲁棒性，但计算量大、算法复杂，从而导致信号延迟。为此，孙婷婷等[64]在建立捷联导引头数学模型与视线角速度解耦算法的基础上，引入微分环节，提高了 Kalman 滤波器估计视线角速度的效率，但滤波精度会受到先验知识的影响，并且难以从理论上分析系统的稳定性。

进而，Ma 等[65]采用扩展高增益观测器对视线角速度进行估计并用于输出反馈控制，成功地实现了寻的导弹导引律，但其未考虑目标机动等不确定性因素。为此，Liao 等[66]提出了不需要目标机动先验信息的三维导引律，设计了非线性鲁棒观测器来估计视线角速度，通过仿真验证了该方法的有效性。He 等[67]将高阶滑模微分器与扰动观测器结合，用于从视线角中提取视线角速度，通过 Lyapunov 理论证明了系统重要状态的有限时间稳定性。王佩等[68]以仅能获取角度信息的捷联导引头为研究对象，基于形式更为简洁的跟踪微分器设计了视线角速度提取方法，它在本质上与ESO的原理相同，能够缩短延迟时间且易于实现，具有一定的工程应用价值。进一步地，He等[69]将ESO与滑模控制结合，运用系统状态和视线角速度估计值设计滑模，以克服系统非匹配不确定性，并从理论上证明了视线角速度的渐近稳定性，但上述研究并未对ESO的稳定性进行理论分析。

上述两类方法对不确定干扰均具有较强的鲁棒性，前者的优势主要体现在其所提取到的视线角速度信息更加精确，但从稳定性与实现性上来分析，后者更胜一筹，并且易与滑模控制、动态面控制(dynamic surface control, DSC)等现代控制方法相结合，更加适用于考虑多项约束的IGC设计方法。

3. 执行器控制饱和

各类机电系统在实际运行时，执行器经常会出现饱和现象，这势必会降低控制精度，甚至导致系统失控失稳，已成为制约系统性能的主要非线性因素之一[70]，尤其是对于舰炮制导炮弹这类工作环境恶劣、执行器件单一的复杂非线性系统，有效处理或尽量避免控制受限带来的饱和非线性问题则显得尤为重要。在飞行过程中的需用过载应该尽量避免超过可用过载，这是能够完成作战任务的重要前提[71]，否则就不能按所需弹道飞行，达不到预期的作战效果。

最早研究执行器控制饱和的控制方法是在线性系统和非线性程度较弱的系统中展开的，借鉴的是相平面法[72]、绝对稳定理论[73]等成熟的线性控制理论，但线性模型通常是设计者将非线性系统在关心的几个工况点处线性化后得到的，那么线性抗饱和控制器在处理高阶或含有多不确定性的非线性系统时就必然存在较大的局限性，难以取得期望的补偿效果，而且系统的收敛域比较保守[74]。

IGC系统在本质上属于具有严反馈串级形式的高阶非线性系统，其动态行为相对复杂，目前处理此类系统中存在执行器控制饱和的方法大致有两类[75]：①抗饱和控制法，即在设计控制器时先不考虑执行器控制饱和，采用附加设计的静态比例[76]、动态积分[77]等饱和补偿器，其优势在于设计过程较为简易，但控制效果差强人意；②稳定控制法，在设计时就充分考虑执行器控制饱和，通常采用将反步控制[78]、动态面控制[79]、自适应控制[80]、模糊控制[81]等现代控制方法与自适应Nussbaum函数或指令滤波相结合的方法，使系统渐近稳定或一致最终有界。

为了有效地处理在控制方向未知非线性系统中存在的执行器控制饱和问题，王永超等[78]结合双曲正切函数和Nussbaum函数设计了自适应模糊反步控制器，通过Lyapunov理论证明了系统最终一致有界。进而，张杨和胡云安[79]针对含有参数不确定性的非线性系统，结合动态面控制设计了受限指令滤波器，有效避免了执行器控制饱和。在受外部干扰的情况下，Wen等[80]基于反步控制与Nussbaum函数设计了一种自适应控制器，较好地补偿了执行器控制饱和引起的非线性，由于无需已知不确定干扰的先验信息，所以系统具有较强的鲁棒性。针对含有输入饱和的不确定非线性系统，Li 等[81]基于反步控制构造了自适应模糊跟踪控制器，结合自适应 Nussbaum 增益函数，达到了避免执行器控制饱和的控制效果，并使得系统一致最终有界。

对于含有执行器控制饱和的非线性系统，保证系统全部或者重要状态在有限时间内收敛也是需要研究的重要问题[82]，这通常需要结合滑模控制来实现[83,84]。针对受外界干扰与参数摄动影响的高超声速飞行器，Sun 等[83]设计了有限时间抗饱和积分滑模控制器，通过数学仿真验证了该控制器的有效性。进而，为了使导弹在拦截机动目标时满足攻击角约束，Si 和 Song[84]基于有限时间抗饱和器提出了能加快滑模收敛速度的导引律，实现了精确拦截。针对滑模控制中存在的控制量高频抖振，Li 等[85]设计了自适应神经模糊推理系统对控制量进行自适应调整，有效削弱了高频抖振，并且提高了系统的鲁棒性。

在 IGC 系统这类具有多不确定性的高阶非线性系统中，研究能够有效处理执行器控制饱和并且确保系统稳定的设计方法，是公认的具有挑战性的问题。相比于导弹等非旋转类飞行器，舰炮制导炮弹的执行器种类单一、操纵范围小，它所能够提供的操纵力与力矩就更为有限，而且若要求系统同时能够满足多项约束，则弹体姿态需要进行较大范围的调整，这势必会增大执行器发生饱和的概率，因此在设计导引与控制方法时十分有必要考虑这一因素。

此外，为了遂行多样化的作战任务，经常考虑到的约束条件还有攻击时间协同[86]、攻击速度[87]等，由于这并非本书的主要研究内容，所以在此不再赘述。

1.2.3　导引控制近似一体化设计方法

导引与控制系统的常规设计方式是基于时标分离原则(导引系统的时间常数远大于控制系统)，如图 1.7 所示。将导引系统与控制系统分别视为制导系统的外环、内环，并分别对其进行设计[88]，在设计导引方法时仅使用弹目相对运动信息，视控制系统为理想环节，同样地，在设计控制方法时，也未考虑导引系统的动态特性，联调两子系统设计整体制导系统，由于其思路简单、易于工程实现而得到广泛使用。

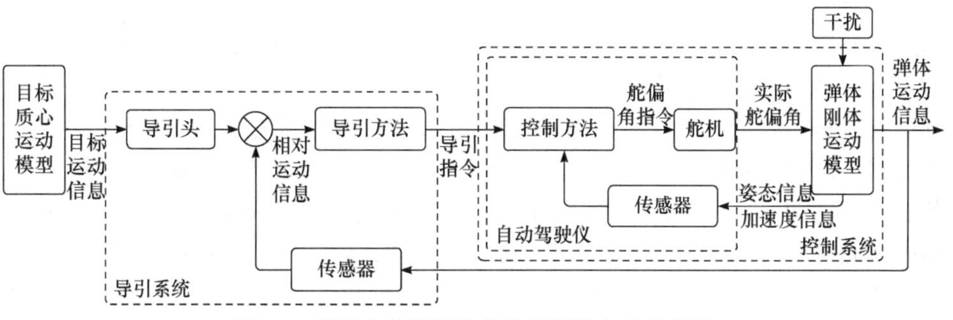

图 1.7　导引与控制系统的常规设计方式示意图

然而，日益复杂的现代作战环境对制导武器提出了更高的要求，也凸显出常规设计方式中存在的几处缺陷：从系统性能来看，未考虑两子系统之间存在的动态延迟与耦合关系，系统具有较强的保守性，且难以从理论上严格地证明由两子系统整合后整体制导系统的稳定性；就适用范围而言，攻防装备体系的升级加剧了弹目之间的相对运动，尤其是在末制导段，导引系统的时间常数随弹目快速接近而迅速减小，两子系统的频率逐渐接近，难以满足时标分离原则[89]；从研发条件上分析，系统参数较多，需要反复进行联调，设计周期较长，两子系统都需要配备高性能的弹载传感器，成本高，装备可靠性有待提高。

为此，研究者基于常规设计方式，初步开发了两子系统之间的动态延迟与耦合关系，简要而言，就是在设计导引方法(控制方法)时考虑控制系统(导引系统)的动态延迟。由于其在一定程度上运用了耦合关系，能够提高制导系统的整体性能，所以也称为 AIGC 设计方式[90]，它与常规设计方式的最大区别就体现在对导引方法或控制方法的单独设计上。需要说明的是，AIGC 设计方式并未脱离常规设计方式的分离设计思路，而且与 IGC 设计存在本质上的区别[91]。根据所研究子系统的不同可以将其划分为两类：考虑导引系统动态特性的控制方法，考虑控制系统(自动驾驶仪)动态特性的导引方法。

前者是指先对导引系统进行预设计，再考虑导引系统的动态特性，并采用一定的理论方法对控制系统进行设计[92]。由于控制系统是内回路，其输入信号需要导引外回路来提供，而难点就在于如何进行导引系统的预设计，以得到既能反映导引系统动态特性，又能输出准确导引指令的简化模型，这导致了与此相关的研究并不多见，所以本书主要对后者进行研究。

为了降低自动驾驶仪动态特性对导引系统的影响，诸多研究工作的思路是在设计导引方法时将自动驾驶仪视为低阶惯性环节引入[93]。值得注意的是，这种设计在本质上仍然属于对导引方法的设计，因而仅需要考虑弹体与目标的质心三自由度运动。按照引入自动驾驶仪的阶次来划分主要有两种：一阶滞后环节[94-97]、二阶惯性环节[98-103]。

针对静止目标，Lee 等[94]考虑攻击角约束，将自动驾驶仪视为一阶滞后系统，通过求解三阶线性时变常微分方程推算出导引方法的解析解，分析了自动驾驶仪滞后对末制导性能的影响。针对低速目标，Zhang 等[95]考虑了自动驾驶仪的动态延迟与攻击角约束，将目标机动等视为未知有界干扰，基于积分滑模和非线性干扰观测器设计了新型复合导引方法，保证了视线角和视线角速度在有限时间内收敛。针对自动驾驶仪延迟特性，商巍等[96]基于动态面滑模(dynamic surface sliding mode, DSSM)与模糊自适应设计了一种导引方法，该方法具有良好的脱靶量精度，并有效削弱了控制量抖振。针对空间内高速机动目标，雷虎民等[97]为了提高导弹拦截精度，运用自抗扰控制设计了考虑自动驾驶仪动态特性和目标机动的动态面控制导引方法，避免了微分膨胀，在目标做不同机动时均具有良好的制导性能。

一般而言，自动驾驶仪都具有高阶动态特性，为了提高制导精度且不使所设计的导引方法过于复杂，可采用二阶惯性环节来描述其延迟特性更为合理[98]。在纵平面内，Qu 和 Zhou[99]结合降维观测器设计了基于动态面控制的 AIGC 设计方法,在对非机动与机动目标的数学仿真中有效补偿了自动驾驶仪延迟的不利影响。针对打击机动目标时带攻击角约束的末制导问题,杨靖等[100]运用含扰动的二阶惯性环节来描述自动驾驶仪的动态特性，结合积分滑模与动态面控制设计了一种鲁棒导引方法，使弹箭具有良好的动态性能，并通过 Lyapunov 理论证明系统一致最终有界。He 等[101]结合 NTSM 与反步控制提出了考虑攻击角约束和自动驾驶仪二阶惯性特性的鲁棒导引方法，控制量不存在切换项，有效消除了高频抖振。针对拦截空中飞行目标时需要满足零脱靶量与攻击角约束的问题,张凯等[102]运用 ESO 估计目标加速度，同时考虑自动驾驶仪的二阶惯性特性，结合动态面控制提出了能以大范围攻击角拦截机动目标的新型导引方法。进一步地，在三维空间内，为了保证视线角速度在弹目碰撞前收敛到零点附近的较小邻域内,王华吉等[103]基于用自抗扰控制对不确定性进行估计补偿的思想，采用反步控制设计考虑自动驾驶仪二阶惯性特性和目标机动的导引方法，使导弹在有限时间内精确地拦截了机动目标。

1.2.4 导引控制一体化设计方法

实际上，质心导引系统与姿态控制系统并不是相互独立的，它们之间存在着耦合关系,因此对其进行合理的、充分的开发运用能够提高整体制导性能[104]。IGC 最早由 Williams 等[105]于 1983 年提出，它充分开发运用了两子系统之间的耦合关系，通过气动角等中间状态量来建立质心导引系统与姿态控制系统的直接联系，集成出一个串级型的高阶非线性系统，再运用一定的设计方法，根据弹目相对运动、弹体运动、弹体姿态等信息直接解算出执行器的操纵指令[106]，如图 1.8 所示。

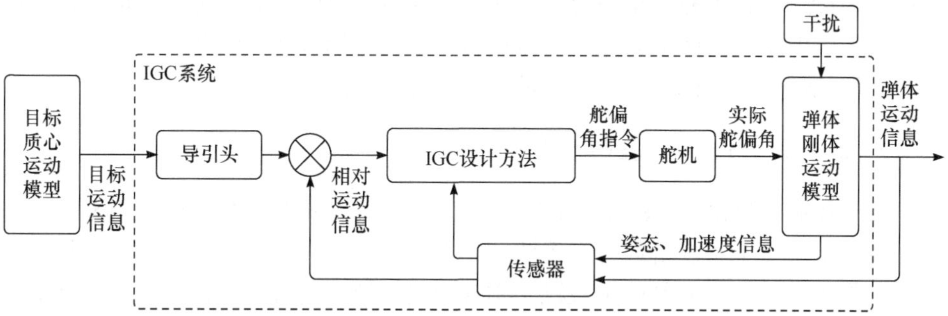

图 1.8 IGC 设计方法示意图

近年来，随着现代控制理论的蓬勃发展，涌现出多种 IGC 设计方法，取得研究成果较多的主要有最优控制[107-110]、反步控制[111-113]、动态面控制[114-120]、滑模控制[121-140]与模糊控制[145-150]等方法。IGC 是一类具有快时变性、多不确定性、强耦合性的高阶非线性系统，依靠某一种控制方法所获得的导引控制效果差强人意，因此目前该领域中的研究已经开始呈现出多种控制方法相互结合的趋势，而且其基本上都具有一定程度的自适应能力。

1. *最优控制方法*

最优控制作为现代控制理论中最为成熟的一个分支，其本质是在满足一定条件的约束下寻求最优化的控制方法，能够使系统性能在设定的指标下达到最优值，已经广泛应用于飞行器的 IGC 设计中。按照被控对象的非线性程度可以将其分为两类：线性最优控制[107,108]、非线性最优控制[109,110]。

为了得到线性最优控制可解的形式，首先要完成的是对非线性模型进行线性化处理，因此通常会使用反馈线性化方法。其中，Hughes 和 McFarland[107]运用反馈线性化方法将导弹攻击非机动目标的IGC平面模型近似为适用于最优控制的线性形式，以脱靶量为最优指标，直接计算出执行器指令。针对攻击具有一阶 Markov 过程加速度的机动目标，Evers 等[108]对导弹导引与控制系统进行了通道独立设计，以脱靶量和攻击角为最优指标，推导出易于工程实现的 IGC 解析解，但较多的近似简化限制了它在非线性系统中的应用。

非线性最优控制的难点在于求解 Hamilton-Jacobi-Bellman 方程，目前主要有两种求解方式：状态依赖 Riccati 方程方法[109]和θ-D 方法[110]。其中，Vaddi 等[109]将导弹拦截目标问题转换为单一非线性方程最优解的求解问题，得到了一类约束最小二乘优化问题的状态相关系统矩阵，基于状态依赖 Riccati 方程方法实现了 IGC 设计的全数值求解，但计算量较大，不宜在线使用。为此，Xin 等[110]基于θ-D 方法将导弹导引与控制系统设计为统一的状态空间，成功地进行了 IGC 通道耦合次优化设计，得到了舵偏角的近似闭式解，通过六自由度弹道仿真验证了此方法的有效性，但所选用体坐标系的性能敏感于最优指标权重，因此当存在多不确定性时，该如何选取指标权重还需要进一步进行研究。

2. *反步控制与动态面控制方法*

反步控制最早由 Kanellakopoulos 等[111]于 1991 年提出，其本质是将整个系统划分成若干个小于系统阶数的子系统，先设计子系统 Lyapunov 函数和虚拟控制量，再将子系统集成来设计全系统，实现全局的镇定调节，以达到期望的性能指标，特别是当针对非匹配不确定性时，它具有明显的优势：反向设计使控制器的设计过程结构化，便于构造 Lyapunov 函数与稳定性分析；能控制相对阶数为 n 的系统，突破了经典设计中对系统相对阶数为1的限制。

针对飞行器的IGC设计问题，Seyedipour等[112]根据升力系数已通过开环响应验证的非线性模型，提出了一种运用自适应反步控制的IGC设计方法，并且通过Lyapunov理论分析了系统的稳定性。进而，针对作用于导弹IGC系统的多不确定干扰，Shao和Wang[113]提出了一种基于低阶ESO与反步控制的IGC设计方法，通过数学仿真验证了该方法的优越性。然而，反步控制的主要缺陷是在对虚拟控制量求导时会产生微分膨胀，这在高阶系统中显得尤为突出。

在反步控制的基础上，Swaroop等[114]于2000年首次提出了动态面控制方法，引入一阶滤波器来计算虚拟控制量的导数，其优势主要体现为，消除了虚拟控制量求导产生的微分膨胀，简化控制方法与参数取值，易于工程实现；在进行稳定性分析时，不需要假定逼近误差有界，避免循环论证；易与滑模控制、模糊控制、非线性观测器等相结合，能根据研究需求融合多种控制方法的优势。

按照研究的维度来划分，基于动态面控制的IGC设计方法主要包括两类：在平面内主要运用动态面控制，即通道独立设计；在空间内主要运用块动态面控制(block dynamic surface control, BDSC)，即通道耦合设计。其中，舒燕军和唐硕[115]针对轨控式导弹纵平面IGC设计问题，通过一阶低通滤波器得到虚拟控制量的微分，避免微分膨胀，采用非线性干扰观测器对不确定干扰进行估计。卢晓东等[116]针对姿控式拦截弹IGC设计中存在的目标机动、喷流扰动等不确定性，将动态面控制与变增益扩张状态观测器结合，有效保证了估计精度，减弱了初始尖峰现象。Zhao等[117]建立了捷联式导弹含非匹配不确定性的IGC严反馈串级模型，结合神经网络干扰观测器提出动态面控制方法，有效处理了不确定性，并通过Lyapunov理论证明了系统最终一致有界。

上述研究均是将通道耦合因素视为系统不确定性的一部分，而在空中高速运动的弹体受通道耦合作用的影响较为明显。为此，Hou等[118]将寻地导弹IGC设计问题转换为时变非线性系统的状态调节问题，提出了基于自适应BDSC的IGC设计方法，有效提高了脱靶量精度和鲁棒性。进而针对具有攻击角约束的倾斜转弯(bank to turn, BTT)飞行器，刘晓东等[119]结合鲁棒动态逆与BDSC提出了一种IGC通道耦合设计方法，确保了飞行器的稳定飞行与精确制导，并对参数摄动等不确定性具有强鲁棒性。在高超声速飞行器受攻击角约束的研究方面，Wang等[120]建立了严反馈形式的IGC全状态耦合设计模型，基于BDSC推导出执行器控制量，运用BDSC、滤波器误差与估计误差等构成Lyapunov函数，证明了IGC系统最终一致有界，并进行了数学仿真验证。

3. 滑模控制方法

滑模控制是现代控制理论的重要分支，与其他方法的区别集中体现在控制的不连续性，即能够在动态过程中，根据系统状态信息(状态偏差或各阶导数等)迫使系统按照设定的滑动模态做一定幅度、高频率的运动[121]。滑模的设计与系统参数以及干扰的相关性较小，使得滑模控制具有响应快速、鲁棒性强、易于工程实现等优点，在 IGC 领域中得到了广泛应用[122]。按照所设计滑模的阶次来划分，滑模大致有以下几类：一阶滑模[123-132]、高阶滑模[133-137]、积分滑模[138]等。

一阶滑模选择运用与系统状态相关的信息(在 IGC 中常使用视线角与视线角速度)，来构造线性滑模或非线性滑模，通过调节滑模参数来控制收敛速度。针对无人机的航迹跟踪问题，Yamasaki 等[123]基于一阶滑模提出了 IGC 三通道独立设计方法，分析了由测量误差和模型误差引起的误差界，通过在风湍流工况下的螺旋上升飞行仿真验证了该方法的有效性。Koren 等[124]基于一阶滑模提出了导弹的 IGC 设计方法，运用视线角与视线角速度构造滑模面，同常规设计方法的对比仿真结果表明，此方法在拦截目标的末制导段尤其有效。进而，He 等[125]研究了导弹拦截机动目标时受攻击角约束的 IGC 设计问题，提出了不需要目标机动先验信息的一阶滑模控制方法，具有一定的实际应用潜力。

设计者常常希望系统全部或部分重要的状态能够在有限时间内收敛，而通过合理设计滑模的趋近律，可以在一定程度上改善滑模品质、加快收敛速度。为了使视线角跟踪误差与视线角速度快速收敛至零，赵振昊等[126]运用指数趋近律设计了一阶滑模，基于此提出了一种考虑导弹高阶动态特性的 IGC 设计方法，有效命中做大机动逃逸的目标，但从理论上分析，在常规一阶滑模控制下的系统状态跟踪误差只能渐近收敛，而达不到有限时间内收敛。为此，Wang 等[127]将 TSM 引入 IGC 设计中，设计滑模面为 $s = x_2 + \beta x_1^{q/p}$ ($\beta > 0$，p 与 q 均为正奇数，$p > q$)，在保证系统稳定的前提下，使系统重要状态在指定的有限时间内收敛，但在收敛至零时控制量会出现奇异。

因此，NTSM 迅速成为目前 IGC 设计中的研究热点。针对运载火箭的姿态控制问题，You 等[128]考虑模型参数和大气扰动等不确定性，提出了一种基于 NTSM 的 IGC 设计方法，在保证系统有限时间内稳定的同时，避免了控制量奇异问题。进而，考虑到攻击角约束，Zhang 和 Wu[129]结合动态面控制将 NTSM 发展成 DSSM，对 IGC 这类含多非匹配不确定性的高阶非线性系统取得了良好的控制效果。仅考虑导弹在纵平面内的运动，董朝阳等[130]视模型误差、目标机动为未知有界干扰，将 IGC 系统描述为严反馈串级系统，提出了基于 DSSM 的 IGC 设计方法，采用 ESO 估计系统不确定性，使系统的鲁棒性较强。针对导弹在空间内打击目标，张尧等[131]采用 ESO 对通道耦合作用和不确定性进行实时观测与动态补偿，基于 DSSM 提出了 IGC 通道独立设计方法，有效避免了微分膨胀。进而，考虑到拦截弹执行器控制饱和因素，Guo 和 Liang[132]构造了 ESO 来估计目标加速度和非匹配不确定性，基于块 DSSM 设计了一种 IGC 全状态耦合设计方法，并通过 Lyapunov 理论证明了系统一致最终有界。

运用一阶滑模的系统关于滑模 s 的相对阶必须为 1，即控制量必须显式地出现在 $\dot{s}$ 中，为突破此限制，Shtessel 和 Tournes[133]采用表征系统状态的滑模及其高阶(二阶及以上阶次)导数来控制系统。Yamasaki 等[134]采用超螺旋算法将执行器输入关联到二阶滑模，设计了适用于无人机的 IGC 设计方法，通过与常规方法的仿真比较验证了其良好性能。进而，针对导弹拦截机动目标的纵平面 IGC 设计问题，Shtessel 等[135]提出并证明了一种基于齐次性理论的新型光滑二阶滑模设计方法，将适用范围拓宽至含有不确定充分光滑扰动的系统。在更高阶次滑模的研究方面，付斌等[136]针对高超声速飞行器的 IGC 设计问题，基于高阶滑模设计了执行器控制指令，构造任意阶鲁棒微分器来估计滑模高阶量，取得了较好的控制效果。考虑到目标机动和气动参数摄动等不确定性，董飞垚等[137]基于齐次性理论与超螺旋算法提出了一种高阶滑模 IGC 设计方法，使导弹具有更小的脱靶量，姿态与舵偏角的变化也更为平缓。

然而，在运用高阶滑模时，面临的最大问题是所需要信息的数量与获取的难度都增加了，而且高阶滑模的理论体系远非一阶滑模那样完善，不具有可达的显式条件。虽然一阶滑模能被直接用来构造 Lyapunov 函数，但对于绝大多数的高阶滑模，目前还缺乏构造合适 Lyapunov 函数的通用方法。

一阶滑模在跟踪任意轨迹时，若系统外部存在一定的干扰，则容易产生稳态误差，系统性能就难以达到期望指标。为此，积分滑模在 IGC 设计中得到了初步的研究与应用，其特点是系统在滑动模态运动方程的阶次等于原系统阶次。齐辉等[138]综合考虑了作用于导弹 IGC 系统的通道耦合、参数摄动与目标机动等干扰，将自适应 Nussbaum 增益函数对干扰的辨识能力和积分滑模的抗干扰能力相结合，提出了一种 IGC 设计方法，通过理论分析与数学仿真验证了该方法的有效性。

当系统的状态趋于滑模面时，滑模切换项的存在，使其很难按照滑模面向平衡点滑动，而只能在其两侧反复穿越，容易诱发控制量高频抖振[52]。然而对多数系统来说，高频抖振会加速执行器磨损甚至损坏，激发系统的未建模动态，从而降低系统性能。因此，削弱高频抖振是滑模控制中的重要研究内容，国内外学者提出了引入连续饱和函数、自适应模糊控制等解决方法。前者是一种简易实用的削弱高频抖振方法[97]，它引入连续饱和函数来替换滑模切换项，通过设置边界层厚度来任意地接近滑模，在边界层外等效于滑模控制，在边界层内采用状态连续控制[123]，能够保证系统状态收敛至滑模面附近的误差界内，这个界与边界层厚度成正比，即边界层厚度越小，控制性能越好、控制增益升高、抖振增强，反之控制性能越差、控制增益降低、抖振减弱。需要注意的是，此方法使系统失去了滑模控制的不变性，因而难以从理论上分析系统的稳定性。

4. 模糊控制方法

模糊控制方法是以模糊集和模糊理论为基础的一种控制方法，在本质上属于非线性控制的范畴，具有很强的自适应性和对非线性系统的映射能力，它与滑模控制方法的结合在 IGC 设计中也得到较多的研究和应用，通常运用滑模及其导数设计合适的模糊规则，将控制目标从零化终端视线角跟踪误差与视线角速度转换为零化滑模面，使滑模快速趋近于零，将不连续的控制信号连续化，起到削弱抖振的效果。按照模糊控制发挥的作用来划分，模糊控制大致包括两类：调节切换增益[139,140]、逼近系统未知函数或干扰项[141-144]。

采用模糊控制方法等智能控制方法在线调节切换增益，是削弱抖振的有效方法。赵国荣和冯淞琪[139]选取零控脱靶量设计滑模面，将模糊系统与滑模控制相结合设计了一种 IGC 方法，通过拦截蛇形机动目标的仿真可知，该方法能够有效地削弱抖振，并提高命中率、机动性和燃油利用率；进而，又考虑到单舵机控制容易出现偏转饱和现象，分别选取零脱靶量等相关控制量设计滑模，提出了一种适用于双舵机控制的 IGC 设计方法[140]，通过制定模糊规则与简易的模糊隶属度函数来优化切换项增益，有效地削弱了控制量高频抖振，但并未给出系统稳定性分析。

IGC 系统具有非线性、高阶次、时变性以及多不确定性等特点，常常使得模糊控制规则粗糙与不完善，因此模糊控制应当具有自适应性，即在受不确定干扰影响时能够自我调节，以实现不确定模型的在线辨识或控制参数的自适应调整。Wang 和 Mendel[141]在 1992 年首次运用 Stone-Weierstrass 定理，证明了由单值模糊器、高斯型隶属度函数、乘积推理机和中心平均解模糊器组成的模糊系统，能通过模糊基函数的线性组合以任意精度逼近定义在紧集上的任意实连续函数，且不需要被控对象的精确模型，适用于 IGC 这类受多不确定干扰的非线性系统。

针对直接力-气动力复合控制的导弹，王昭磊等[142]提出了基于自适应模糊控制与 DSSM 的 IGC 设计方法，避免了微分膨胀，设计自适应模糊系统(adaptive fuzzy system, AFS)来逼近不确定函数，构造滑模补偿模糊逼近误差和不确定干扰，通过自适应调整模糊参数向量来提高鲁棒性，但前提是未知函数的界已知。进而，Ran 等[143]基于 DSSM 提出了一种导弹 IGC 设计方法，将滑模面进行模糊划分，采用自适应模糊系统在线逼近耦合非线性函数，使模糊系统的输出渐近逼近滑模等效控制，获得了较小脱靶量与光滑弹道轨迹，且具有较强的鲁棒性。

内部参数摄动与外部干扰等多不确定性，是影响滑模切换增益取值的主要因素，因此设计干扰观测器来观测并补偿不确定性也是模糊控制在滑模控制中应用的热点。针对在俯冲段飞行的高超声速飞行器，赵暾等[144]设计了模糊干扰观测器在线估计未知干扰，通过模糊自适应调整，既优化了切换增益，又使得滑模能够迅速收敛，并运用 Lyapunov 理论证明了系统一致最终有界。

5. 其他控制方法

除上述几类控制方法外，研究人员还将鲁棒控制[145]、预测控制[146]、小增益控制[147]等方法应用于 IGC 设计中，大力推进了 IGC 设计方法的研究进展，为 IGC 研究领域提供了多样化的设计思路与实现方法。其中，杨靖等[145]考虑了弹体短周期动力学与舵机一阶动力学，将气动参数摄动与目标机动视为有界不确定项，提出了基于滑模观测器的变结构鲁棒方法，具有较高的命中精度和良好的过载特性。Bachtiar 等[146]对导弹 IGC 系统进行了多目标优化，提出了基于模型预测控制的 IGC 设计方法，通过控制最优加速度提高了制导性能，使导弹比运用常规设计方法时更加灵敏，但也需要更为强大的计算能力。针对可重复使用运载器，Yan 等[147]提出了基于小增益定理与滑模控制的 IGC 设计方法，使参考轨迹跟踪误差收敛至零点附近，通过蒙特卡罗数学仿真验证了其有效性。

综上所述，相较于常规设计方式，IGC 设计方法的优势集中体现在以下几个方面：从系统性能来看，充分开发运用了导引与控制两子系统之间的耦合关系，优化了系统的稳定性与保守性；就适用范围而言，在末制导段不再受时标分离原则限制；以研发条件来分析，缩短了研发周期，降低了研发成本，能够提高装备可靠性。

满足多约束的 IGC 设计方法给导引与控制领域带来了新的挑战，同时引领着该领域的蓬勃发展。尽管与此相关的研究大多还处于理论探讨与实践尝试阶段，仍然存在诸多亟待解决的问题，但随着先进控制理论与工程技术的不断发展和创新，将新理论与新技术应用于 IGC 设计方法的研究中，是该领域发展的必然趋势，也必将对现有的制导理念进行实质性的变革与扬弃。

1.2.5　导引与控制领域半实物仿真技术

半实物仿真是指在闭环系统中接入研究对象部分硬件实物的仿真模式[148]，以硬件实物取代具有多不确定性或不易建模部件的数学模型，能够更加真实地反映系统的实际工况，是系统仿真技术在工程领域尤其是在制导武器导引与控制领域中最早、最成功的应用[149]。半实物仿真通常由数学模型、仿真计算机、物理环境模拟设备、支持服务软件、通信网络等部分组成，其核心是根据研究对象、研究目标与研究需求来实现系统中存在的主要相似关系，实时性是其最基本的要求。

1. 国外

第二次世界大战后，伴随着计算机科学、飞行器制导技术的迅速发展，欧美等军事强国都十分重视半实物仿真技术的发展，竞相开展了相关的理论攻关与工程运用[150]，早在 20 世纪 40 年代就进行了有关制导系统半实物仿真技术的研究，并于 60 年代对响尾蛇导弹的导引装置进行测试验证，80 年代时具备为 2～18GHz 的主动、被动射频导引头提供半实物仿真测试的能力，能够对制导系统及其设计方法进行无损性、多方位、深层次的验证[151]，以减少飞行实验次数、节省研发开支、加速研发进程，大大缩短了爱国者、罗兰特、针刺等型号装备的研发周期。

美国将半实物仿真视为研发制导武器的重要环节，并向其投入了大量资金，联合波音、雷神(Raytheon Company)、德州仪器、洛克希德 · 马丁(Lockheed Martin Space Systems Company)等大型国防合约公司，在多型制导武器的研发历程中，建立并发展了体系完整、技术先进的制导系统半实物仿真平台，拥有了最先进的物理环境模拟设备。其中，位于佛罗里达州的埃格林空军实验中心已经建成了能够测试全频谱范围内末制导传感器的半实物仿真平台[152]，用于模拟弹体运动的五轴转台的综合性能也十分强劲，如图 1.9 所示。另外，位于亚拉巴马州的陆军导弹司令部高级仿真中心则研发了数十个半实物仿真平台，提供高置信度、高精度的半实物仿真验证支持。

以美、欧等为代表的西方军事强国已针对各类制导武器与飞行器，建成了服务于方案设计、工程研发、演示验证、批量研制、状态监控、故障检测与效能评估等过程的全寿命周期的半实物仿真平台[153]，而且拥有 dSPACE、RT-LAB、xPC 和 NI4 等半实物仿真平台的知识产权，目前处于该领域的前沿，但至今仍在不遗余力地研究半实物仿真技术，保持着规模扩充和技术更新。其中，英国牛津大学的 Bacic 和 MacDiarmid[154]首次将模拟气动力与气动力矩的风洞装置纳入半实物仿真系统中，如图 1.10 所示，系统根据飞行状态实时调控风速与密度，并且考虑了弹体颤振、下洗涡流等复杂的非线性力学因素。美国伦斯勒理工学院的 Saulnier 等[155]设计了用于测试纳米卫星制导方法的新型六自由度地面半实物仿真平台，所有运动自由度都采用推进器控制，而非采用模拟动力学的伺服执行器。

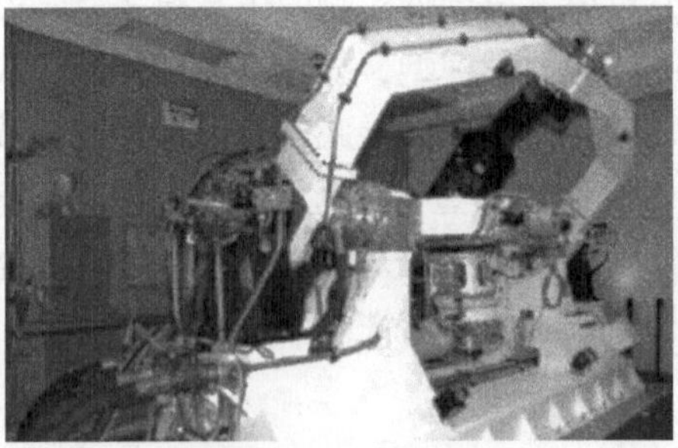

图 1.9　五轴转台

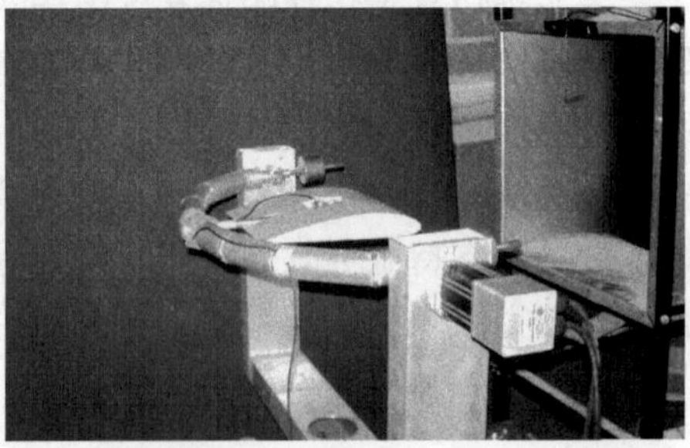

图 1.10　包含风洞的半实物仿真系统

2. 国内

我国在导引与控制半实物仿真技术领域的研究起步较晚，但深知研发与武器装备发展相适应且拥有自主知识产权的高性能半实物仿真系统具有重大意义，在以自主创新为核心的研发思路引领下，其发展十分迅速，自 1958 年首台国产三轴转台问世至今，已然在长期的实践中积累了宝贵的经验，并取得了丰硕成果。

20 世纪 80 年代，我国重点建设了一批规模大、水平高的半实物仿真平台，为制导武器研发提供了可靠完善的技术支持[156]，随后开始进军高速并行计算、分布式交互、虚拟现实等先进半实物仿真技术。其中，具有代表性的是国防科技大学推出的银河系列第四代仿真机 YH-AStar，它担任了能适用于多种规模、不同型号半实物仿真平台的核心仿真机，为长征系列火箭、多种导弹型号的研发做出了贡献[157]。

随着微电子机械系统、微控制器单元(micro controller unit, MCU)等微电子技术的高速发展，基于嵌入式 MCU 的半实物仿真技术也逐渐成为研究的热点。其中，谢道成等[158]基于 dSPACE 与数字信号处理器构建了飞行器制导半实物仿真系统，通过 Simulink 的 RTW 功能向数字信号处理器中装定飞控程序，具备高实时性的闭环仿真能力。为了满足小型无人机自主控制系统对小型化导航系统的高性能要求，曹娟娟等[159]研究了低成本的捷联惯性-全球定位-磁力计组合导航系统，采用四元数误差模型、无迹卡尔曼滤波进行数据融合。在常规捷联惯导方法的基础上，于永军等[160]提出了基于单次采样的 4 阶 Runge-Kutta 捷联方法，通过以数字信号处理器为核心的半实物仿真系统打破了惯性器件采样频率对解算周期的限制，满足了高动态环境对捷联惯导方法的实时性要求，并使定位精度翻倍。

复杂环境下的作战需求始终牵引着物理环境模拟、多物理场耦合、高速并行计算、分布式协同交互以及虚拟现实等半实物仿真技术的前进，这将加速高新技术转换为强大战斗力的时间进程，并大力推动精确制导武器的跨越式发展。

1.3 目前研究存在的主要问题

国内外众多专家学者针对导弹等非旋转类飞行器，结合了多种现代控制方法，在考虑约束的制导方法、IGC 设计方法、AIGC 设计方法以及半实物仿真等方面已经取得了较为丰硕的研究成果，构建出了初步的理论体系框架，积累了宝贵的工程实践经验，但目前仍然存在以下几点问题亟待研究。

1) 研究对象的特性

现有关于 IGC 设计方法的研究多数是针对导弹等非旋转类飞行器，舰炮制导炮弹的旋转特性显著增强了通道耦合作用，增加了 IGC 设计的难度，适用于旋转类飞行器的 IGC 设计方法还相对匮乏。

2) 约束条件的数量

对考虑单项约束的 IGC 设计方法的研究已经取得了很大进展，然而弹体在实际作战中常常受到多项(两项及以上)约束，能够同时满足多项约束的 IGC 设计方法较少。

3) 不确定性的处理

作用于弹体的不确定性主要包括风、通道耦合、气动参数摄动、建模误差与目标机动等因素，现有研究定性分析其中部分因素的较多，进行全面定量分析的较少，而且系统的稳定性在引入相关处理方式后难以保证。

4) 制导系统的性能

现有研究常采用反步控制、滑模控制等方法进行 IGC 设计，这会导致微分膨胀与控制量高频抖振等问题，如何设计出既能保证系统一致最终有界，又可以避免上述问题的方法，仍然是摆在眼前的一道难题。

5) 测试验证的途径

多数研究的验证方式是通过数学仿真，而且采用半实物仿真的测试研究也基本上是基于仿真计算机来实现算法实时解算、数据高速交互、设备驱动反馈等核心功能，难以说明所提出的设计方法具备弹载应用的前提条件。

需要说明的是，研究者由于受到时代环境、理论发展、技术途径、研究对象以及研究目的等各方面因素的综合影响，在其所取得的研究成果中存在这样或者那样的局限性是正常的、自然的，但前人大量翔实的研究工作都为本书相关内容的研究提供了“巨人的肩膀”。

1.4　本书主要内容

本书以舰炮制导炮弹为研究对象，将满足多约束的导引控制一体化设计作为研究主线，系统地研究舰炮制导炮弹在末制导段的导引控制一体化、导引控制近似一体化的设计模型与设计方法，通过数学仿真与半实物仿真进行多角度、深层次的分析验证。本书的总体结构如图 1.11 所示，主要研究内容概述如下。

第 1 章主要综述舰炮制导炮弹、IGC 设计方法和制导领域半实物仿真等方面的研究现状。首先介绍了相关研究背景与意义，对舰炮制导炮弹、考虑约束的导引与控制设计方法、导引控制近似一体化设计方法、导引控制一体化设计方法、导引与控制领域半实物仿真等方面的研究现状进行了梳理与归纳；然后分析并总结了在目前研究中存在的几点主要问题；最后对本书的章节结构和主要内容进行简述。

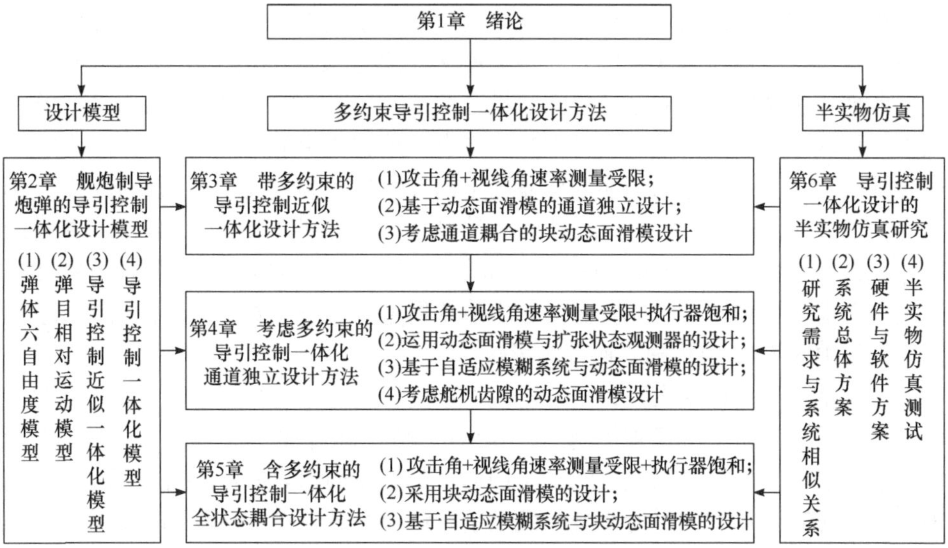

图 1.11　本书的总体结构

第 2 章主要介绍进行导引控制一体化设计所需要的模型。针对弹体的旋转特性，建立合适的坐标系并明确转换关系。定量分析坐标转换误差、通道耦合、气动参数摄动、风与建模误差等干扰因素，通过滚转角构建出气动角与准气动角之间、舵偏角与等效舵偏角之间的转换关系，将随弹体旋转而发生周期性变化的气动力与力矩转换为不随弹体旋转变化的等效气动力与力矩，构建弹体六自由度模型、弹目相对运动模型。在设计导引方法时考虑自动驾驶仪的动态延迟特性，以弹体过载为中间变量，建立 AIGC 的通道独立设计模型和通道耦合设计模型。进而，充分开发运用导引系统与控制系统之间的耦合特性，以准气动角为中间变量，建立 IGC 通道独立设计模型和全状态耦合设计模型。在所建模型中将上述干扰因素视为未知有界干扰，在 AIGC 系统与 IGC 系统中具体体现为匹配与非匹配不确定性。

第 3 章主要考虑攻击角约束与视线角速度测量受限，介绍基于动态面滑模的 AIGC 设计方法。通过零化弹目相对法向速度，将攻击角约束转换为终端视线角约束。设计 ESO 对目标机动等不确定性和视线角速度进行准确迅速的估计。为了保证终端视线角跟踪误差与视线角速度在有限时间内收敛至零，采用结合弹目距离、接近速度的自适应指数趋近律来设计非奇异终端滑模。分别基于块动态面滑模提出 AIGC 的通道独立设计方法、通道耦合设计方法，有效地镇定了块严反馈串级系统，避免了反步法的微分膨胀，并运用 Lyapunov 理论严格地证明了系统一致最终有界。实验结果表明，所提出的设计方法在打击固定目标或机动目标时均具备良好的制导性能。

第 4 章主要针对攻击角约束、视线角速度测量受限与执行器控制饱和，结合动态面滑模与自适应模糊控制，介绍 IGC 通道独立设计方法。以第 3 章为基础，充分考虑导引系统与控制系统之间的耦合关系，结合自适应 Nussbaum 增益函数提出一种基于动态面滑模的设计方法，以有效地解决由舵机控制受限引入的饱和非线性问题。为了消除由切换项增益固定而导致的控制量高频抖振，引入具有万能逼近性的自适应模糊系统，提出一种基于动态面滑模的设计方法，并通过 Lyapunov 理论严格地证明了系统一致最终有界。进一步地，将舵机环节在 IGC 系统中考虑为更加符合实际工况的含齿隙双惯量子系统，基于动态面滑模初步研究舵机齿隙对 IGC 通道独立设计的影响。

第 5 章主要考虑攻击角约束、视线角速度测量受限与执行器控制饱和，基于块动态面滑模与自适应模糊控制，介绍 IGC 全状态耦合设计方法。弹体旋转显著增强了导引系统与控制系统之间、俯仰通道与偏航通道之间的耦合作用，在进行 IGC 设计时需要对它们进行充分开发运用。针对客观存在的多项约束以及多不确定干扰，结合 ESO、NTSM 与自适应 Nussbaum 函数的优势，提出一种基于块动态面滑模的设计方法。进而，基于块动态面滑模提出一种结合自适应模糊系统的设计方法，通过模糊参数向量的自适应调整使系统具有万能逼近性，有效地消除了控制量的高频抖振。所提出的设计方法不仅可使系统满足多约束，还能够保证系统一致最终有界，更加有益于舰炮制导炮弹在末制导段飞行中进行精细调节，进一步增强系统稳定性与制导性能。

第 6 章主要进行弹载微控制器、双通道舵机与三轴转台等硬件和软件在闭环回路的半实物仿真研究，对在第 3～5 章中提出的设计方法进行更加贴近实际工况的深层次验证。综合考虑研究成本、周期与技术能力等因素，明确仿真研究需求与系统中存在的主要相似关系。随后，结合嵌入式技术提出系统总体方案，采用三层级的系统架构，设计并搭建以弹载微控制器为核心部件、双通道舵机与三轴转台等硬件和软件在回路的半实物仿真系统。进一步地，以基于自适应模糊与块动态面滑模的全状态耦合设计方法为例，详细地阐述对所提出的设计方法进行半实物仿真测试的步骤。半实物仿真结果表明，此系统不仅能够满足半实物仿真研究的需求，还可以深层次地验证所提出的设计方法的有效性与可行性。

第 2 章　舰炮制导炮弹的导引控制一体化设计模型

舰炮制导炮弹相比于导弹等在空中高速运动的非旋转类飞行器，最主要的区别是弹体具有旋转特性，这显著增强了非线性、时变性、耦合性以及多不确定性等因素对末制导段飞行的影响。因此，建立能够完整反映上述特性的设计模型是研究多约束导引控制一体化设计方法的基础。

这需要结合弹体的旋转特性，建立合适的旋转类与非旋转类坐标系。综合地定量考虑坐标转换误差、目标机动、建模误差、通道耦合、气动参数摄动、风等因素，对作用在弹体上的作用力与作用力矩进行详细分析。通过滚转角构建出气动角与准气动角之间、舵偏角与等效舵偏角之间的转换关系，将随弹体旋转而发生周期性变化的气动力与气动力矩转换为不随之变化的等效气动力与气动力矩，进而构建弹体六自由度模型、目标三自由度模型与弹目相对运动模型。在设计导引方法时考虑自动驾驶仪的动态延迟特性，以弹体过载为中间变量，建立 AIGC 的通道独立严反馈和通道耦合块严反馈设计模型。进一步地，充分开发运用导引系统与控制系统之间的耦合特性，以准气动角为中间变量，建立 IGC 的通道独立严反馈和全状态耦合块严反馈设计模型。

2.1　坐标系建立与坐标系转换

在研究旋转舰炮制导炮弹的运动规律、建立运动方程时，可忽略地球自转影响[161]。为了使设计模型尽量简洁，建立合适的坐标系并明确它们之间的转换关系是十分必要的，现主要建立以下几种按右手法则确定的三维正交直角坐标系。

2.1.1　坐标系建立

1. 地面坐标系 $Ox_Ey_Ez_E$（E 系）

E 系固连于地面，当研究舰炮制导炮弹时，视地面坐标系为惯性坐标系，原点 O 为发射瞬时弹体的质心，Ox_E 轴为射击纵平面与水平面的交线，指向目标方向为正，Oy_E 轴与 Ox_E 轴垂直且位于射击纵平面内，指向上为正，Oz_E 轴按右手法则确定。

2. 弹体基准坐标系 $Px_0y_0z_0$（N_P 系）

N_P 系的各坐标轴与 E 系相应的坐标轴平行且方向相同，原点 P 为弹体的质心，在弹体飞行过程中，各坐标轴的方向相对于 E 系始终保持不变。

3. 弹体坐标系 $Px_1y_1z_1$（B 系）

B 系与弹体固连，原点 P 为弹体的质心，Px_1 轴与弹体纵轴方向上的单位矢量 ξ 相同，指向前为正，Py_1 轴位于弹体的纵向对称平面内，与 Px_1 轴垂直，指向上为正，Pz_1 轴按右手法则确定。

4. 弹道坐标系 $Px_2y_2z_2$（P_V 系）

P_V 系的原点 P 为弹体的质心，Px_2 轴与 $\boldsymbol{v}_P$ 的方向重合，Py_2 轴位于包含 $\boldsymbol{v}_P$ 的纵平面内，与 Px_2 轴垂直，指向上为正，Pz_2 轴按右手法则确定。

5. 速度坐标系 $Px_3y_3z_3$（V_V 系）

V_V 系的原点 P 为弹体的质心，Px_3 轴与 $\boldsymbol{v}_P$ 的方向重合，Py_3 轴位于弹体纵向对称平面内，与 Px_3 轴垂直，指向上为正，Pz_3 轴按右手法则确定。

舰炮制导炮弹在末制导段的飞行过程中绕弹体纵轴低速旋转，纵向对称平面会随之旋转，攻角 α、侧滑角 β 将发生周期性的变化，这给研究 IGC 设计方法带来了诸多不便。因此，需要建立准弹体坐标系和准速度坐标系这两个非旋转类坐标系，并定义不随弹体旋转而发生周期性变化的准攻角 α^*、准侧滑角 β^*，借助它们来分析作用在弹体上的力与力矩，进而建立旋转弹体的六自由度模型，能够获得更加清晰的运动特性与本质规律。

6. 准弹体坐标系 $Px_4y_4z_4$（B_S 系）

B_S 系的原点 P 为弹体的质心，Px_4 轴与 ξ 的方向重合，指向前为正，Py_4 轴位于包含 ξ 的纵平面内，与 Px_4 轴垂直，指向上为正，Pz_4 轴按右手法则确定。

7. 准速度坐标系 $Px_5y_5z_5$（V_S 系）

V_S 系的原点 P 为弹体的质心，Px_5 轴与 $\boldsymbol{v}_P$ 的方向重合，Py_5 轴位于包含 ξ 的纵平面内，与 Px_5 轴垂直，指向上为正，Pz_5 轴按右手法则确定。

8. 视线坐标系 $Px_6y_6z_6$（Q_S 系）

Q_S 系的原点 P 为弹体的质心，Px_6 轴与 $\boldsymbol{R}$ 的方向重合，Py_6 轴位于包含 $\boldsymbol{R}$ 的纵平面内，与 Px_6 轴垂直，指向上为正，Pz_6 轴按右手法则确定。

9. 目标基准坐标系 $Tx_7y_7z_7$（N_T 系）

N_T 系的各坐标轴与地面坐标系对应的坐标轴平行且方向相同，原点 T 为目标的质心，在目标运动过程中，各坐标轴的方向相对于地面坐标系始终保持不变。

10. 目标弹道坐标系 $Tx_8y_8z_8$（T_V 系）

T_V 系的原点 T 为目标的质心，Tx_8 轴与 $\boldsymbol{v}_T$ 的方向重合，Ty_8 轴位于包含 $\boldsymbol{v}_T$ 的纵平面内，与 Tx_8 轴垂直，指向上为正，Tz_8 轴按右手法则确定。

为了便于研究分析，现将所建立坐标系的主要用途归纳如表 2.1 所示。

表 2.1　坐标系的主要用途

坐标系名称	主要用途	备注
地面坐标系 $Ox_Ey_Ez_E$ (E 系)	弹体质心运动、目标质心运动的参考基准； 建立弹体质心运动的运动学方程； 建立目标质心运动的运动学方程	非旋转类坐标系
弹体基准坐标系 $Px_0y_0z_0$（N_P 系）	弹体姿态与 $\boldsymbol{\xi}$ 方位的参考基准； $\boldsymbol{v}_P$ 方位的参考基准； 建立弹体绕质心运动的运动学方程； 分解风速； $\boldsymbol{R}$ 方位的参考基准	
弹体坐标系 $Px_1y_1z_1$ (B 系)	描述 $\boldsymbol{\xi}$ 相对于 N_P 系的姿态； 分解作用在鸭-舵上的操纵力	旋转类坐标系
弹道坐标系 $Px_2y_2z_2$（P_V 系）	描述 $\boldsymbol{v}_P$ 相对于 N_P 系的方位； 分解作用在弹体上的力； 建立弹体质心运动的动力学方程	非旋转类坐标系
速度坐标系 $Px_3y_3z_3$（V_V 系）	—	旋转类坐标系
准弹体坐标系 $Px_4y_4z_4$（B_S 系）	描述 $\boldsymbol{\xi}$ 相对于 N_P 系的方位； 建立弹体绕质心的动力学方程； 分解作用在弹体上的力矩	非旋转类坐标系
准速度坐标系 $Px_5y_5z_5$（V_S 系）	分解作用在弹体上的空气动力	
视线坐标系 $Px_6y_6z_6$（Q_S 系）	建立弹目相对运动方程； 描述 $\boldsymbol{R}$ 相对于 N_P 系的方位	
目标基准坐标系 $Tx_7y_7z_7$（N_T 系）	$\boldsymbol{v}_T$ 方位的参考基准	
目标弹道坐标系 $Tx_8y_8z_8$（T_V 系）	描述 $\boldsymbol{v}_T$ 相对于 N_T 系的方位； 建立目标质心运动的动力学方程	

2.1.2　坐标系转换

建立舰炮制导炮弹 IGC 设计模型的重要环节是先根据所需要求解物理量的固

有属性，在容易进行描述的坐标系中投影分解，再转换到便于建立方程的坐标系中去构建方程。因此，以转换矩阵的形式来明确表达各坐标系之间的转换关系是十分必要的，所建立坐标系之间的转换关系如图 2.1 所示。

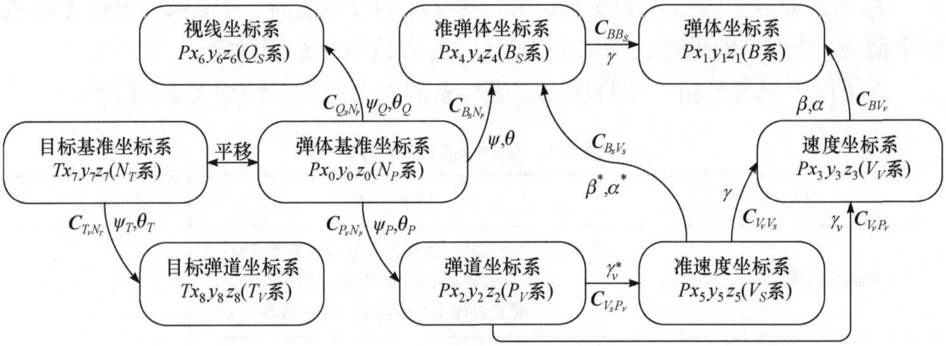

图 2.1　坐标系转换关系

绕单轴 x 、 y 、 z 进行坐标系转换的初等转换矩阵可以分别表示为

$$
\boldsymbol{C}_x(\cdot)=\begin{bmatrix}1 & 0 & 0\\ 0 & \cos(\cdot) & \sin(\cdot)\\ 0 & -\sin(\cdot) & \cos(\cdot)\end{bmatrix}
$$

$$
\boldsymbol{C}_y(\cdot)=\begin{bmatrix}\cos(\cdot) & 0 & -\sin(\cdot)\\ 0 & 1 & 0\\ \sin(\cdot) & 0 & \cos(\cdot)\end{bmatrix} \tag{2.1}
$$

$$
\boldsymbol{C}_z(\cdot)=\begin{bmatrix}\cos(\cdot) & \sin(\cdot) & 0\\ -\sin(\cdot) & \cos(\cdot) & 0\\ 0 & 0 & 1\end{bmatrix}
$$

初等转换矩阵以及由它们的乘积得到的复合转换矩阵都是正交矩阵，则有

$$
\begin{aligned}
&\boldsymbol{C}_x^{-1}(\cdot)=\boldsymbol{C}_x^{\mathrm{T}}(\cdot)\\
&[\boldsymbol{C}_z(\cdot)\boldsymbol{C}_y(\cdot)]^{-1}=\boldsymbol{C}_y^{-1}(\cdot)\boldsymbol{C}_z^{-1}(\cdot)=[\boldsymbol{C}_z(\cdot)\boldsymbol{C}_y(\cdot)]^{\mathrm{T}}=\boldsymbol{C}_y^{\mathrm{T}}(\cdot)\boldsymbol{C}_z^{\mathrm{T}}(\cdot)
\end{aligned} \tag{2.2}
$$

1. 准弹体坐标系(B_S 系)与弹体基准坐标系(N_P 系)间的转换

B_S系由 N_P系经两次旋转而成,先由 N_P系绕 Py_0 轴正向右旋ψ 角到达 $Px_4'y_0z_4$ 系，再由 $Px_4'y_0z_4$ 系绕 Pz_4 轴正向右旋θ 角到达 $Px_4y_4z_4$ 系，如图 2.2 所示，ψ 、θ 表示$\boldsymbol{\xi}$ 相对于 N_P 系的空间方位，Px_4' 轴在 Px_0y_0 面的左侧时ψ 为正，Px_4 轴在 $Px_4'z_4$ 面的上方时θ 为正，转换矩阵$\boldsymbol{C}_{B_SN_P}$ 为

$$\begin{bmatrix} x_4 \\ y_4 \\ z_4 \end{bmatrix} = \boldsymbol{C}_{B_S N_P} \begin{bmatrix} x_0 \\ y_0 \\ z_0 \end{bmatrix}$$
$$\boldsymbol{C}_{B_S N_P} = \boldsymbol{C}_z(\theta)\boldsymbol{C}_y(\psi) = \begin{bmatrix} \cos\psi\cos\theta & \sin\theta & -\sin\psi\cos\theta \\ -\cos\psi\sin\theta & \cos\theta & \sin\psi\sin\theta \\ \sin\psi & 0 & \cos\psi \end{bmatrix} \tag{2.3}$$

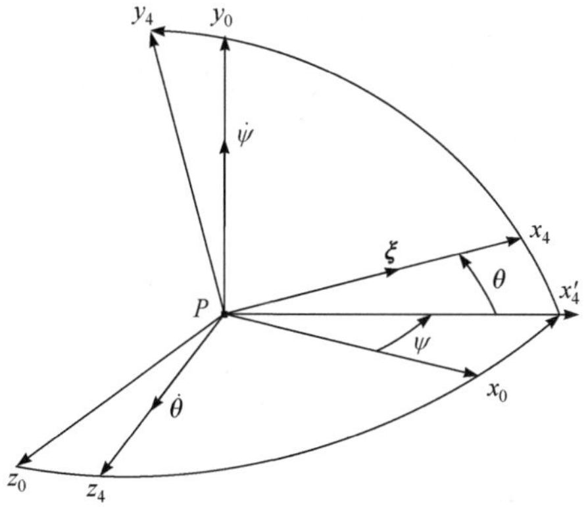

图 2.2　B_S 系与 N_P 系的转换关系

2. 弹体坐标系(B 系)与准弹体坐标系(B_S 系)间的转换

B 系由 B_S 系经一次旋转而成，B_S 系绕 Px_4 轴正向右旋 γ 角到达 $Px_1y_1z_1$ 系位置，如图 2.3 所示，由弹体尾部沿 $\boldsymbol{\xi}$ 前视，当 Py_1 轴位于 Px_4y_4 面的右侧时为正，Px_1 轴、Px_4 轴与 $\boldsymbol{\xi}$ 的方向重合，Py_1z_1 面与 Py_4z_4 面重合，转换矩阵 $\boldsymbol{C}_{BB_S}$ 为

$$\begin{bmatrix} x_1 \\ y_1 \\ z_1 \end{bmatrix} = \boldsymbol{C}_{BB_S} \begin{bmatrix} x_4 \\ y_4 \\ z_4 \end{bmatrix}$$
$$\boldsymbol{C}_{BB_S} = \boldsymbol{C}_x(\gamma) = \begin{bmatrix} 1 & 0 & 0 \\ 0 & \cos\gamma & \sin\gamma \\ 0 & -\sin\gamma & \cos\gamma \end{bmatrix} \tag{2.4}$$

3. 弹道坐标系(P_V 系)与弹体基准坐标系(N_P 系)间的转换

P_V 系由 N_P 系经两次旋转而成，与由 N_P 系向 B_S 系的转换类似，旋转角度分别为 ψ_P 、θ_P ，表示 $\boldsymbol{v}_P$ 相对于 N_P 系的空间方位，Px_2' 轴在 Px_0y_0 面的左侧时 ψ_P 为正，Px_2 轴在 $Px_2'z_2$ 面的上方时 θ_P 为正，转换矩阵 $\boldsymbol{C}_{P_VN_P}$ 的形式同理于式(2.3)。

4. 速度坐标系(V_V 系)与弹道坐标系(P_V 系)间的转换

V_V 系由 P_V 系经一次旋转而成，与由 B_S 系向 B 系的转换类似，旋转角度为 γ_v，由弹体尾部沿纵轴前视，当 Py_3 轴位于 Px_2y_2 面的右侧时为正，Px_2 轴、Px_3 轴与 $\boldsymbol{v}_P$ 的方向重合，则 Py_2z_2 面与 Py_3z_3 面重合，转换矩阵 $\boldsymbol{C}_{V_VP_V}$ 的形式同理于式(2.4)。

5. 弹体坐标系(B 系)与速度坐标系(V_V 系)间的转换

B 系由 V_V 系经两次旋转而成，与由 N_P 系向 B_S 系的转换类似，旋转角度分别为 β、α，如图 2.4 所示，Px_1' 轴在 Px_3y_3 面的左侧时 β 为正，Px_1 轴在 $Px_1'z_1$ 面的上方时 α 为正，转换矩阵 $\boldsymbol{C}_{BV_V}$ 的形式同理于式(2.3)。

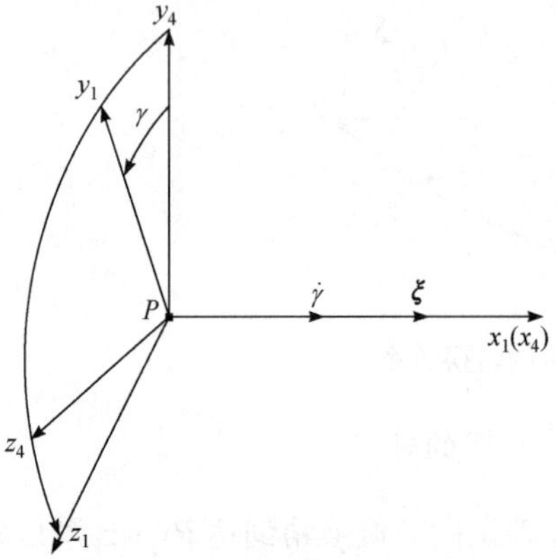

图 2.3 B 系与 B_S 系的转换关系

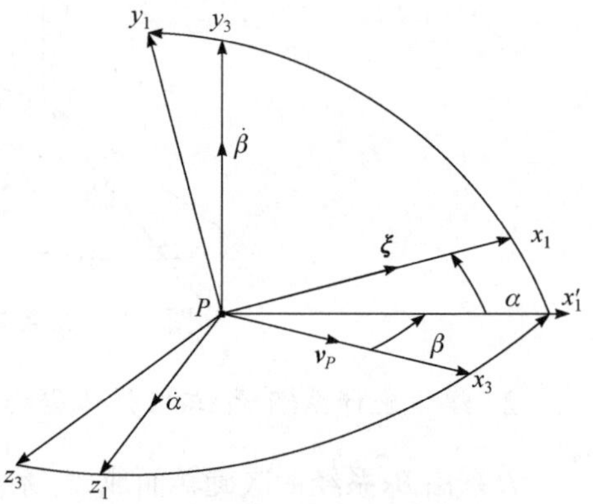

图 2.4 B 系与 V_V 系的转换关系

6. 准速度坐标系(V_S 系)与弹道坐标系(P_V 系)间的转换

V_S 系由 P_V 系经一次旋转而成，与由 B_S 系向 B 系的转换类似，旋转角度为准 γ_v^*，由弹体尾部沿纵轴前视，当 Py_5 轴位于 Px_2y_2 面的右侧时为正，显然 Px_2 轴、Px_5 轴与 $\boldsymbol{\xi}$ 的方向重合，则 Py_2z_2 面与 Py_5z_5 面重合，对于正常飞行的制导炮弹，$\gamma_v^* \approx 0$，即 V_S 系与 P_V 系重合，转换矩阵 $\boldsymbol{C}_{V_SP_V}$ 的形式同理于式(2.4)。

7. 速度坐标系(V_V 系)与准速度坐标系(V_S 系)间的转换

V_V 系由 V_S 系经一次旋转而成，与由 B_S 系向 B 系的转换类似，旋转角度为 γ，由弹体尾部沿纵轴前视，当 Py_3 轴位于 Px_5y_5 面的右侧时为正，Px_3 轴、Px_5 轴与弹体速度矢量 $\boldsymbol{v}_P$ 的方向重合，Py_3z_3 面与 Py_5z_5 面重合，转换矩阵 $\boldsymbol{C}_{V_VV_S}$ 的形式同理于式(2.4)。

8. 准弹体坐标系(B_S系)与准速度坐标系(V_S系)间的转换

B_S系由V_S系经两次旋转而成，与由N_P系向B_S系的转换类似，旋转角度分别为β^*、α^*，如图 2.5 所示，表示$\boldsymbol{\xi}$相对于$\boldsymbol{v}_P$的空间方位，Px_4'轴在Px_5y_5面的左侧时β^*为正(气流从右侧流向弹体)，Px_4轴在$Px_4'z_4$面的上方时α^*为正，转换矩阵$\boldsymbol{C}_{B_SV_S}$的形式同理于式(2.3)。

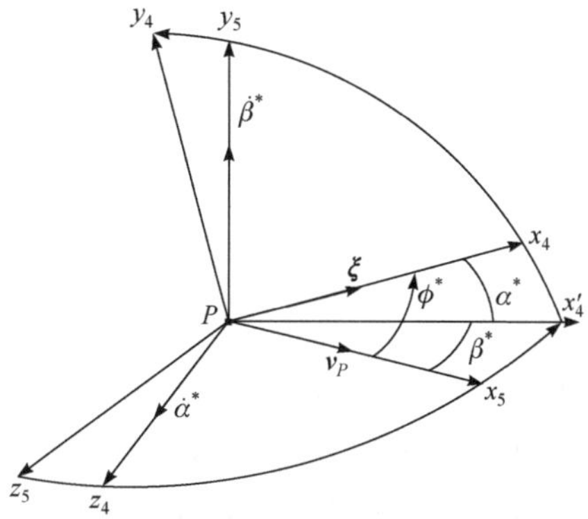

图 2.5　B_S系与V_S系的转换关系

9. 视线坐标系(Q_S系)与弹体基准坐标系(N_P系)间的转换

Q_S系由N_P系经两次旋转而成，与由N_P系向B_S系的转换类似，旋转角度分别为ψ_Q、θ_Q，表示$\boldsymbol{R}$相对N_P系的空间方位，Px_6'轴在Px_0y_0面的左侧时ψ_Q为正，Px_6轴在$Px_6'z_6$面的上方时θ_Q为正，转换矩阵$\boldsymbol{C}_{Q_SN_P}$的形式同理于式(2.3)。

10. 目标弹道坐标系(T_V系)与目标基准坐标系(N_T系)间的转换

T_V系由N_T系经两次旋转而成，与由N_P系向B_S系的转换类似，旋转角度分别为ψ_T、θ_T，表示$\boldsymbol{v}_T$相对于N_T系的空间方位，Tx_8'轴在Tx_7y_7面的左侧时ψ_T为正，Tx_8轴在$Tx_8'z_8$面的上方时θ_T为正，转换矩阵$\boldsymbol{C}_{T_VN_T}$的形式同理于式(2.3)。

2.2　舰炮制导炮弹的六自由度模型

舰炮制导炮弹在末制导段的飞行属于刚体运动，可以由质心运动和绕质心转动来描述，具体包括质心运动的动力学方程与运动学方程、绕质心转动的动力学方程与运动学方程、角参量几何关系方程以及控制方程等。

2.2.1　质心运动的动力学方程

在P_V系中建立弹体质心运动的动力学方程为

$$m_P\frac{\mathrm{d}\boldsymbol{v}_P}{\mathrm{d}t}=m_P\left(\frac{\partial\boldsymbol{v}_P}{\partial t}+\boldsymbol{\omega}_2\times\boldsymbol{v}_P\right)=\boldsymbol{F}_P \tag{2.5}$$

式中，$\boldsymbol{F}_P$为作用在弹体上的合外力；$\boldsymbol{\omega}_2=\dot{\boldsymbol{\psi}}_P+\dot{\boldsymbol{\theta}}_P$为$P_V$系相对于$N_P$系的转动角速度，通过$P_V$系与$N_P$系之间的转换关系，可得其在$P_V$系上的分量为

$$\begin{bmatrix} \omega_{x_2} \\ \omega_{y_2} \\ \omega_{z_2} \end{bmatrix} = \boldsymbol{C}_z(\theta_P)\begin{bmatrix} 0 \\ \dot{\psi}_P \\ 0 \end{bmatrix} + \begin{bmatrix} 0 \\ 0 \\ \dot{\theta}_P \end{bmatrix} = \begin{bmatrix} \dot{\psi}_P \sin\theta_P \\ \dot{\psi}_P \cos\theta_P \\ \dot{\theta}_P \end{bmatrix} \tag{2.6}$$

在 P_V 系上进一步建立标量方程为

$$\begin{bmatrix} F_{Px_2} \\ F_{Py_2} \\ F_{Pz_2} \end{bmatrix} = \begin{bmatrix} m_P \dot{v}_P \\ m_P v_P \dot{\theta}_P \\ -m_P v_P \dot{\psi}_P \cos\theta_P \end{bmatrix} \tag{2.7}$$

式中，F_{Px_2}、F_{Py_2} 与 F_{Pz_2} 为 $\boldsymbol{F}_P$ 在 P_V 系上的分量，分别定义为轴向力、法向力与侧向力。等号右边第一个方程描述速度大小的变化，$\dot{v}_P$ 为切向加速度；第二个方程描述速度方向在纵平面内的变化，$v_P\dot{\theta}_P$ 为纵平面内的法向加速度；第三个方程描述速度方向在水平面内的变化，$-v_P\dot{\psi}_P\cos\theta_P$ 为水平面内的侧向加速度，与速度方向垂直。

2.2.2　质心运动的运动学方程

在 E 系建立弹体质心运动的运动学方程，当前时刻质心在 E 系的位置为 $[x_{P_0}, y_{P_0}, z_{P_0}]^{\mathrm{T}}$，由 N_P 系至 E 系的转换关系，并将 $\boldsymbol{v}_P$ 在 E 系分解，可得弹体质心运动的运动学方程为

$$\begin{bmatrix} \dot{x}_{P_0} \\ \dot{y}_{P_0} \\ \dot{z}_{P_0} \end{bmatrix} = \begin{bmatrix} v_{Px_0} \\ v_{Py_0} \\ v_{Pz_0} \end{bmatrix} = \boldsymbol{C}_{EN_P}\begin{bmatrix} v_{Px_2} \\ v_{Py_2} \\ v_{Pz_2} \end{bmatrix} = \begin{bmatrix} v_P \cos\psi_P \cos\theta_P \\ v_P \sin\theta_P \\ -v_P \sin\psi_P \cos\theta_P \end{bmatrix} \tag{2.8}$$

2.2.3　绕质心转动的动力学方程

在 B_S 系建立弹体绕质心转动的动力学方程为

$$\frac{\mathrm{d}\boldsymbol{H}}{\mathrm{d}t} = \frac{\partial \boldsymbol{H}}{\partial t} + \boldsymbol{\omega}_4 \times \boldsymbol{H} = \boldsymbol{M} \tag{2.9}$$

式中，$\boldsymbol{\omega}_4 = \dot{\boldsymbol{\psi}} + \dot{\boldsymbol{\theta}}$ 为 B_S 系相对于 N_P 系的转动角速度，它在 B_S 系上的分量为

$$\begin{bmatrix} \omega_{4x_4} \\ \omega_{4y_4} \\ \omega_{4z_4} \end{bmatrix} = \boldsymbol{C}_z(\theta)\begin{bmatrix} 0 \\ \dot{\psi} \\ 0 \end{bmatrix} + \begin{bmatrix} 0 \\ 0 \\ \dot{\theta} \end{bmatrix} = \begin{bmatrix} \dot{\psi}\sin\theta \\ \dot{\psi}\cos\theta \\ \dot{\theta} \end{bmatrix} \tag{2.10}$$

$\boldsymbol{H} = \boldsymbol{J} \times \boldsymbol{\omega}_1$ 为弹体的动量矩，$\boldsymbol{J}$ 为弹体相对于 B_S 系的转动惯量，$\boldsymbol{\omega}_1 = \dot{\boldsymbol{\psi}} + \dot{\boldsymbol{\theta}} + \dot{\boldsymbol{\gamma}}$ 为弹

体绕质心转动的合角速度，它在 B 系上的分量为

$$\begin{bmatrix}\omega_{1x_1}\\ \omega_{1y_1}\\ \omega_{1z_1}\end{bmatrix}=\boldsymbol{C}_x(\gamma)\boldsymbol{\omega}_4+\begin{bmatrix}\dot{\gamma}\\ 0\\ 0\end{bmatrix}=\begin{bmatrix}\dot{\psi}\sin\theta+\dot{\gamma}\\ \dot{\psi}\cos\theta\cos\gamma+\dot{\theta}\sin\gamma\\ -\dot{\psi}\cos\theta\sin\gamma+\dot{\theta}\cos\gamma\end{bmatrix}\tag{2.11}$$

它在 B_S 系上的分量为

$$\begin{bmatrix}\omega_{1x_4}\\ \omega_{1y_4}\\ \omega_{1z_4}\end{bmatrix}=\boldsymbol{C}_x(-\gamma)\begin{bmatrix}\omega_{1x_1}\\ \omega_{1y_1}\\ \omega_{1z_1}\end{bmatrix}=\begin{bmatrix}\dot{\psi}\sin\theta+\dot{\gamma}\\ \dot{\psi}\cos\theta\\ \dot{\theta}\end{bmatrix}\tag{2.12}$$

舰炮制导炮弹是典型的轴对称型弹箭，其质量也是轴对称分布的，那么 B_S 系的三条坐标轴就是惯性主轴，弹体对于惯性主轴的惯量积为零，动量矩 $\boldsymbol{H}$ 在 B_S 系上的分量为

$$\begin{bmatrix}H_{x_4}\\ H_{y_4}\\ H_{z_4}\end{bmatrix}=\begin{bmatrix}J_{x_4} & 0 & 0\\ 0 & J_{y_4} & 0\\ 0 & 0 & J_{z_4}\end{bmatrix}\begin{bmatrix}\omega_{1x_4}\\ \omega_{1y_4}\\ \omega_{1z_4}\end{bmatrix}=\begin{bmatrix}J_{x_4}\omega_{1x_4}\\ J_{y_4}\omega_{1y_4}\\ J_{z_4}\omega_{1z_4}\end{bmatrix}\tag{2.13}$$

式中，J_{x_4}、J_{y_4} 与 J_{z_4} 为弹体相对于 B_S 系各轴的转动惯量，且 J_{y_4}=J_{z_4}，则有

$$\begin{bmatrix}M_{x_4}\\ M_{y_4}\\ M_{z_4}\end{bmatrix}=\begin{bmatrix}J_{x_4}\dot{\omega}_{1x_4}\\ J_{y_4}\dot{\omega}_{1y_4}+(J_{x_4}-J_{z_4})\omega_{4x_4}\omega_{4z_4}+J_{x_4}\dot{\gamma}\omega_{4z_4}\\ J_{z_4}\dot{\omega}_{1z_4}+(J_{y_4}-J_{x_4})\omega_{4x_4}\omega_{4y_4}-J_{x_4}\dot{\gamma}\omega_{4y_4}\end{bmatrix}\tag{2.14}$$

这里，M_{x_4}、M_{y_4} 与 M_{z_4} 为作用在弹体上的合外力矩 $\boldsymbol{M}$ 在 B_S 系上的分量，分别定义为滚转力矩、偏航力矩与俯仰力矩，进一步化简为

$$\begin{bmatrix}\dot{\omega}_{1x_4}\\ \dot{\omega}_{1y_4}\\ \dot{\omega}_{1z_4}\end{bmatrix}=\begin{bmatrix}\dfrac{M_{x_4}}{J_{x_4}}\\ \dfrac{M_{y_4}}{J_{y_4}}+\dfrac{J_{z_4}-J_{x_4}}{J_{y_4}}\omega_{4x_4}\omega_{4z_4}-\dfrac{J_{x_4}}{J_{y_4}}\dot{\gamma}\omega_{4z_4}\\ \dfrac{M_{z_4}}{J_{z_4}}+\dfrac{J_{x_4}-J_{y_4}}{J_{z_4}}\omega_{4x_4}\omega_{4y_4}+\dfrac{J_{x_4}}{J_{z_4}}\dot{\gamma}\omega_{4y_4}\end{bmatrix}\tag{2.15}$$

2.2.4　绕质心转动的运动学方程

为了确定弹体姿态，需要建立描述弹体相对于 N_P 系姿态变化的运动学方程，

即建立姿态角变化率$\dot{\psi}$、$\dot{\theta}$、$\dot{\gamma}$与弹体绕质心转动角速度ω_{1x_4}、ω_{1y_4}、ω_{1z_4}之间的关系：

$$\begin{bmatrix}\dot{\psi}\\ \dot{\theta}\\ \dot{\gamma}\end{bmatrix}=\begin{bmatrix}\omega_{1y_4}/\cos\theta\\ \omega_{1z_4}\\ \omega_{1x_4}-\omega_{1y_4}\tan\theta\end{bmatrix}\approx\begin{bmatrix}\omega_{1y_4}/\cos\theta\\ \omega_{1z_4}\\ \omega_{1x_4}\end{bmatrix} \tag{2.16}$$

2.2.5 角参量几何关系方程

如果弹体纵向对称面随弹体旋转而发生转动，那么β、α也会随弹体旋转而发生周期性的变化，根据B系、B_S系、V_V系、V_S系之间的转换关系可得

$$\begin{gathered}\begin{bmatrix}x_5\\ y_5\\ z_5\end{bmatrix}=\boldsymbol{C}_{B_SV_S}^{\mathrm{T}}\boldsymbol{C}_{BB_S}^{\mathrm{T}}\begin{bmatrix}x_1\\ y_1\\ z_1\end{bmatrix}\\ \begin{bmatrix}x_3\\ y_3\\ z_3\end{bmatrix}=\boldsymbol{C}_{BV_V}^{\mathrm{T}}\begin{bmatrix}x_1\\ y_1\\ z_1\end{bmatrix}\end{gathered} \tag{2.17}$$

已知Px_3轴与Px_5轴重合，因此B系上的任一向量在这两个轴上的分量相同，同时将β^*、α^*、β、α视为小量，则有

$$\begin{bmatrix}\alpha^*\\ \beta^*\end{bmatrix}=\begin{bmatrix}\cos\gamma & \sin\gamma\\ -\sin\gamma & \cos\gamma\end{bmatrix}\begin{bmatrix}\alpha\\ \beta\end{bmatrix} \tag{2.18}$$

对于舰炮制导炮弹，在ψ、θ、ψ_P、θ_P、β^*、α^*、γ_v^*、γ这 8 个角参量中，除了γ，其余 7 个角参量不都是相互独立的，例如ψ、θ与ψ_P、θ_P分别确定了B_S系、P_V系相对于N_P系的位置关系，那么B_S系、P_V系的相互位置也就随之确定下来，也就是说β^*、α^*、γ_v^*可以由前四个角参量来表达。对应地，有三个几何关系式约束着这 7 个角参量之间的转换关系。例如，将B_S系的$\boldsymbol{\xi}$分别通过两种途径转换到N_P系上，所得到的转换结果应该相同，第一种途径是经V_S系、P_V系转换到N_P系，第二种途径是直接转换到N_P系，即$\boldsymbol{C}_{P_VN_P}^{\mathrm{T}}\boldsymbol{C}_{V_SP_V}^{\mathrm{T}}\boldsymbol{C}_{B_SV_S}^{\mathrm{T}}=\boldsymbol{C}_{B_SN_P}^{\mathrm{T}}$，经过推导可得

$$\begin{bmatrix}\beta^*\\ \alpha^*\\ \gamma_v^*\end{bmatrix}=\begin{bmatrix}\arcsin[\sin(\psi-\psi_P)\cos\theta_P]\\ \theta-\arcsin\left(\dfrac{\sin\theta_P}{\cos\beta^*}\right)\\ \arcsin(\tan\beta^*\tan\theta_P)\end{bmatrix}\approx\begin{bmatrix}\psi-\psi_P\\ \theta-\theta_P\\ 0\end{bmatrix} \tag{2.19}$$

2.2.6 作用力

舰炮制导炮弹在末制导段飞行过程中，作用在弹体上的力主要由重力、空气动力与操纵力等组成。虽然操纵力在本质上也属于空气动力，但是鸭舵操纵力的计算过程较为复杂，而且这是有控弹道设计的基础，因此将其单独列为一节进行分析。为了便于描述作用在弹体上的各种作用力，先根据它们在不同坐标系中表达的难易程度，选择在合适的坐标系上进行分解，再通过坐标转换关系将它们转换到 P_V 系上，以便于建立弹体质心运动方程。

1. 重力 $\boldsymbol{G}$

$\boldsymbol{G}$ 为作用在弹体上的重力，在 P_V 系中的分量为

$$\begin{bmatrix} G_{x_2} \\ G_{y_2} \\ G_{z_2} \end{bmatrix} = \boldsymbol{C}_{P_V N_P} \begin{bmatrix} G_{x_0} \\ G_{y_0} \\ G_{z_0} \end{bmatrix} = \begin{bmatrix} -m_P g \sin\theta_P \\ -m_P g \cos\theta_P \\ 0 \end{bmatrix} \tag{2.20}$$

式中，矩阵内各项表示重力矢量在各方向的数值大小。

2. 空气动力

作用在舰炮制导炮弹上的空气动力主要包括阻力、升力与马格努斯力，根据空气动力的方向特点，先将其在 V_S 系上进行分解。以弹体的最大横截面积 $S = \pi d_P^2 / 4$ 作为参考面积(d_P 为弹体的最大直径)，在进行风洞测试时，弹体各部分的空气动力系数均已折算到参考面积上。

1) 阻力 $\boldsymbol{R}_x$

$\boldsymbol{R}_x$ 主要是由零升阻力与准总攻角 ϕ^* 的诱导阻力组成的，它与 $\boldsymbol{v}_P$ 反向，在 P_V 系上的分量为

$$\begin{bmatrix} R_{xx_2} \\ R_{xy_2} \\ R_{xz_2} \end{bmatrix} = \begin{bmatrix} -\rho v_P^2 S c_x / 2 \\ 0 \\ 0 \end{bmatrix} = \begin{bmatrix} -qSc_{x_0}(1 + k_{\phi^*}\phi^{*2}) \\ 0 \\ 0 \end{bmatrix} \tag{2.21}$$

式中，c_x=$c_{x_0}(1 + k_{\phi^*}\phi^{*2})$ 为全弹阻力系数；q 为来流动压；c_{x_0} 为全弹零升阻力系数；k_{ϕ^*} 为准总攻角诱导阻力系数，尾翼弹的准总攻角诱导阻力系数常取值为 40。

在末制导段，弹体始终在对流层内运动($y_{P_0} \leqslant 9300\text{m}$)，空气密度随高度分布的变化规律为[161]

$$\rho = (1 - 2.1904 \times 10^{-5} y_{P_0})^{4.4} \rho_{0N} \tag{2.22}$$

式中，$\rho_{0N}=1.2063\text{kg/m}^3$，为海平面标准空气密度，参照 1957 年哈尔滨军事工程学院外弹道教研室所确定的我国炮兵标准气象条件。

2) 升力 $\boldsymbol{R}_y$

$\boldsymbol{R}_y$ 在准总攻角平面内并垂直于 $\boldsymbol{v}_P$，与 $\boldsymbol{v}_P\times(\boldsymbol{\xi}\times\boldsymbol{v}_P)$ 同向，它在 P_V 系上的分量为

$$\begin{bmatrix} R_{yx_2} \\ R_{yy_2} \\ R_{yz_2} \end{bmatrix}=\frac{\rho S c_y'\varphi}{2\sin\phi^*}\boldsymbol{v}_P\times(\boldsymbol{\xi}\times\boldsymbol{v}_P)$$

$$=\frac{qSc_y'}{\sin\phi^*}\begin{bmatrix} 0 \\ \alpha^*\sin\alpha^* \\ -\beta^*\sin\beta^*\cos\alpha^* \end{bmatrix} \tag{2.23}$$

$$\approx qSc_y'\begin{bmatrix} 0 \\ \alpha^* \\ -\beta^* \end{bmatrix}$$

式中，$c_y'\varphi$ 为全弹升力系数，它包括了弹身升力、尾翼升力、舵面升力(偏角为零)及其各部分间相互干扰的附加升力。

3) 马格努斯力 $\boldsymbol{R}_z$

$\boldsymbol{R}_z$ 指向 $\boldsymbol{\xi}\times\boldsymbol{v}_P$ 方向，它在 P_V 系上的分量为

$$\begin{bmatrix} R_{zx_2} \\ R_{zy_2} \\ R_{zz_2} \end{bmatrix}=\frac{\rho S d_P\dot{\gamma}c_z''\varphi}{2\sin\phi^*}\boldsymbol{\xi}\times\boldsymbol{v}_P$$

$$=-\frac{\rho v_P S d_P\dot{\gamma}c_z''}{2\sin\phi^*}\begin{bmatrix} 0 \\ \beta^*\sin\beta^*\cos\alpha^* \\ \alpha^*\sin\alpha^* \end{bmatrix} \tag{2.24}$$

$$\approx -\frac{qSd_P\dot{\gamma}c_z''}{v_P}\begin{bmatrix} 0 \\ \beta^* \\ \alpha^* \end{bmatrix}$$

式中，c_z'' 为马格努斯力系数 c_z 对 φ 和无因次转速 $d_P\dot{\gamma}/v_P$ 的联合偏导数；v_P 为矢量 $\boldsymbol{v}_P$ 的数值大小。

3. 操纵力

舰炮制导炮弹在末制导段的飞行过程中，由导引系统实时获取、处理弹目运

动信息，通过设定的导引与控制方法驱动舵机偏转产生操纵力。操纵力占合外力的比重不大，也就是说它对于弹体质心运动的影响较小，其主要是通过形成操纵力矩来影响弹体绕质心的转动，进而调整姿态角与气动角，改变气动力。

1) 俯仰舵操纵力 $\boldsymbol{F}_{\delta_z}$

为了便于分析，先在 B 系内研究由一对俯仰舵产生的操纵力 $\boldsymbol{F}_{\delta_z}$，如图 2.6 所示，$\boldsymbol{F}_{\delta_z}$ 作用在 B 系的 Px_1y_1 面内，可分解为阻力 $\boldsymbol{R}_{x\delta_z}$ 与升力 $\boldsymbol{R}_{y\delta_z}$。$P_{\delta_z}$ 为俯仰舵的压心，$P_{\delta_z}x_1''$ 轴、$P_{\delta_z}y_3''$ 轴分别与 Px_1' 轴、Py_3 轴同向，δ_z 为俯仰舵偏角，以舵前沿向上为正，v_{Px_1}、v_{Py_1} 为 $\boldsymbol{v}_P$ 在 B 系 Px_1 轴、Py_1 轴上的分量，$\boldsymbol{v}_P$ 在 Px_1y_1 面内的投影为 $v_{Px_1y_1}=\sqrt{v_{Px_1}^2+v_{Py_1}^2}$，与 $P_{\delta_z}x_1''$ 轴同向，$\alpha=-\arcsin(v_{Py_1}/v_{Px_1y_1})$，$\boldsymbol{R}_{x\delta_z}$ 与 $P_{\delta_z}x_1''$ 轴反向，$\boldsymbol{R}_{y\delta_z}$ 与 $P_{\delta_z}x_1''$ 轴垂直。

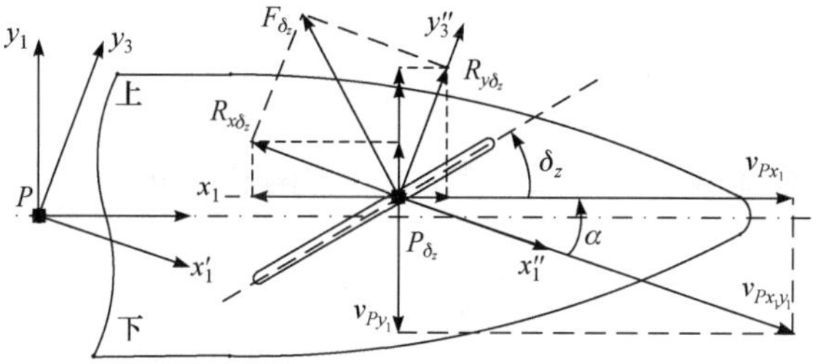

图 2.6　分解俯仰舵操纵力

由于当 $\delta_z=0$ 时由 α 诱导的舵面阻力、升力已经包含在全弹的空气动力中，在 $|\delta_z|\leqslant 15^\circ$ 时，$\boldsymbol{R}_{x\delta_z}$、$\boldsymbol{R}_{y\delta_z}$ 的大小为

$$\begin{cases} R_{x\delta_z}=\left|\boldsymbol{R}_{x\delta_z}\right|=\rho v_{Px_1y_1}^2 S c_{x_0}^{\delta_z} k_{\delta_z}\delta_z^2/2 \\ R_{y\delta_z}=\left|\boldsymbol{R}_{y\delta_z}\right|=\rho v_{Px_1y_1}^2 S c_y^{\delta_z}\delta_z/2 \end{cases} \tag{2.25}$$

式中，k_{δ_z} 为俯仰舵偏角诱导阻力系数；$c_{x_0}^{\delta_z}$ 为俯仰舵的零偏转阻力系数；$|\cdot|$表示矢量的模值。

由 V_V 系、B 系间的坐标转换关系可得 $\boldsymbol{F}_{\delta_z}$ 在 V_V 系上的分量为

$$\begin{bmatrix} F_{\delta_z x_3} \\ F_{\delta_z y_3} \\ F_{\delta_z z_3} \end{bmatrix}=\boldsymbol{C}_y^{\mathrm{T}}(\beta)\begin{bmatrix} -R_{x\delta_z} \\ R_{y\delta_z} \\ 0 \end{bmatrix}=\begin{bmatrix} -R_{x\delta_z}\cos\beta \\ R_{y\delta_z} \\ R_{x\delta_z}\sin\beta \end{bmatrix} \tag{2.26}$$

根据小攻角假设，令 $\cos\beta\approx 1$、$\sin\beta\approx\beta$，并略去小量 β、α、δ_z 的乘积项，可以化简得到 $\boldsymbol{F}_{\delta_z}$ 在 V_V 系上的分量为

$$\begin{bmatrix} F_{\delta_z x_3} \\ F_{\delta_z y_3} \\ F_{\delta_z z_3} \end{bmatrix} = \begin{bmatrix} -R_{x\delta_z} \\ R_{y\delta_z} \\ 0 \end{bmatrix} \tag{2.27}$$

在俯仰舵偏角较小时，$R_{x\delta_z} \ll R_{y\delta_z}$，可以近似认为俯仰舵只提供法向操纵力 $R_{y\delta_z}$。

2) 偏航舵操纵力 $\boldsymbol{F}_{\delta_y}$

按照分析 $\boldsymbol{F}_{\delta_z}$ 的方法，在 B 系内研究 $\boldsymbol{F}_{\delta_y}$，如图 2.7 所示，$\boldsymbol{F}_{\delta_y}$ 作用在 B 系的 Px_1z_1 面内，可分解为阻力 $\boldsymbol{R}_{x\delta_y}$、侧向力 $\boldsymbol{R}_{z\delta_y}$。$P_{\delta_y}$ 为偏航舵的压心，$P_{\delta_y}x_3''$ 轴与 Px_3' 轴同向，Px_3' 轴为 Px_3 轴在 Px_1z_1 面上的投影，$P_{\delta_y}z_3''$ 轴与 Pz_3 轴反向，δ_y 以舵前沿向左为正，在 $\left|\delta_y\right| \leqslant 15^\circ$ 时，$\boldsymbol{R}_{x\delta_y}$、$\boldsymbol{R}_{z\delta_y}$ 的大小分别为

$$\begin{cases} R_{x\delta_y} = \left|\boldsymbol{R}_{x\delta_y}\right| = \rho v_{Px_1z_1}^2 S c_{x_0}^{\delta_y} k_{\delta_y} \delta_y^2 / 2 \\ R_{z\delta_y} = \left|\boldsymbol{R}_{z\delta_y}\right| = \rho v_{Px_1z_1}^2 S c_y^{\delta_y} \delta_y / 2 \end{cases} \tag{2.28}$$

式中，$c_{x_0}^{\delta_y}$ 为偏航舵的零偏转阻力系数；k_{δ_y} 为偏航舵偏角诱导阻力系数。

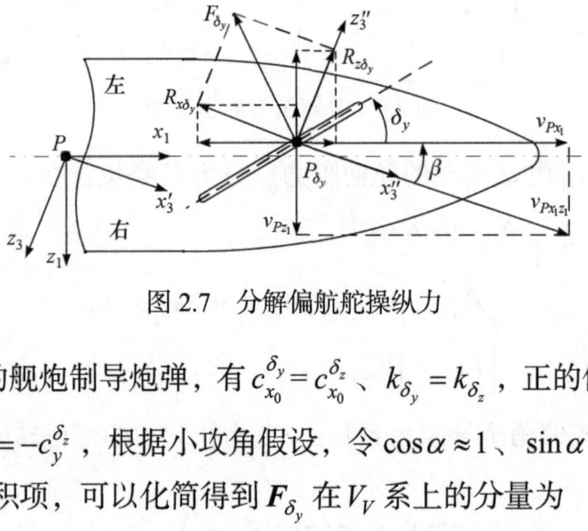

图 2.7　分解偏航舵操纵力

对于轴对称的舰炮制导炮弹，有 $c_{x_0}^{\delta_y} = c_{x_0}^{\delta_z}$、$k_{\delta_y} = k_{\delta_z}$，正的偏航舵偏角产生负的侧向力，有 $c_y^{\delta_y} = -c_y^{\delta_z}$，根据小攻角假设，令 $\cos\alpha \approx 1$、$\sin\alpha \approx \alpha$，并略去小量 β、α、δ_y 的乘积项，可以化简得到 $\boldsymbol{F}_{\delta_y}$ 在 V_V 系上的分量为

$$\begin{bmatrix} F_{\delta_y x_3} \\ F_{\delta_y y_3} \\ F_{\delta_y z_3} \end{bmatrix} = \begin{bmatrix} -R_{x\delta_y} \\ 0 \\ -R_{z\delta_y} \end{bmatrix} \tag{2.29}$$

在偏航舵偏角较小时，$R_{x\delta_y} \ll R_{z\delta_y}$，可以近似认为偏航舵只提供侧向操纵力 $R_{z\delta_y}$。

3) 等效操纵力 $\boldsymbol{F}_\delta$

$\boldsymbol{F}_\delta$ 为俯仰舵与偏航舵产生的操纵合力，它在 V_V 系上的分量为

$$\begin{bmatrix} F_{\delta x_3} \\ F_{\delta y_3} \\ F_{\delta z_3} \end{bmatrix} = \begin{bmatrix} F_{\delta_z x_3} \\ F_{\delta_z y_3} \\ F_{\delta_z z_3} \end{bmatrix} + \begin{bmatrix} F_{\delta_y x_3} \\ F_{\delta_y y_3} \\ F_{\delta_y z_3} \end{bmatrix} = \begin{bmatrix} -R_{x\delta_z} - R_{x\delta_y} \\ R_{y\delta_z} \\ -R_{z\delta_y} \end{bmatrix}$$
$$= \frac{\rho S}{2} \begin{bmatrix} -c_{x_0}^{\delta_z} k_{\delta_z} (v_{Px_1y_1}^2 \delta_z^2 + v_{Px_1z_1}^2 \delta_y^2) \\ v_{Px_1y_1}^2 c_y^{\delta_z} \delta_z \\ -v_{Px_1z_1}^2 c_y^{\delta_z} \delta_y \end{bmatrix} \tag{2.30}$$

则 $\boldsymbol{F}_\delta$ 在 P_V 系上的分量为

$$\begin{bmatrix} F_{\delta x_2} \\ F_{\delta y_2} \\ F_{\delta z_2} \end{bmatrix} = \boldsymbol{C}_{V_S V_V} \begin{bmatrix} F_{\delta x_3} \\ F_{\delta y_3} \\ F_{\delta z_3} \end{bmatrix}$$
$$= \frac{\rho S}{2} \begin{bmatrix} -c_{x_0}^{\delta_z} k_{\delta_z} (v_{Px_1y_1}^2 \delta_z^2 + v_{Px_1z_1}^2 \delta_y^2) \\ c_y^{\delta_z} (v_{Px_1y_1}^2 \delta_z \cos\gamma + v_{Px_1z_1}^2 \delta_y \sin\gamma) \\ c_y^{\delta_z} (v_{Px_1y_1}^2 \delta_z \sin\gamma - v_{Px_1z_1}^2 \delta_y \cos\gamma) \end{bmatrix} \tag{2.31}$$

在舵偏角较小时，可以近似认为舵面只提供了法向操纵力 $R_{y\delta_z}$ 与侧向操纵力 $R_{z\delta_y}$，有

$$\begin{cases} F_{\delta x_2} = F_{\delta x_3} \approx 0 \\ \begin{bmatrix} F_{\delta y_2} \\ F_{\delta z_2} \end{bmatrix} = \dfrac{\rho S c_y^{\delta_z}}{2} \begin{bmatrix} \cos\gamma & -\sin\gamma \\ \sin\gamma & \cos\gamma \end{bmatrix} \begin{bmatrix} v_{Px_1y_1}^2 \delta_z \\ -v_{Px_1z_1}^2 \delta_y \end{bmatrix} \\ \qquad \approx q S c_y^{\delta_z} \begin{bmatrix} \cos\gamma & -\sin\gamma \\ \sin\gamma & \cos\gamma \end{bmatrix} \begin{bmatrix} \delta_z \\ -\delta_y \end{bmatrix} \end{cases} \tag{2.32}$$

定义等效舵偏角为

$$\begin{bmatrix} \delta_{zeq} \\ \delta_{yeq} \end{bmatrix} = \frac{1}{v_P^2} \begin{bmatrix} \cos\gamma & \sin\gamma \\ -\sin\gamma & \cos\gamma \end{bmatrix} \begin{bmatrix} v_{Px_1y_1}^2 \delta_z \\ v_{Px_1z_1}^2 \delta_y \end{bmatrix} \approx \begin{bmatrix} \cos\gamma & \sin\gamma \\ -\sin\gamma & \cos\gamma \end{bmatrix} \begin{bmatrix} \delta_z \\ \delta_y \end{bmatrix} \tag{2.33}$$

则 $\boldsymbol{F}_\delta$ 在 P_V 系上的分量为

$$\begin{bmatrix} F_{\delta x_2} \\ F_{\delta y_2} \\ F_{\delta z_2} \end{bmatrix} = qS \begin{bmatrix} 0 \\ c_y^{\delta_z} \delta_{zeq} \\ -c_y^{\delta_z} \delta_{yeq} \end{bmatrix} \tag{2.34}$$

2.2.7 作用力矩

舰炮制导炮弹在末制导段飞行过程中，对俯仰通道、偏航通道与滚转通道影响较大的作用力矩主要包括静力矩、赤道阻尼力矩、马格努斯力矩、操纵力矩、极阻尼力矩和尾翼导转力矩等。为了便于建立弹体绕质心的运动方程，在 B_S 系上分解上述各类力矩。

1. 静力矩 $\boldsymbol{M}_z$

舰炮制导炮弹的压心在质心之后，$\boldsymbol{M}_z$ 是静力矩，有使弹轴向速度靠拢并减小气动角的趋势，它与 $\boldsymbol{v}_P \times \boldsymbol{\xi}$ 同向，在 B_S 系上的分量为

$$
\begin{aligned}
\begin{bmatrix} M_{zx_4} \\ M_{zy_4} \\ M_{zz_4} \end{bmatrix} &= \frac{\rho v_P S L m_z' \varphi}{2\sin\phi^*} \boldsymbol{v}_P \times \boldsymbol{\xi} \\
&= \frac{\rho v_P^2 S L m_z'}{2\sin\phi^*} \begin{bmatrix} 0 \\ \beta^* \sin\beta^* \\ \alpha^* \cos\beta^* \sin\alpha^* \end{bmatrix} \\
&\approx q S L m_z' \begin{bmatrix} 0 \\ \beta^* \\ \alpha^* \end{bmatrix}
\end{aligned} \tag{2.35}
$$

2. 赤道阻尼力矩 $\boldsymbol{M}_{zz}$

$\boldsymbol{M}_{zz}$ 是阻止弹体摆动的力矩，其大小与弹体摆动角速度 $\boldsymbol{\omega}_4$ 的大小成正比，且方向相反，它在 B_S 系上的分量为

$$
\begin{aligned}
\begin{bmatrix} M_{zzx_4} \\ M_{zzy_4} \\ M_{zzz_4} \end{bmatrix} &= -\frac{\rho v_P S L d_P m_{zz}' \boldsymbol{\omega}_4}{2} \\
&= -\frac{\rho v_P S L d_P m_{zz}'}{2} \begin{bmatrix} \omega_{4x_4} \\ \omega_{4y_4} \\ \omega_{4z_4} \end{bmatrix} \\
&= -\frac{q S L d_P m_{zz}'}{v_P} \begin{bmatrix} \dot{\psi}\sin\theta \\ \dot{\psi}\cos\theta \\ \dot{\theta} \end{bmatrix}
\end{aligned} \tag{2.36}
$$

3. 马格努斯力矩 $\boldsymbol{M}_y$

$\boldsymbol{M}_y$ 由垂直于准总攻角平面的马格努斯力产生，与 $\boldsymbol{\xi}\times(\boldsymbol{\xi}\times\boldsymbol{v}_P)$ 同向，它在 B_S 系上的分量为

$$\begin{bmatrix} M_{yx_4} \\ M_{yy_4} \\ M_{yz_4} \end{bmatrix} = \frac{\rho SLd_P\dot{\gamma}m_y''\varphi}{2\sin\phi^*}\boldsymbol{\xi}\times(\boldsymbol{\xi}\times\boldsymbol{v}_P)$$

$$= \frac{\rho v_P SLd_P\dot{\gamma}m_y''}{2\sin\phi^*}\begin{bmatrix} 0 \\ \alpha^*\cos\beta^*\sin\alpha^* \\ -\beta^*\sin\beta^* \end{bmatrix} \tag{2.37}$$

$$\approx \frac{qSLd_P\dot{\gamma}m_y''}{v_P}\begin{bmatrix} 0 \\ \alpha^* \\ -\beta^* \end{bmatrix}$$

式中，m_y'' 为马格努斯力矩系数 m_y 对 φ 和无因次转速 $d_P\dot{\gamma}/v_P$ 的联合偏导数。

4. 操纵力矩 $\boldsymbol{M}_\delta$

对于舰炮制导炮弹，产生法向力、侧向力来改变弹体速度方向的重要途径是形成必要的气动角 α^*、β^*，而这需要弹体绕质心转动来改变弹体姿态，主要是靠舵面偏转产生操纵力形成操纵力矩 $\boldsymbol{M}_\delta$ 来实现的。在 2.2.6 节的“3. 操纵力”中，先是将操纵力在 V_V 系上初步分解，再转换到 B_S 系，在转换后含有 α^*、β^* 的耦合项，不便于建立绕质心转动方程，因此现将操纵力由 B 系直接向 B_S 系分解。

在 B 系的 Px_1y_1 面内，俯仰舵操纵力 $\boldsymbol{F}_{\delta_z}$ 可分解为阻力 $\boldsymbol{R}_{x\delta_z}$ 与升力 $\boldsymbol{R}_{y\delta_z}$，将其分别投影到 Px_1 轴、Py_1 轴上，根据小攻角假设，并略去小量 α、δ_z 的乘积项，有

$$\begin{bmatrix} R_{x\delta_z x_1} \\ R_{x\delta_z y_1} \\ R_{y\delta_z x_1} \\ R_{y\delta_z y_1} \end{bmatrix} = \begin{bmatrix} -R_{x\delta_z}\cos\alpha \\ R_{x\delta_z}\sin\alpha \\ R_{y\delta_z}\sin\alpha \\ R_{y\delta_z}\cos\alpha \end{bmatrix} \approx \begin{bmatrix} -R_{x\delta_z} \\ 0 \\ 0 \\ R_{y\delta_z} \end{bmatrix} \tag{2.38}$$

则 $\boldsymbol{F}_{\delta_z}$ 在 B 系上的分量为

$$\begin{bmatrix} F_{\delta_z x_1} \\ F_{\delta_z y_1} \\ F_{\delta_z z_1} \end{bmatrix} = \begin{bmatrix} -R_{x\delta_z} \\ R_{y\delta_z} \\ 0 \end{bmatrix} \tag{2.39}$$

在俯仰舵偏角较小的情况下，$R_{x\delta_z} \ll R_{y\delta_z}$，可以近似认为俯仰舵只提供法向力 $\boldsymbol{R}_{y\delta_z}$，同理可得偏航舵操纵力 $\boldsymbol{F}_{\delta_y}$ 在 B 系上的分量为

$$\begin{bmatrix} F_{\delta_y x_1} \\ F_{\delta_y y_1} \\ F_{\delta_y z_1} \end{bmatrix} = \begin{bmatrix} -R_{x\delta_y} \\ 0 \\ -R_{z\delta_y} \end{bmatrix} \tag{2.40}$$

俯仰舵与偏航舵形成的操纵合力 $\boldsymbol{F}_\delta$ 在 B_S 系上的分量为

$$\begin{aligned} \begin{bmatrix} F_{\delta x_4} \\ F_{\delta y_4} \\ F_{\delta z_4} \end{bmatrix} &= \boldsymbol{C}_{B_S B} \begin{bmatrix} F_{\delta x_1} \\ F_{\delta y_1} \\ F_{\delta z_1} \end{bmatrix} \\ &= \begin{bmatrix} 1 & 0 & 0 \\ 0 & \cos\gamma & -\sin\gamma \\ 0 & \sin\gamma & \cos\gamma \end{bmatrix} \begin{bmatrix} -R_{x\delta_z} - R_{x\delta_y} \\ R_{y\delta_z} \\ -R_{z\delta_y} \end{bmatrix} \\ &\approx qS \begin{bmatrix} 0 \\ c_y^{\delta_z} \delta_{\text{zeq}} \\ -c_y^{\delta_z} \delta_{\text{yeq}} \end{bmatrix} \end{aligned} \tag{2.41}$$

$F_{\delta x_4}$ 的作用力臂近似为零，则 $\boldsymbol{M}_\delta$ 在 B_S 系上的分量为

$$\begin{aligned} \begin{bmatrix} M_{\delta x_4} \\ M_{\delta y_4} \\ M_{\delta z_4} \end{bmatrix} &= \begin{bmatrix} 0 & 0 & 0 \\ 0 & 0 & -l_c \\ 0 & l_c & 0 \end{bmatrix} \begin{bmatrix} F_{\delta x_4} \\ F_{\delta y_4} \\ F_{\delta z_4} \end{bmatrix} \\ &= \begin{bmatrix} 0 \\ -l_c F_{\delta z_4} \\ l_c F_{\delta y_4} \end{bmatrix} = qSl_c \begin{bmatrix} 0 \\ c_y^{\delta_z} \delta_{\text{yeq}} \\ c_y^{\delta_z} \delta_{\text{zeq}} \end{bmatrix} \end{aligned} \tag{2.42}$$

5. 极阻尼力矩 $\boldsymbol{M}_{xz}$

$\boldsymbol{M}_{xz}$ 由弹体绕纵轴旋转的角速度 $\boldsymbol{\omega}_{1x_1}$ 产生，用于阻止弹体旋转，与 $\boldsymbol{\xi}$ 反向，它包括弹体、舵面、尾翼的极阻尼力矩，在 B_S 系上的分量为

$$
\begin{aligned}
\begin{bmatrix} M_{xzx_4} \\ M_{xzy_4} \\ M_{xzz_4} \end{bmatrix} &= -\frac{\rho v_P S l d_P m'_{xz}}{2} \begin{bmatrix} \omega_{1x_1} \\ 0 \\ 0 \end{bmatrix} \\
&= -\frac{\rho v_P S l d_P m'_{xz}}{2} \begin{bmatrix} \dot{\psi}\sin\theta + \dot{\gamma} \\ 0 \\ 0 \end{bmatrix} \\
&\approx -\frac{\rho v_P S l d_P m'_{xz}}{2} \begin{bmatrix} \dot{\gamma} \\ 0 \\ 0 \end{bmatrix}
\end{aligned} \tag{2.43}
$$

6. 尾翼导转力矩 $\boldsymbol{M}_{xw}$

$\boldsymbol{M}_{xw}$ 由尾翼产生，用于驱动弹体旋转，与 $\boldsymbol{\xi}\times(\boldsymbol{\xi}\times\boldsymbol{v}_P)$ 同向，通过合理设计尾翼能够使舰炮制导炮弹的滚转角速度趋于稳定，它在 B_S 系上的分量为

$$
\begin{bmatrix} M_{xwx_4} \\ M_{xwy_4} \\ M_{xwz_4} \end{bmatrix} = \frac{\rho v_P^2 S l m'_{xw}}{2} \begin{bmatrix} \delta_f \\ 0 \\ 0 \end{bmatrix} \tag{2.44}
$$

2.2.8 风对作用力与作用力矩的影响

风(速)随地点、高度、时间等因素的不同变化较大，难以用统一的方程来描述，为了便于研究，通常将其考虑为平均风 $\boldsymbol{w}$ [162]。射击方向(Px_0 方向)与正北方向(N)的夹角为 α_S，$\boldsymbol{w}$ 可以分为铅垂风 $\boldsymbol{w}_{y_0}$ 和水平风 $\boldsymbol{w}_{xz}$，水平风向与正北方向的夹角为 α_w，$\boldsymbol{w}_{xz}$ 可在 N_P 系上分解为纵风 $\boldsymbol{w}_{x_0}$、横风 $\boldsymbol{w}_{z_0}$，如图 2.8 所示，$\boldsymbol{w}$ 在 N_P 系上的分量为

$$
\begin{bmatrix} w_{x_0} \\ w_{y_0} \\ w_{z_0} \end{bmatrix} = \begin{bmatrix} w_{xz}\cos(\alpha_w - \alpha_S) \\ w_{y_0} \\ w_{xz}\sin(\alpha_w - \alpha_S) \end{bmatrix} \tag{2.45}
$$

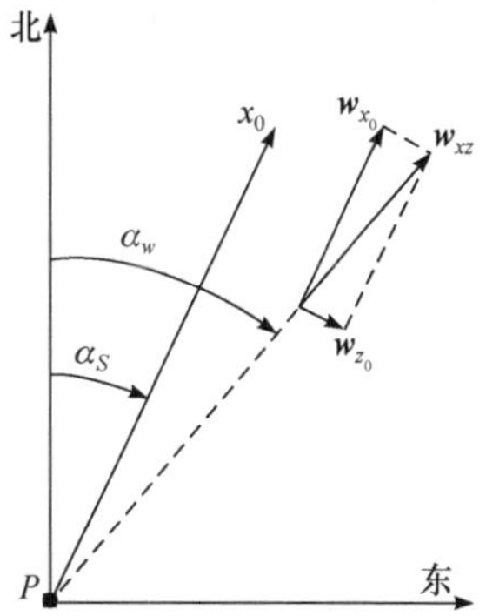

图 2.8　风速分解

某近岸地区对流层的实测风速曲线如图 2.9 所示，可以作为后续仿真时设定风速的参考。弹体受风的影响，将产生附加攻角和附加侧滑角，显然，计算公式中包含 α^* 与 β^* 的作用力与作用力矩将受到风的直接影响，按照无风情况下的计

算公式，再叠加上由附加攻角与附加侧滑角所引起的影响，即可得到有风时的作用力与作用力矩。

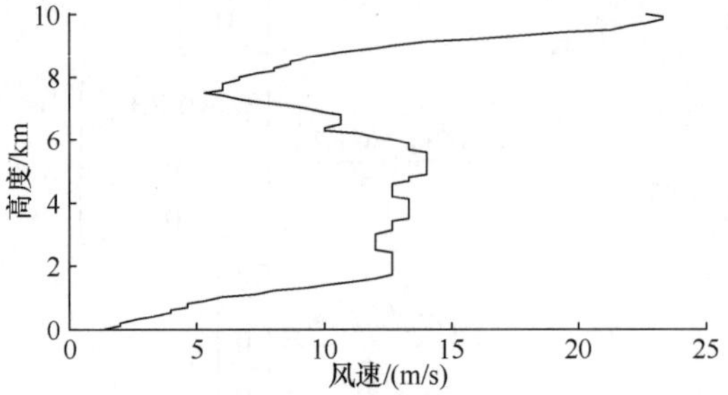

图 2.9　实测风速曲线

$\boldsymbol{w}_{x_0}$、$\boldsymbol{w}_{y_0}$、$\boldsymbol{w}_{z_0}$ 对弹体的作用示意图分别如图 2.10～图 2.12 所示。

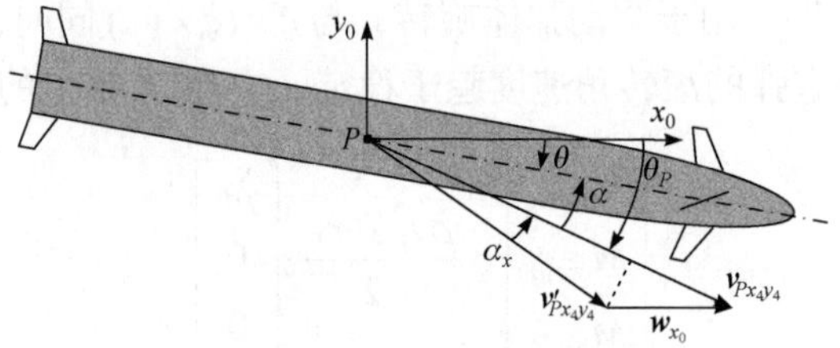

图 2.10　纵风产生的附加攻角

由图 2.10 可知，弹体受到 $\boldsymbol{w}_{x_0}$ 干扰后，吹向弹体的气流速度方向由原 $\boldsymbol{v}_{Px_4y_4}$ 变为 $\boldsymbol{v}'_{Px_4y_4}$，形成了附加攻角 α_x，其符号与 $\boldsymbol{w}_{x_0}$、θ_P 的正负有关：

$$\tan\alpha_x = \frac{-w_{x_0}\sin\theta_P}{v_{Px_4y_4} - w_{x_0}\cos\theta_P} \approx -\frac{w_{x_0}}{v_P}\sin\theta_P$$
$$\alpha_x = -\arctan\left(\frac{w_{x_0}}{v_P}\sin\theta_P\right) \tag{2.46}$$

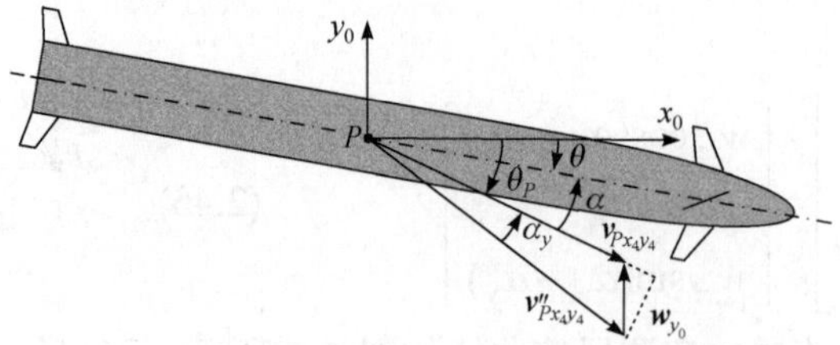

图 2.11　铅垂风产生的附加攻角

由图 2.11 可知，弹体受到 $\boldsymbol{w}_{y_0}$ 干扰后，吹向弹体合气流的速度方向由原 $\boldsymbol{v}_{Px_4y_4}$ 变为 $\boldsymbol{v}''_{Px_4y_4}$，形成了附加攻角 α_y，其符号与 $\boldsymbol{w}_{y_0}$ 的正负有关：

$$\begin{aligned}\tan\alpha_y &= \frac{w_{y_0}\cos\theta_P}{v_{Px_4y_4}-w_{y_0}\sin\theta_P} \approx \frac{w_{y_0}}{v_P}\cos\theta_P \\ \alpha_y &= \arctan\left(\frac{w_{y_0}}{v_P}\cos\theta_P\right)\end{aligned} \tag{2.47}$$

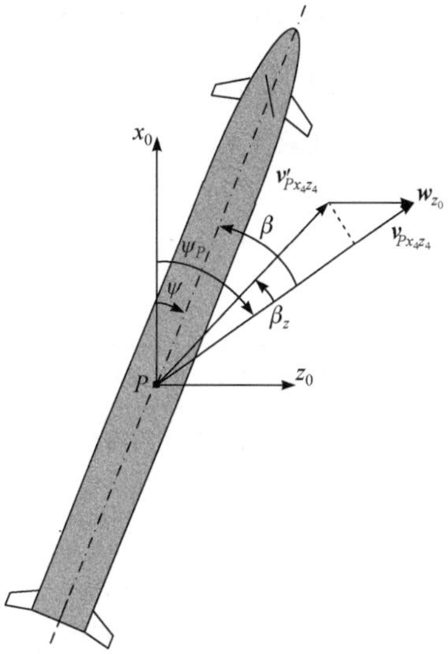

图 2.12　横风产生的附加侧滑角

从图 2.12 中可以看出，弹体受到 $\boldsymbol{w}_{z_0}$ 干扰后，吹向弹体合气流的速度方向由原 $\boldsymbol{v}_{Px_4z_4}$ 变为 $\boldsymbol{v}'_{Px_4z_4}$，形成附加侧滑角 β_z，其符号与 $\boldsymbol{w}_{z_0}$ 的正负有关：

$$\begin{aligned}\tan\beta_z &= \frac{-w_{z_0}\cos\psi_P}{v_{Px_4z_4}-w_{z_0}\sin\psi_P} \approx -\frac{w_{z_0}}{v_P}\cos\psi_P \\ \beta_z &= -\arctan\left(\frac{w_{z_0}}{v_P}\cos\psi_P\right)\end{aligned} \tag{2.48}$$

研究对象的主要结构参数与气动参数如表 2.2 和表 2.3 所示，气动参数来源于某型号风洞中风速为 357m/s 时的实测数据，在经过适当处理后用于数学仿真与半实物仿真。

表 2.2　舰炮制导炮弹的主要结构参数与气动参数

参数	数值	参数	数值
S/m^2	0.0133	l_{alg}/m	0.8570
l/m	1.4920	l_{xhd}/m	0.19681
d_P/m	0.1300	l_{xhl}/m	0.04014
m_P/kg	43.50	q_m/m	50.00
$\delta_f/(°)$	10.00	$J_{x_4}/(\text{kg}\cdot\text{m}^2)$	0.1087
$\delta_{\max}/(°)$	20.00	$J_{y_4}/(\text{kg}\cdot\text{m}^2)$	5.1982
n_{Py_2k}	5.00	$J_{z_4}/(\text{kg}\cdot\text{m}^2)$	5.1982
n_{Pz_2k}	5.00	$J_\delta/(\text{kg}\cdot\text{m}^2)$	0.0033

表 2.2 中，l_{alg} 为弹体的质心距弹顶的距离，l_{xhd} 为舵片的前沿距弹顶的距离，l_{xhl} 为舵的弦长，$\delta_{\max}$ 为舵片偏转的最大角度，n_{Py_2k} 为法向可用过载，n_{Pz_2k} 为侧向可用过载，J_δ 为舵片相对于舵机输出主轴的转动惯量，q_m 为导引装置的盲区距离。当弹体处于盲区范围内时，控制指令不再发生变化，依靠惯性继续飞向目标。

表 2.3　弹体主要气动参数

v_P /(m/s)	参数	数值	参数	数值	参数	数值	参数	数值
323	c_{x0}	0.4932	c_y'	17.8423	$c_y^{\delta_z}$	4.2211	c_z''	0.2421
	m_z'	−4.4276	m_{zz}'	10.5312	m_y''	−0.2412	alh	0.3423
357	c_{x0}	0.6752	c_y'	23.4265	$c_y^{\delta_z}$	4.8136	c_z''	0.3210
	m_z'	−6.8324	m_{zz}'	11.2175	m_y''	−0.3206	alh	0.4750

表 2.3 中，alh 为舵的压心位置，即舵压心距舵前沿的距离与舵弦长的比值。l_c 的计算公式为 $l_c = l_{alg} - (\text{alh} \times l_{xhl} + l_{xhd})$。当 v_P 在上述范围内发生变化时，气动参数可以按照线性差值来计算。

2.3　目标模型弹目相对运动模型

2.3.1　目标的三自由度模型

选取指挥所作为在近岸陆地的典型固定目标，选取舰艇作为在近岸水面的典型运动目标，它们的运动特征均可以运用质心三自由度模型来描述，主要包括描述质心运动的动力学方程与运动学方程。

1. 质心运动的动力学方程

在 T_V 系建立质心运动的动力学方程为

$$m_T \frac{\mathrm{d}\boldsymbol{v}_T}{\mathrm{d}t} = m_T \left(\frac{\partial \boldsymbol{v}_T}{\partial t} + \boldsymbol{\omega}_8 \times \boldsymbol{v}_T \right) = \boldsymbol{F}_T \tag{2.49}$$

式中，$\boldsymbol{F}_T$ 为作用在目标上的合外力；$\boldsymbol{\omega}_8 = \dot{\boldsymbol{\psi}}_T + \dot{\boldsymbol{\theta}}_T$ 为 T_V 系相对于 N_T 系的转动角速度。

在 T_V 系上进一步建立标量方程为

$$\begin{bmatrix} F_{Tx_8} \\ F_{Ty_8} \\ F_{Tz_8} \end{bmatrix} = \begin{bmatrix} m_T \dot{v}_T \\ m_T v_T \dot{\theta}_T \\ -m_T v_T \dot{\psi}_T \cos\theta_T \end{bmatrix} \Leftrightarrow \begin{bmatrix} a_{Tx_8} \\ a_{Ty_8} \\ a_{Tz_8} \end{bmatrix} = \begin{bmatrix} \dot{v}_T \\ v_T \dot{\theta}_T \\ -v_T \dot{\psi}_T \cos\theta_T \end{bmatrix} \tag{2.50}$$

考虑到目标从控制机构动作到加速度发生改变存在一定的延时，目标的法向加速度、侧向加速度可以用一阶惯性环节来描述：

$$\begin{bmatrix} \dot{a}_{Tx_8} \\ \dot{a}_{Ty_8} \\ \dot{a}_{Tz_8} \end{bmatrix} = \begin{bmatrix} (a_{Tx_8}^c - a_{Tx_8}) / \tau_{Tx_8} \\ (a_{Ty_8}^c - a_{Ty_8}) / \tau_{Ty_8} \\ (a_{Tz_8}^c - a_{Tz_8}) / \tau_{Tz_8} \end{bmatrix} \tag{2.51}$$

式中，τ_{Ty_8} 、 τ_{Tz_8} 为时间常数； $a_{Ty_8}^c$ 、 $a_{Tz_8}^c$ 分别为目标法向加速度、侧向加速度的控制指令。为了便于研究，现做如下合理假设。

假设 2.1[163]　目标加速度 a_{Ty_8} 、 a_{Tz_8} 为未知有界量，且存在正实数满足不等式 $|a_{Ty_8}| \leqslant a_{Ty_8\max}$ 、 $|a_{Tz_8}| \leqslant a_{Tz_8\max}$ 。

美国阿里伯克级驱逐舰在 20kn①航速满舵时，其最小转弯半径约为 540m，则其侧向加速度 a_{Tz_8} 约为 0.2m/s^2，在后续进行数学仿真与半实物仿真时，可以作为设定机动目标加速度的参考。某型号制导炮弹在飞行实验中的实测弹体速度曲线如图 2.13 所示，可以作为设定末制导段弹体速度的参考。

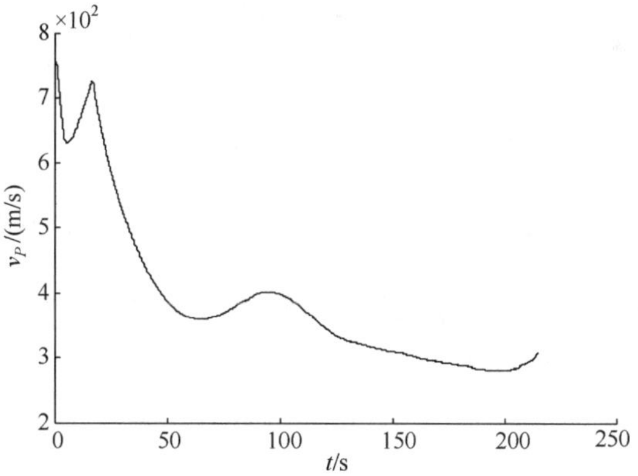

图 2.13　某型号制导炮弹飞行实验的实测弹体速度曲线

2. 质心运动的运动学方程

在 E 系建立质心运动的运动学方程，定义当前时刻目标质心在 E 系中的空间位置为 $[x_{T_0}, y_{T_0}, z_{T_0}]^\mathrm{T}$ ，由 N_T 系相对于 E 系的运动关系，并将 $\boldsymbol{v}_T$ 在 E 系分解，可

① 1kn=1.852km/h。

得目标质心运动的运动学方程为

$$\begin{bmatrix} \dot{x}_{T_0} \\ \dot{y}_{T_0} \\ \dot{z}_{T_0} \end{bmatrix} = \begin{bmatrix} v_{Tx_0} \\ v_{Ty_0} \\ v_{Tz_0} \end{bmatrix} = \boldsymbol{C}_{EN_T} \begin{bmatrix} v_{Tx_8} \\ v_{Ty_8} \\ v_{Tz_8} \end{bmatrix} = \begin{bmatrix} v_T \cos\psi_T \cos\theta_T \\ v_T \sin\theta_T \\ -v_T \sin\psi_T \cos\theta_T \end{bmatrix} \tag{2.52}$$

2.3.2 弹目相对运动模型

空间内的弹目相对运动关系如图 2.14 所示。此时视弹体为质点，以便于在 Q_S 系上建立描述弹目相对运动关系的方程，其本质是描述两个质点的相对运动关系。

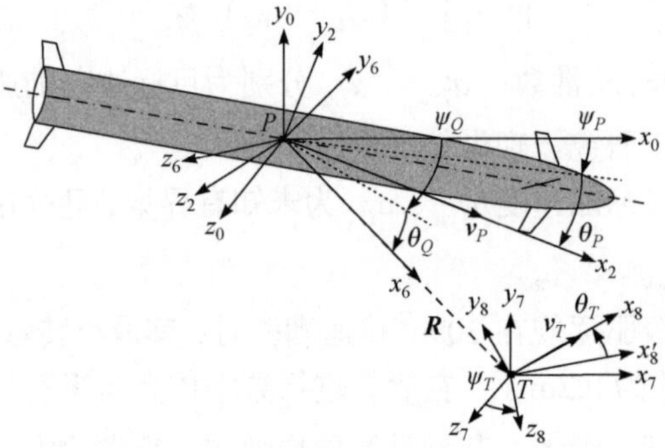

图 2.14　空间内的弹目相对运动关系

弹目相对距离及其在偏航平面的投影分别为

$$\begin{aligned} R &= \sqrt{(x_{P_0} - x_{T_0})^2 + (y_{P_0} - y_{T_0})^2 + (z_{P_0} - z_{T_0})^2} \\ r &= \sqrt{(x_{P_0} - x_{T_0})^2 + (z_{P_0} - z_{T_0})^2} \end{aligned} \tag{2.53}$$

视线偏角为 $\psi_Q = -\arctan\dfrac{z_{T_0} - z_{P_0}}{x_{T_0} - x_{P_0}}$，视线倾角为 $\theta_Q = \arcsin\dfrac{y_{T_0} - y_{P_0}}{R}$。由科里奥利定理，可得 $\boldsymbol{R}$ 的绝对变化率与相对变化率之间的关系为

$$\begin{aligned} \frac{\mathrm{d}\boldsymbol{R}}{\mathrm{d}t} &= \frac{\partial \boldsymbol{R}}{\partial t} + \boldsymbol{\omega}_6 \times \boldsymbol{R} = -\boldsymbol{v}_{PT} \\ &= \frac{\partial (R\boldsymbol{i}_6)}{\partial t} + \begin{vmatrix} \boldsymbol{i}_6 & \boldsymbol{j}_6 & \boldsymbol{k}_6 \\ \dot{\psi}_Q \sin\theta_Q & \dot{\psi}_Q \cos\theta_Q & \dot{\theta}_Q \\ R & 0 & 0 \end{vmatrix} \\ &= \begin{bmatrix} \dot{R}\boldsymbol{i}_6 \\ R\dot{\theta}_Q \boldsymbol{j}_6 \\ -R\dot{\psi}_Q \cos\theta_Q \boldsymbol{k}_6 \end{bmatrix} \end{aligned} \tag{2.54}$$

式中，$\boldsymbol{v}_{PT}$ 为弹目相对速度矢量；$\boldsymbol{\omega}_6 = \dot{\boldsymbol{\psi}}_Q + \dot{\boldsymbol{\theta}}_Q$ 为 Q_S 系相对于 N_P 系的转动角速度。

通过 P_V 系、N_P 系、Q_S 系之间的坐标转换，可得 $\boldsymbol{v}_P$ 在 P_V 系、Q_S 系上分量的转换关系为

$$\begin{bmatrix} v_{Px_6} \\ v_{Py_6} \\ v_{Pz_6} \end{bmatrix} = \boldsymbol{C}_{Q_S N_P} \boldsymbol{C}_{N_P P_V} \begin{bmatrix} v_{Px_2} \\ v_{Py_2} \\ v_{Pz_2} \end{bmatrix} = \begin{bmatrix} \varsigma_{Q_S P_{V11}} & \varsigma_{Q_S P_{V12}} & \varsigma_{Q_S P_{V13}} \\ \varsigma_{Q_S P_{V21}} & \varsigma_{Q_S P_{V22}} & \varsigma_{Q_S P_{V23}} \\ \varsigma_{Q_S P_{V31}} & \varsigma_{Q_S P_{V32}} & \varsigma_{Q_S P_{V33}} \end{bmatrix} \begin{bmatrix} v_P \\ 0 \\ 0 \end{bmatrix} = v_P \begin{bmatrix} \varsigma_{Q_S P_{V11}} \\ \varsigma_{Q_S P_{V21}} \\ \varsigma_{Q_S P_{V31}} \end{bmatrix} \tag{2.55}$$

转换矩阵元素 $\varsigma_{Q_S P_{Vij}}\ (i=1,2,3; j=1,2,3)$ 为

$$\begin{cases} \varsigma_{Q_S P_{V11}} = \sin\theta_P \sin\theta_Q + \cos\psi_P \cos\theta_P \cos\psi_Q \cos\theta_Q \\ \qquad\qquad + \sin\psi_P \cos\theta_P \sin\psi_Q \cos\theta_Q \\ \varsigma_{Q_S P_{V12}} = \cos\theta_P \sin\theta_Q - \cos\psi_P \sin\theta_P \cos\psi_Q \cos\theta_Q \\ \qquad\qquad - \sin\psi_P \sin\theta_P \sin\psi_Q \cos\theta_Q \\ \varsigma_{Q_S P_{V13}} = \sin\psi_P \cos\psi_Q \cos\theta_Q - \cos\psi_P \sin\psi_Q \cos\theta_Q \end{cases}$$

$$\begin{cases} \varsigma_{Q_S P_{V21}} = \sin\theta_P \cos\theta_Q - \cos\psi_P \cos\theta_P \cos\psi_Q \sin\theta_Q \\ \qquad\qquad - \sin\psi_P \cos\theta_P \sin\psi_Q \sin\theta_Q \\ \varsigma_{Q_S P_{V22}} = \cos\theta_P \cos\theta_Q + \cos\psi_P \sin\theta_P \cos\psi_Q \sin\theta_Q \\ \qquad\qquad + \sin\psi_P \sin\theta_P \sin\psi_Q \sin\theta_Q \\ \varsigma_{Q_S P_{V23}} = \cos\psi_P \sin\psi_Q \sin\theta_Q - \sin\psi_P \cos\psi_Q \sin\theta_Q \end{cases} \tag{2.56}$$

$$\begin{cases} \varsigma_{Q_S P_{V31}} = \cos\psi_P \cos\theta_P \sin\psi_Q - \sin\psi_P \cos\theta_P \cos\psi_Q \\ \varsigma_{Q_S P_{V32}} = \sin\psi_P \sin\theta_P \cos\psi_Q - \cos\psi_P \sin\theta_P \sin\psi_Q \\ \varsigma_{Q_S P_{V33}} = \cos\psi_P \cos\psi_Q + \sin\psi_P \sin\psi_Q \end{cases}$$

同理，可以得到 $\boldsymbol{v}_T$ 在 T_V 系、Q_S 系上分量的转换关系与式(2.56)具有相同形式，经过进一步化简可以得到

$$\begin{bmatrix} \dot{R} \\ \dot{\theta}_Q \\ \dot{\psi}_Q \end{bmatrix} = \begin{bmatrix} \varsigma_{Q_S T_{V_{11}}} v_T - \varsigma_{Q_S P_{V_{11}}} v_P \\ (\varsigma_{Q_S T_{V_{21}}} v_T - \varsigma_{Q_S P_{V_{21}}} v_P) / R \\ -(\varsigma_{Q_S T_{V_{31}}} v_T - \varsigma_{Q_S P_{V_{31}}} v_P) / (R\cos\theta_Q) \end{bmatrix} \tag{2.57}$$

由科里奥利定理可得，$\boldsymbol{v}_{PT}$ 的绝对变化率与相对变化率之间的关系为

$$\frac{\mathrm{d}\boldsymbol{v}_{PT}}{\mathrm{d}t} = \frac{\partial \boldsymbol{v}_{PT}}{\partial t} + \boldsymbol{\omega}_6 \times \boldsymbol{v}_{PT} = \boldsymbol{a}_P - \boldsymbol{a}_T$$

$$= \begin{vmatrix} \boldsymbol{i}_6 & \boldsymbol{j}_6 & \boldsymbol{k}_6 \\ \dot{\psi}_Q \sin\theta_Q & \dot{\psi}_Q \cos\theta_Q & \dot{\theta}_Q \\ -\dot{R} & -R\dot{\theta}_Q & R\dot{\psi}_Q \cos\theta_Q \end{vmatrix} - \begin{bmatrix} \dfrac{\partial \dot{R}}{\partial t}\boldsymbol{i}_6 \\ \dfrac{\partial (R\dot{\theta}_Q)}{\partial t}\boldsymbol{j}_6 \\ \dfrac{\partial (-R\dot{\psi}_Q \cos\theta_Q)}{\partial t}\boldsymbol{k}_6 \end{bmatrix} \tag{2.58}$$

$$= \begin{bmatrix} (R\dot{\theta}_Q^2 + R\dot{\psi}_Q^2 \cos^2\theta_Q - \ddot{R})\boldsymbol{i}_6 \\ (-R\ddot{\theta}_Q - 2\dot{R}\dot{\theta}_Q - R\dot{\psi}_Q^2 \sin\theta_Q \cos\theta_Q)\boldsymbol{j}_6 \\ (-2R\dot{\psi}_Q\dot{\theta}_Q \sin\theta_Q + 2\dot{R}\dot{\psi}_Q \cos\theta_Q + R\ddot{\psi}_Q \cos\theta_Q)\boldsymbol{k}_6 \end{bmatrix}$$

进一步化简可得

$$\begin{bmatrix} \ddot{R} \\ \ddot{\theta}_Q \\ \ddot{\psi}_Q \end{bmatrix} = \begin{bmatrix} R\dot{\theta}_Q^2 - a_{Px_6} + R\dot{\psi}_Q^2 \cos^2\theta_Q + a_{Tx_6} \\ -\dfrac{2\dot{R}}{R}\dot{\theta}_Q - \dfrac{a_{Py_6}}{R} - \dot{\psi}_Q^2 \sin\theta_Q \cos\theta_Q + \dfrac{a_{Ty_6}}{R} \\ -\dfrac{2\dot{R}}{R}\dot{\psi}_Q + \dfrac{a_{Pz_6}}{r} + 2\dot{\psi}_Q\dot{\theta}_Q \tan\theta_Q - \dfrac{a_{Tz_6}}{r} \end{bmatrix} \tag{2.59}$$

2.4　导引控制近似一体化设计模型

常规设计方式忽略了两子系统之间的耦合关系，在设计导引方法时将控制系统视为理想环节，但实际上自动驾驶仪的动态延迟特性使控制系统在跟踪导引系统产生的过载指令时存在滞后现象，并且，随着攻防装备体系的不断升级，弹目相对运动变化愈发剧烈，难以满足时标分离原则，因此在设计导引方法时需考虑控制系统的动态延迟特性。在俯仰通道与偏航通道上分别建立 AIGC 独立设计模型，进而构建考虑通道耦合因素的设计模型。

需要说明的是，本节所建立的导引控制近似一体化设计模型，本质上是描述弹体质心运动、弹目相对运动关系的，因此涉及的坐标系均为非旋转类坐标系，

包括 N_P 系、P_V 系、Q_S 系、N_T 系和 T_V 系。

2.4.1　通道独立设计模型

尽管平面运动是弹体在末制导段的特殊飞行情况，但这是研究弹体在空间内运动的基础，仍具有重要意义。俯仰通道与偏航通道上的弹目相对运动关系分别如图 2.15 和图 2.16 所示。

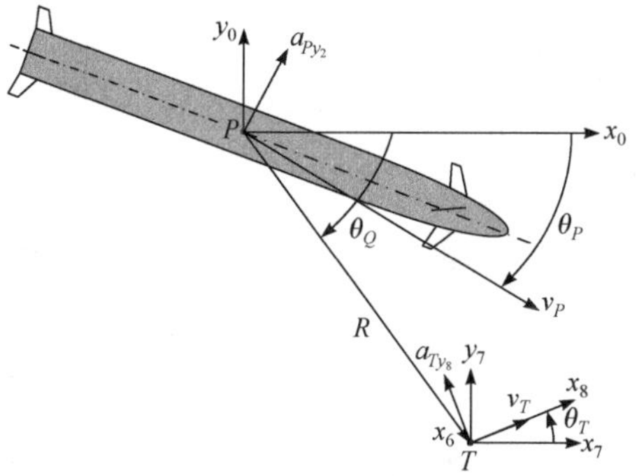

图 2.15　俯仰通道上的弹目相对运动关系

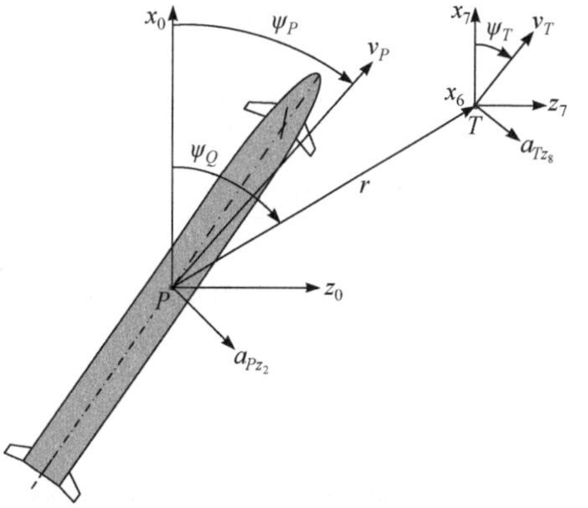

图 2.16　偏航通道上的弹目相对运动关系

将由通道耦合、目标机动引入的不确定性视为未知有界干扰项，以此为基础建立 AIGC 的通道独立设计模型。

1. 俯仰通道独立设计模型

通过 P_V 系、N_P 系、Q_S 系之间的坐标转换，$\boldsymbol{a}_P$ 在 P_V 系、Q_S 系上分量的转换关系为

$$
\begin{bmatrix} a_{Px_6} \\ a_{Py_6} \\ a_{Pz_6} \end{bmatrix} = \boldsymbol{C}_{Q_S N_P} \boldsymbol{C}_{N_P P_V} \begin{bmatrix} a_{Px_2} \\ a_{Py_2} \\ a_{Pz_2} \end{bmatrix} = \begin{bmatrix} \varsigma_{Q_S P_{V11}} & \varsigma_{Q_S P_{V12}} & \varsigma_{Q_S P_{V13}} \\ \varsigma_{Q_S P_{V21}} & \varsigma_{Q_S P_{V22}} & \varsigma_{Q_S P_{V23}} \\ \varsigma_{Q_S P_{V31}} & \varsigma_{Q_S P_{V32}} & \varsigma_{Q_S P_{V33}} \end{bmatrix} \begin{bmatrix} a_{Px_2} \\ a_{Py_2} \\ a_{Pz_2} \end{bmatrix} \Rightarrow
$$

$$
\begin{aligned}
\begin{bmatrix} a_{Py_6} \\ a_{Pz_6} \end{bmatrix} &= \begin{bmatrix} \varsigma_{Q_S P_{V21}} a_{Px_2} + \varsigma_{Q_S P_{V22}} a_{Py_2} + \varsigma_{Q_S P_{V23}} a_{Pz_2} \\ \varsigma_{Q_S P_{V31}} a_{Px_2} + \varsigma_{Q_S P_{V32}} a_{Py_2} + \varsigma_{Q_S P_{V33}} a_{Pz_2} \end{bmatrix} \\
&= \begin{bmatrix} a_{Py_2} \\ a_{Pz_2} \end{bmatrix} + \begin{bmatrix} \underbrace{\varsigma_{Q_S P_{V21}} a_{Px_2} + (\varsigma_{Q_S P_{V22}} - 1) a_{Py_2} + \varsigma_{Q_S P_{V23}} a_{Pz_2}}_{d_{a_{Py}}} \\ \underbrace{\varsigma_{Q_S P_{V31}} a_{Px_2} + \varsigma_{Q_S P_{V32}} a_{Py_2} + (\varsigma_{Q_S P_{V33}} - 1) a_{Pz_2}}_{d_{a_{Pz}}} \end{bmatrix}
\end{aligned} \tag{2.60}
$$

式中，$d_{a_{Py}}$、$d_{a_{Pz}}$ 为 $\boldsymbol{a}_P$ 由 P_V 系向 Q_S 系转换时产生的误差。

同理，可得 $\boldsymbol{a}_T$ 在 T_V 系、Q_S 系上分量的转换关系。法向加速度与法向过载 n_{Py_2} 的关系为 $a_{Py_2}=(n_{Py_2}-\cos\theta_P)g$ ，可得俯仰通道模型为

$$\begin{cases}\ddot{\theta}_Q=\underbrace{-\dfrac{2\dot{R}}{R}\dot{\theta}_Q+\dfrac{g\cos\theta_P}{R}}_{f_{2_1}}\underbrace{-\dfrac{g}{R}}_{a_{2_1}}n_{Py_2}\\ \qquad\underbrace{-\dfrac{d_{a_{Py}}}{R}\underbrace{-\dot{\psi}_Q^2\sin\theta_Q\cos\theta_Q}_{d_{\theta_Q}}+\underbrace{\dfrac{\varsigma_{Q_ST_{V21}}a_{Tx_8}+\varsigma_{Q_ST_{V22}}a_{Ty_8}+\varsigma_{Q_ST_{V23}}a_{Tz_8}}{R}}_{d_{\theta_T}}}_{d_{2_1}}\\ \ddot{n}_{Py_2}=\underbrace{-2\xi_{\theta_P}\omega_{\theta_P}\dot{n}_{Py_2}-\omega_{\theta_P}^2n_{Py_2}}_{f_{4_1}}+\underbrace{\omega_{\theta_P}^2}_{b_1}n_{Py_2}^c+\underbrace{d_{\theta_P}}_{d_{4_1}}\end{cases}\tag{2.61}$$

式中，d_{θ_Q} 、d_{θ_T} 分别为由通道耦合、目标机动在俯仰通道上引入的未知有界干扰；$n_{Py_2}^c$ 为法向过载指令；ξ_{θ_P} 、ω_{θ_P} 和 d_{θ_P} 分别为俯仰通道自动驾驶仪的阻尼比、固有角频率和模型误差。

定义系统的状态变量为 $[x_{1_1},x_{2_1},x_{3_1},x_{4_1}]^{\mathrm{T}}=[\theta_Q,\dot{\theta}_Q,n_{Py_2},\dot{n}_{Py_2}]^{\mathrm{T}}$ ，输入变量为 $u_1=n_{Py_2}^c$ ，输出变量为 $y_1=x_{1_1}$ ，则可得 AIGC 俯仰通道独立设计模型的严反馈串级系统的状态空间为

$$\begin{cases}\dot{x}_{1_1}=x_{2_1}\\ \dot{x}_{2_1}=f_{2_1}+a_{2_1}x_{3_1}+d_{2_1}\\ \dot{x}_{3_1}=x_{4_1}\\ \dot{x}_{4_1}=f_{4_1}+b_1u_1+d_{4_1}\end{cases}\tag{2.62}$$

2. 偏航通道独立设计模型

侧向加速度与侧向过载 n_{Pz_2} 的关系为 $a_{Pz_2}=n_{Pz_2}g$ ，可得偏航通道模型为

$$\begin{cases}\ddot{\psi}_Q=\underbrace{-\dfrac{2\dot{R}}{R}\dot{\psi}_Q}_{f_{2_2}}+\underbrace{\dfrac{g}{r}}_{a_{2_2}}n_{Pz_2}\\ \qquad\underbrace{+\dfrac{d_{a_{Pz}}}{r}+\underbrace{2\dot{\psi}_Q\dot{\theta}_Q\tan\theta_Q}_{d_{\psi_Q}}\underbrace{-\dfrac{\varsigma_{Q_ST_{V31}}a_{Tx_8}+\varsigma_{Q_ST_{V32}}a_{Ty_8}+\varsigma_{Q_ST_{V33}}a_{Tz_8}}{r}}_{d_{\psi_T}}}_{d_{2_2}}\\ \ddot{n}_{Pz_2}=\underbrace{-2\xi_{\psi_P}\omega_{\psi_P}\dot{n}_{Pz_2}-\omega_{\psi_P}^2n_{Pz_2}}_{f_{4_2}}+\underbrace{\omega_{\psi_P}^2}_{b_2}n_{Pz_2}^c+\underbrace{d_{\psi_P}}_{d_{4_2}}\end{cases}\tag{2.63}$$

式中，d_{ψ_Q}、d_{ψ_T} 分别为通道耦合、目标机动在偏航通道上引入的未知有界干扰；$n_{Pz_2}^c$ 为侧向过载指令；ξ_{ψ_P}、ω_{ψ_P} 和 d_{ψ_P} 分别为偏航通道自动驾驶仪的阻尼比、固有角频率和模型误差。

定义状态变量为 $[x_{1_2},x_{2_2},x_{3_2},x_{4_2}]^{\mathrm{T}}=[\psi_Q,\dot{\psi}_Q,n_{Pz_2},\dot{n}_{Pz_2}]^{\mathrm{T}}$，输入变量为 $u_2=n_{Pz_2}^c$，输出变量为 $y_2=x_{1_2}$，则 AIGC 偏航通道独立设计模型的严反馈串级系统的状态空间为

$$\begin{cases}\dot{x}_{1_2}=x_{2_2}\\ \dot{x}_{2_2}=f_{2_2}+a_{2_2}x_{3_2}+d_{2_2}\\ \dot{x}_{3_2}=x_{4_2}\\ \dot{x}_{4_2}=f_{4_2}+b_2u_2+d_{4_2}\end{cases}\tag{2.64}$$

假设 2.2[120]　干扰项 $d_{i_j}(i=2,4;j=1,2)$ 未知有界，且其导数项 $\dot{d}_{i_j}$ 有界，总存在正常数 D_{i_j}、$\bar{D}_{i_j}$ 分别使不等式 $|d_{i_j}|\leqslant D_{i_j}$、$|\dot{d}_{i_j}|\leqslant\bar{D}_{i_j}$ 始终成立。

通过合理地设计尾翼斜置角，使弹体在末制导段能够以低转速稳定飞行，因此无须对滚转通道设计控制系统，滚转通道的模型为

$$\begin{cases}\dot{\gamma}=\omega_{1x_4}\\ \dot{\omega}_{1x_4}=\dfrac{M_{x_4}}{J_{x_4}}=\dfrac{M_{xz_4}+M_{xw_4}}{J_{x_4}}=-\dfrac{\rho v_P Sld_P m'_{xz}}{2J_{x_4}}\dot{\gamma}+\dfrac{\rho v_P^2 Slm'_{xw}}{2J_{x_4}}\delta_f\end{cases}\tag{2.65}$$

2.4.2　通道耦合设计模型

通道独立设计模型中含有通道耦合信息，若简单地将其视为未知有界干扰项，则势必会增大系统的保守性与调控压力，为了获得更好的末制导性能，需要在通道独立设计模型的基础上开发运用通道耦合信息，建立起更为精确的 AIGC 通道耦合设计模型：

$$\begin{bmatrix}\ddot{\theta}_Q\\ \ddot{\psi}_Q\end{bmatrix}=\underbrace{\begin{bmatrix}-\dfrac{2\dot{R}}{R}\dot{\theta}_Q-\dot{\psi}_Q^2\sin\theta_Q\cos\theta_Q+\dfrac{g\cos\theta_P}{R}\\ -\dfrac{2\dot{R}}{R}\dot{\psi}_Q+2\dot{\psi}_Q\dot{\theta}_Q\tan\theta_Q\end{bmatrix}}_{f_2}$$

$$+\underbrace{\begin{bmatrix}-\dfrac{g}{R}&0\\ 0&\dfrac{g}{r}\end{bmatrix}}_{a_2}\begin{bmatrix}n_{Py_2}\\ n_{Pz_2}\end{bmatrix}+\underbrace{\begin{bmatrix}-\dfrac{d_{a_{Py}}}{R}+d_{\theta_T}\\ \dfrac{d_{a_{Pz}}}{r}+d_{\psi_T}\end{bmatrix}}_{d_2}$$

$$\begin{bmatrix} \ddot{n}_{Py_2} \\ \ddot{n}_{Pz_2} \end{bmatrix} = \underbrace{\begin{bmatrix} -2\xi_{\theta_P}\omega_{\theta_P}\dot{n}_{Py_2} - \omega_{\theta_P}^2 n_{Py_2} \\ -2\xi_{\psi_P}\omega_{\psi_P}\dot{n}_{Pz_2} - \omega_{\psi_P}^2 n_{Pz_2} \end{bmatrix}}_{\boldsymbol{f}_4} + \underbrace{\begin{bmatrix} \omega_{\theta_P}^2 & 0 \\ 0 & \omega_{\psi_P}^2 \end{bmatrix}}_{\boldsymbol{b}} \begin{bmatrix} n_{Py_2}^c \\ n_{Pz_2}^c \end{bmatrix} + \underbrace{\begin{bmatrix} d_{\theta_P} \\ d_{\psi_P} \end{bmatrix}}_{\boldsymbol{d}_4} \tag{2.66}$$

式中，$d_{a_{Py}}$、d_{θ_T}、d_{θ_P}与式(2.61)中的定义相同；$d_{a_{Pz}}$、d_{ψ_T}、d_{ψ_P}与式(2.63)中的定义相同。

定义状态变量、输入变量、输出变量分别为

$$\begin{aligned} &\boldsymbol{x}_1 = \begin{bmatrix} \theta_Q \\ \psi_Q \end{bmatrix}, \quad \boldsymbol{x}_2 = \begin{bmatrix} \dot{\theta}_Q \\ \dot{\psi}_Q \end{bmatrix}, \quad \boldsymbol{x}_3 = \begin{bmatrix} n_{Py_2} \\ n_{Pz_2} \end{bmatrix}, \quad \boldsymbol{x}_4 = \begin{bmatrix} \dot{n}_{Py_2} \\ \dot{n}_{Pz_2} \end{bmatrix} \\ &\boldsymbol{u} = \begin{bmatrix} n_{Py_2}^c \\ n_{Pz_2}^c \end{bmatrix} \\ &\boldsymbol{y} = \boldsymbol{x}_1 \end{aligned} \tag{2.67}$$

运用“块”的形式[164]来表达通道耦合设计模型的严反馈串级系统的状态空间：

$$\begin{cases} \dot{\boldsymbol{x}}_1 = \boldsymbol{a}_1\boldsymbol{x}_2 \\ \dot{\boldsymbol{x}}_2 = \boldsymbol{f}_2 + \boldsymbol{a}_2\boldsymbol{x}_3 + \boldsymbol{d}_2 \\ \dot{\boldsymbol{x}}_3 = \boldsymbol{a}_3\boldsymbol{x}_4 \\ \dot{\boldsymbol{x}}_4 = \boldsymbol{f}_4 + \boldsymbol{b}\boldsymbol{u} + \boldsymbol{d}_4 \end{cases}, \quad \boldsymbol{a}_1 = \boldsymbol{a}_3 = \begin{bmatrix} 1 & 0 \\ 0 & 1 \end{bmatrix} \tag{2.68}$$

2.5　导引控制一体化设计模型

建立导引控制一体化设计模型，目的是更好地运用相对运动信息、弹体姿态与运动信息来驱动舵机偏转，产生合适的操纵力与操纵力矩，调整弹体姿态与气动角，进而改变全弹空气动力。

需要说明的是，本节所建立的导引控制一体化设计模型，本质上是描述弹体质心运动、弹体绕质心转动以及弹目相对运动关系的。因此，涉及旋转类坐标系与非旋转类坐标系，为了便于建模，需要将操纵力、操纵力矩等受到弹体旋转影响的物理量解耦到非旋转类坐标系中，转换成等效操纵力等不受弹体旋转影响的等效物理量。

2.5.1　通道独立设计模型

同理于 AIGC 的通道独立设计模型，将转换误差、通道耦合、目标机动、风以及气动参数摄动所引入的不确定性视为未知有界干扰项，建立 IGC 通道独立设计模型。导引控制一体化的俯仰通道模型、偏航通道模型分别如图 2.17、图 2.18 所示。

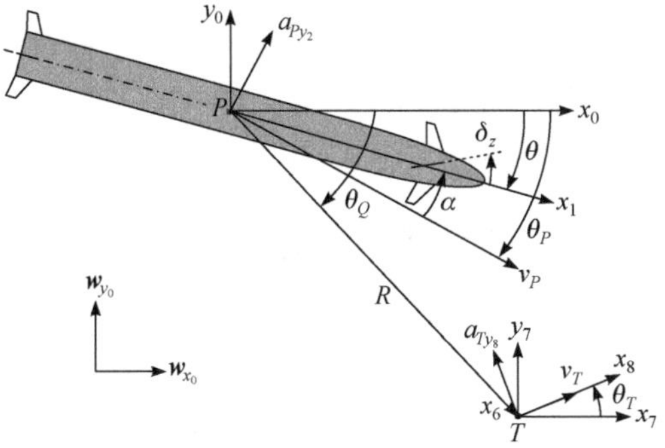

图 2.17　导引控制一体化的俯仰通道模型

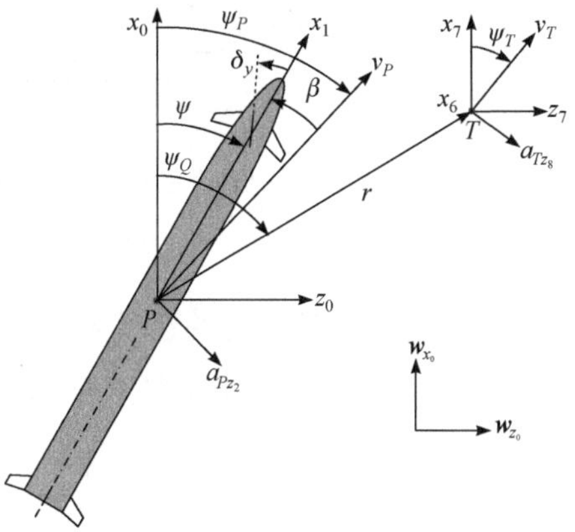

图 2.18　导引控制一体化的偏航通道模型

1. 俯仰通道独立设计模型

法向力 F_{Py_2} 由重力 G_{y_2}、全弹升力 R_{yy_2}、马格努斯力 R_{zy_2}、等效操纵力 $F_{\delta y_2}$ 和风的干扰力 F_{wy_2} 等部分构成，并且考虑到舵偏饱和因素，则 F_{Py_2} 可以表示为

$$\begin{aligned}F_{Py_2}=&\underbrace{-m_P g\cos\theta_P}_{G_{y_2}}+\underbrace{qSc'_y\alpha^*}_{R_{yy_2}}\underbrace{-\frac{qSd_P\dot{\gamma}c''_z}{v_P}\beta^*}_{R_{zy_2}}+\underbrace{qSc_y^{\delta_z}\mathrm{sat}_m(\delta_{zeq})}_{F_{\delta y_2}}\\&\underbrace{+qSc'_y(\Delta\alpha_x+\Delta\alpha_y)-\frac{qSd_P\dot{\gamma}c''_z}{v_P}\Delta\beta_z}_{F_{wy_2}}+d_{F_{Py_2}}+d_{F_{Py_2A}}\end{aligned}\tag{2.69}$$

式中，$\mathrm{sat}_m(\delta_{zeq})$ 为连续不可微饱和函数，形式为

$$\mathrm{sat}_m(\delta_{zeq})=\begin{cases}\delta_{zeq}, & |\delta_{zeq}|\leqslant\delta_{max}\\ \delta_{max}\mathrm{sign}(\delta_{zeq}), & |\delta_{zeq}|>\delta_{max}\end{cases}\tag{2.70}$$

$d_{F_{Py_2}}$ 为法向力的建模误差；$d_{F_{Py_2A}}$ 为气动参数摄动在法向力上引入的误差，均可将二者视为未知有界干扰项，且 $d_{F_{Py_2A}}$ 具有如下形式：

$$d_{F_{Py_2A}}=\varDelta_F(R_{yy_2}+R_{zy_2}+F_{\delta y_2}+F_{wy_2})\tag{2.71}$$

式中，$\varDelta_F$ 为气动力系数摄动参数，表示气动力系数相对于表 2.3 中标称值摄动的百分比。

俯仰力矩 M_{z_4} 由静力矩 M_{zz_4}、赤道阻尼力矩 M_{zzz_4}、马格努斯力矩 M_{yz_4}、等效操纵力矩 $M_{\delta z_4}$ 以及风的干扰力矩 M_{wz_4} 等部分构成，可以表示为

$$M_{z_4}=\underbrace{qSlm_z'\alpha^*}_{M_{zz_4}}-\underbrace{\frac{qSld_P m_{zz}'}{v_P}\dot{\theta}}_{M_{zzz_4}}-\underbrace{\frac{qSld_P\dot{\gamma}m_y''}{v_P}\beta^*}_{M_{yz_4}}+\underbrace{qSl_c c_y^{\delta_z}\mathrm{sat}_m(\delta_{\mathrm{zeq}})}_{M_{\delta z_4}}$$
$$+\underbrace{qSlm_z'(\Delta\alpha_x+\Delta\alpha_y)-\frac{qSld_P\dot{\gamma}m_y''}{v_P}\Delta\beta_z}_{M_{wz_4}}+d_{M_{z_4}}+d_{M_{z_4A}} \tag{2.72}$$

式中，$d_{M_{z_4}}$ 为俯仰力矩的建模误差；$d_{M_{z_4A}}$ 为气动参数摄动在俯仰力矩上引入的误差，均可将二者视为未知有界干扰项，且 $d_{M_{z_4A}}$ 具有如下形式：

$$d_{M_{z_4A}}=\varDelta_M(M_{zz_4}+M_{zzz_4}+M_{yz_4}+M_{\delta z_4}+M_{wz_4}) \tag{2.73}$$

式中，$\varDelta_M$ 为气动力矩系数摄动参数，表示气动力矩系数相对于表 2.2 中标称值摄动的百分比。

将俯仰通道舵机的动态延迟特性视为具有舵机常数 τ_c 的一阶惯性环节，弹体俯仰角加速度与 M_{z_4} 之间的关系为

$$\ddot{\theta}=\dot{\omega}_{1z_4}=\frac{M_{z_4}}{J_{z_4}}+\underbrace{\frac{J_{x_4}-J_{y_4}}{J_{z_4}}\dot{\psi}^2\sin\theta\cos\theta+\frac{J_{x_4}}{J_{z_4}}\dot{\psi}\dot{\gamma}\cos\theta}_{d_{M_{z_4\psi}}} \tag{2.74}$$

式中，$d_{M_{z_4\psi}}$ 为由 ψ 在俯仰通道上诱导的耦合力矩，可视为未知有界干扰项。

假设 2.3[101]　法向力 F_{Py_2} 主要由 α^* 产生，由 δ_{zeq} 产生的等效操纵力 $F_{\delta y_2}$ 占法向力的比重较小，可视为未知有界干扰项。

综上可得 IGC 俯仰通道独立设计模型为

$$\begin{cases}\ddot{\theta}_Q=\underbrace{-\frac{2\dot{R}}{R}\dot{\theta}_Q+\frac{g\cos\theta_P}{R}}_{f_{2_1}}\underbrace{-\frac{qSc_y'}{mR}}_{a_{2_1}}\alpha^* \\ \qquad\underbrace{-\frac{R_{zy_2}+F_{\delta y_2}+F_{wy_2}+d_{F_{Py_2}}+d_{F_{Py_2A}}}{mR}-\frac{d_{a_{Py}}}{R}+d_{\theta_Q}+d_{\theta_T}}_{d_{2_1}} \\ \dot{\alpha}^*=\underbrace{-\frac{qSc_y'}{mv_P}\alpha^*+\frac{g\cos\theta_P}{v_P}}_{f_{3_1}}+\dot{\theta}\underbrace{-\frac{R_{zy_2}+F_{\delta y_2}+F_{wy_2}+d_{F_{Py_2}}+d_{F_{Py_2A}}}{mv_P}}_{d_{3_1}} \\ \ddot{\theta}=\underbrace{\frac{qSlm_z'}{J_{z_4}}\alpha^*-\frac{qSld_Pm_{zz}'}{J_{z_4}v_P}\dot{\theta}}_{f_{4_1}}+\underbrace{\frac{qSl_cc_y^{\delta_z}}{J_{z_4}}}_{a_{4_1}}\mathrm{sat}_m(\delta_{\mathrm{zeq}})\end{cases}$$

$$
\begin{cases}
\quad \underbrace{+\underbrace{\frac{M_{yz_4}+M_{wz_4}+d_{M_{z_4}}+d_{M_{z_4A}}}{J_{z_4}}}_{d_{\theta_{wM}}}+d_{M_{z_4\psi}}}_{d_{40_1}} \\
\dot{\delta}_{\text{zeq}}=\underbrace{-\frac{1}{\tau_c}\delta_{\text{zeq}}}_{f_{5_1}}+\underbrace{\frac{1}{\tau_c}}_{b_1}\delta_{\text{zeq}}^c+\underbrace{d_{\delta_{\text{zeq}}}}_{d_{5_1}}
\end{cases}
\tag{2.75}
$$

式中，$d_{a_{Py}}$、d_{θ_Q}、d_{θ_T} 与式(2.61)中的定义相同；δ_{zeq}^c 为等效俯仰舵偏角的控制指令；$d_{\delta_{\text{zeq}}}$ 为等效俯仰舵机的建模误差，可以将其视为未知有界干扰项。

定义系统状态变量为 $[x_{1_1},x_{2_1},x_{3_1},x_{4_1},x_{5_1}]^{\mathrm{T}}=[\theta_Q,\dot{\theta}_Q,\alpha^*,\dot{\theta},\delta_{\text{zeq}}]^{\mathrm{T}}$，输入变量为 $u_1=\delta_{\text{zeq}}^c$，输出变量为 $y_1=x_{1_1}$，则可得 IGC 俯仰通道独立设计模型的严反馈状态空间为

$$
\begin{cases}
\dot{x}_{1_1}=x_{2_1} \\
\dot{x}_{2_1}=f_{2_1}+a_{2_1}x_{3_1}+d_{2_1} \\
\dot{x}_{3_1}=f_{3_1}+x_{4_1}+d_{3_1} \\
\dot{x}_{4_1}=f_{4_1}+a_{4_1}\text{sat}_m(x_{5_1})+d_{40_1} \\
\dot{x}_{5_1}=f_{5_1}+b_1u_1+d_{5_1}
\end{cases}
\tag{2.76}
$$

2. 偏航通道独立设计模型

侧向力 F_{Pz_2} 为作用在弹体上的合力在 P_V 系 P_{z_2} 轴上的分量，由全弹升力 R_{yz_2}、马格努斯力 R_{zz_2}、等效操纵力 $F_{\delta z_2}$ 以及风的干扰力 F_{wz_2} 等部分构成，可表示为

$$
\begin{aligned}
F_{Pz_2}=&\underbrace{-qSc_y'\beta^*}_{R_{yz_2}}\underbrace{-\frac{qSd_P\dot{\gamma}c_z''}{v_P}\alpha^*}_{R_{zz_2}}\underbrace{-qSc_y^{\delta_z}\text{sat}_m(\delta_{\text{yeq}})}_{F_{\delta z_2}} \\
&\underbrace{-qSc_y'\Delta\beta_z-\frac{qSd_P\dot{\gamma}c_z''}{v_P}(\Delta\alpha_x+\Delta\alpha_y)}_{F_{wz_2}}+d_{F_{Pz_2}}+d_{F_{Pz_2A}}
\end{aligned}
\tag{2.77}
$$

式中，$d_{F_{Pz_2}}$ 为侧向力的建模误差；$d_{F_{Pz_2A}}$ 为气动参数摄动引入的侧向力误差，均可视为未知有界干扰项，且 $d_{F_{Pz_2A}}$ 的形式同理于 $d_{F_{Py_2A}}$。

定义作用在弹体上的合力矩在 B_S 系 P_{y_4} 轴上的分量 M_{y_4} 为偏航力矩，它由静力矩 M_{zy_4}、赤道阻尼力矩 M_{zzy_4}、马格努斯力矩 M_{yy_4}、等效操纵力矩 $M_{\delta y_4}$、风的

干扰力矩 M_{wy_4} 等构成，可以表示为

$$\begin{aligned} M_{y_4} &= \underbrace{qSlm_z' \beta^*}_{M_{zy_4}} \underbrace{-\frac{qSld_P m_{zz}'}{v_P}\dot{\psi}\cos\theta}_{M_{zzy_4}} + \underbrace{\frac{qSld_P\dot{\gamma}m_y''}{v_P}\alpha^*}_{M_{yy_4}} + \underbrace{qSl_c c_y^{\delta_z}\mathrm{sat}_m(\delta_{y\mathrm{eq}})}_{M_{\delta y_4}} \\ &\quad \underbrace{+ qSlm_z' \Delta\beta_z + \frac{qSld_P\dot{\gamma}m_y''}{v_P}(\Delta\alpha_x + \Delta\alpha_y)}_{M_{wy_4}} + d_{M_{y_4}} + d_{M_{y_4A}} \end{aligned} \tag{2.78}$$

式中，$d_{M_{y_4}}$ 为偏航力矩的建模误差；$d_{M_{y_4A}}$ 为气动参数摄动在偏航力矩上引入的误差，均可将二者视为未知有界干扰项，且 $d_{M_{y_4A}}$ 的形式同理于 $d_{M_{z_4A}}$。

弹体偏航角加速度 $\ddot{\psi}$ 与 $\dot{\omega}_{1y_4}$ 间的关系为 $\ddot{\psi}=\dot{\omega}_{1y_4}/\cos\theta+\dot{\psi}\dot{\theta}\tan\theta$，$\dot{\omega}_{1y_4}$ 与 M_{y_4} 之间的关系为

$$\dot{\omega}_{1y_4} = \frac{M_{y_4}}{J_{y_4}} + \frac{J_{z_4} - J_{x_4}}{J_{y_4}}\dot{\psi}\dot{\theta}\sin\theta - \frac{J_{x_4}}{J_{y_4}}\dot{\theta}\dot{\gamma} \tag{2.79}$$

进一步化简可得

$$\ddot{\psi} = \frac{M_{y_4}}{J_{y_4}} + \underbrace{\frac{M_{y_4}}{J_{y_4}}\left(\frac{1}{\cos\theta} - 1\right) + \frac{J_{y_4} + J_{z_4} - J_{x_4}}{J_{y_4}}\dot{\psi}\dot{\theta}\tan\theta - \frac{J_{x_4}\dot{\theta}\dot{\gamma}}{J_{y_4}\cos\theta}}_{d_{M_{y_4\theta}}} \tag{2.80}$$

式中，$d_{M_{y_4\theta}}$ 为由 θ 在偏航通道上诱导的耦合力矩，可视为未知有界干扰项。将偏航通道舵机的动态延迟特性视为具有舵机常数 τ_c 的一阶惯性环节。

假设 2.4[101] 侧向力 F_{Pz_2} 主要由 β^* 产生，由 $\delta_{y\mathrm{eq}}$ 产生的等效操纵力 $F_{\delta z_2}$ 占侧向力的比重较小，可视为未知有界干扰项。

综上所述，可以得到 IGC 偏航通道的独立设计模型为

$$\left\{\begin{aligned} \ddot{\psi}_Q &= \underbrace{-\frac{2\dot{R}}{R}\dot{\psi}_Q}_{f_{2_2}} \underbrace{-\frac{qSc_y'}{mr}}_{a_{2_2}}\beta^* \\ &\quad \underbrace{+\frac{R_{zz_2} + F_{\delta z_2} + F_{wz_2} + d_{F_{Pz_2}} + d_{F_{Pz_2A}}}{mr} + \frac{d_{a_{Pz}}}{r} + d_{\psi_Q} + d_{\psi_T}}_{d_{2_2}} \\ \dot{\beta}^* &= \underbrace{-\frac{qSc_y'}{mv_P}\beta^*}_{f_{3_2}} + \dot{\psi} + \underbrace{\frac{R_{zz_2} + F_{\delta z_2} + F_{wz_2} + d_{F_{Pz_2}} + d_{F_{Pz_2A}}}{mv_P} + \underbrace{\frac{F_{Pz_2}}{mv_P}\left(\frac{1}{\cos\theta_P} - 1\right)}_{d_{\beta^*_{\theta_P}}}}_{d_{3_2}} \end{aligned}\right.$$

$$
\begin{cases}
\ddot{\psi} = \underbrace{\frac{qSlm_z'}{J_{y_4}}\beta^* - \frac{qSld_P m_{zz}'}{J_{y_4}v_P}\dot{\psi}}_{f_{4_2}} + \underbrace{\frac{qSl_c c_y^{\delta_z}}{J_{y_4}}}_{a_{4_2}}\text{sat}_m(\delta_{\text{yeq}}) \\
\quad + \underbrace{\frac{M_{yy_4} + M_{wy_4} + d_{M_{y_4}} + d_{M_{y_4A}}}{J_{y_4}} + d_{M_{y_4\theta}}}_{d_{40_2}} \\
\dot{\delta}_{\text{yeq}} = \underbrace{-\frac{1}{\tau_c}\delta_{\text{yeq}}}_{f_{5_2}} + \underbrace{\frac{1}{\tau_c}}_{b_2}\delta_{\text{yeq}}^c + \underbrace{d_{\delta_{\text{yeq}}}}_{d_{5_2}}
\end{cases}
\tag{2.81}
$$

式中，$d_{a_{Pz}}$、d_{ψ_Q}、d_{ψ_T} 与式(2.63)中的定义相同；$d_{\beta^*_{\theta_P}}$ 为 θ_P 在偏航通道上引入的耦合干扰；δ_{yeq}^c 为等效偏航舵偏角的控制指令；$d_{\delta_{\text{yeq}}}$ 为等效偏航舵机的建模误差。

定义系统状态变量为 $[x_{1_2}, x_{2_2}, x_{3_2}, x_{4_2}, x_{5_2}]^{\text{T}} = [\psi_Q, \dot{\psi}_Q, \beta^*, \dot{\psi}, \delta_{\text{yeq}}]^{\text{T}}$，输入变量为 $u_2 = \delta_{\text{yeq}}^c$，输出变量为 $y_2 = x_{1_2}$，则 IGC 偏航通道独立设计模型的严反馈状态空间为

$$
\begin{cases}
\dot{x}_{1_2} = x_{2_2} \\
\dot{x}_{2_2} = f_{2_2} + a_{2_2}x_{3_2} + d_{2_2} \\
\dot{x}_{3_2} = f_{3_2} + x_{4_2} + d_{3_2} \\
\dot{x}_{4_2} = f_{4_2} + a_{4_2}\text{sat}_m(x_{5_2}) + d_{40_2} \\
\dot{x}_{5_2} = f_{5_2} + b_2 u_2 + d_{5_2}
\end{cases}
\tag{2.82}
$$

假设 2.5[120]　干扰项 $d_{i_j}\ (i = 2,3,5; j = 1,2)$、$d_{40_j}$ 未知有界，且其导数项 $\dot{d}_{i_j}$、$\dot{d}_{40_j}$ 有界，总存在正常数 D_{i_j}、D_{40_j}、$\bar{D}_{i_j}$、$\bar{D}_{40_j}$ 分别使不等式 $|d_{i_j}| \leqslant D_{i_j}$、$|d_{40_j}| \leqslant D_{40_j}$、$|\dot{d}_{i_j}| \leqslant \bar{D}_{i_j}$、$|\dot{d}_{40_j}| \leqslant \bar{D}_{40_j}$ 始终成立。

若要得到实际舵偏角及其驱动指令，还需要进行如下转换：

$$
\begin{aligned}
\begin{bmatrix} \delta_z \\ \delta_y \end{bmatrix} &= \begin{bmatrix} \cos\gamma & -\sin\gamma \\ \sin\gamma & \cos\gamma \end{bmatrix} \begin{bmatrix} \delta_{\text{zeq}} \\ \delta_{\text{yeq}} \end{bmatrix} \\
\begin{bmatrix} \delta_z^c \\ \delta_y^c \end{bmatrix} &= \begin{bmatrix} \cos\gamma & -\sin\gamma \\ \sin\gamma & \cos\gamma \end{bmatrix} \begin{bmatrix} \delta_{\text{zeq}}^c \\ \delta_{\text{yeq}}^c \end{bmatrix}
\end{aligned}
\tag{2.83}
$$

式中，δ_z^c、δ_y^c 分别为实际俯仰舵偏角、偏航舵偏角的操纵指令。

2.5.2　全状态耦合设计模型

通道独立设计模型中含有俯仰通道与偏航通道之间的耦合项，若单纯地将这

些耦合项视为未知有界干扰项，则势必会增加导引系统与控制系统的调控压力。为此，需要在通道独立设计模型的基础上，建立适用于舰炮制导炮弹的导引控制一体化全状态耦合设计模型，即

$$\begin{bmatrix}\ddot{\theta}_Q\\ \ddot{\psi}_Q\end{bmatrix}=\underbrace{\begin{bmatrix}-\dfrac{2\dot{R}}{R}\dot{\theta}_Q-\dot{\psi}_Q^2\sin\theta_Q\cos\theta_Q+\dfrac{g\cos\theta_P}{R}\\ -\dfrac{2\dot{R}}{R}\dot{\psi}_Q+2\dot{\psi}_Q\dot{\theta}_Q\tan\theta_Q\end{bmatrix}}_{f_2}+\underbrace{\begin{bmatrix}-\dfrac{qSc_y'}{mR} & 0\\ 0 & -\dfrac{qSc_y'}{mr}\end{bmatrix}}_{a_2}\begin{bmatrix}\alpha^*\\ \beta^*\end{bmatrix}$$

$$+\underbrace{\begin{bmatrix}-\dfrac{R_{zy_2}+F_{\delta y_2}+F_{wy_2}+d_{F_{Py_2}}+d_{F_{Py_2A}}}{mR}-\dfrac{d_{a_{Py}}}{R}+d_{\theta_T}\\ \dfrac{R_{zz_2}+F_{\delta z_2}+F_{wz_2}+d_{F_{Pz_2}}+d_{F_{Pz_2A}}}{mr}+\dfrac{d_{a_{Pz}}}{r}+d_{\psi_T}\end{bmatrix}}_{d_2}$$

$$\begin{bmatrix}\dot{\alpha}^*\\ \dot{\beta}^*\end{bmatrix}=\underbrace{\begin{bmatrix}-\dfrac{qSc_y'}{mv_P}\alpha^*+\dfrac{qSd_P\dot{\gamma}c_z''}{mv_P^2}\beta^*+\dfrac{g\cos\theta_P}{v_P}\\ -\dfrac{qSc_y'}{mv_P\cos\theta_P}\beta^*-\dfrac{qSd_P\dot{\gamma}c_z''}{mv_P^2\cos\theta_P}\alpha^*\end{bmatrix}}_{f_3}$$

$$+\underbrace{\begin{bmatrix}1 & 0\\ 0 & 1\end{bmatrix}}_{a_3}\begin{bmatrix}\dot{\theta}\\ \dot{\psi}\end{bmatrix}+\underbrace{\begin{bmatrix}-\dfrac{F_{\delta y_2}+F_{wy_2}+d_{F_{Py_2}}+d_{F_{Py_2A}}}{mv_P}\\ \dfrac{F_{\delta z_2}+F_{wz_2}+d_{F_{Pz_2}}+d_{F_{Pz_2A}}}{mv_P\cos\theta_P}\end{bmatrix}}_{d_3}$$

$$\begin{bmatrix}\ddot{\theta}\\ \ddot{\psi}\end{bmatrix}=\underbrace{\begin{bmatrix}\dfrac{qSlm_z'}{J_{z_4}}\alpha^*-\dfrac{qSld_Pm_{zz}'}{J_{z_4}v_P}\dot{\theta}-\dfrac{qSld_P\dot{\gamma}m_y''}{J_{z_4}v_P}\beta^*\\ +\dfrac{J_{x_4}-J_{y_4}}{J_{z_4}}\dot{\psi}^2\sin\theta\cos\theta+\dfrac{J_{x_4}}{J_{z_4}}\dot{\psi}\dot{\gamma}\cos\theta\\ \\ \dfrac{qSlm_z'}{J_{y_4}\cos\theta}\beta^*-\dfrac{qSld_Pm_{zz}'}{J_{y_4}v_P}\dot{\psi}+\dfrac{qSld_P\dot{\gamma}m_y''}{J_{y_4}v_P\cos\theta}\alpha^*\\ +\dfrac{J_{y_4}+J_{z_4}-J_{x_4}}{J_{y_4}}\dot{\psi}\dot{\theta}\tan\theta-\dfrac{J_{x_4}\dot{\theta}\dot{\gamma}}{J_{y_4}\cos\theta}\end{bmatrix}}_{f_4}$$

$$
+\underbrace{\begin{bmatrix} \dfrac{qSl_c c_y^{\delta_z}}{J_{z_4}} & 0 \\ 0 & \dfrac{qSl_c c_y^{\delta_z}}{J_{y_4}\cos\theta} \end{bmatrix}}_{a_4}\begin{bmatrix} \mathrm{sat}_m(\delta_{zeq}) \\ \mathrm{sat}_m(\delta_{yeq}) \end{bmatrix}+\underbrace{\begin{bmatrix} \dfrac{M_{wz_4}+d_{M_{z_4}}+d_{M_{z_4A}}}{J_{z_4}} \\ \dfrac{M_{wy_4}+d_{M_{y_4}}+d_{M_{y_4A}}}{J_{y_4}\cos\theta} \end{bmatrix}}_{\boldsymbol{d}_{40}}
$$

$$
\begin{bmatrix} \dot\delta_{zeq} \\ \dot\delta_{yeq} \end{bmatrix}=\underbrace{-\frac{1}{\tau_c}\begin{bmatrix} \delta_{zeq} \\ \delta_{yeq} \end{bmatrix}}_{f_5}+\underbrace{\frac{1}{\tau_c}\begin{bmatrix} 1 & 0 \\ 0 & 1 \end{bmatrix}}_{\boldsymbol{b}}\begin{bmatrix} \delta_{zeq}^c \\ \delta_{yeq}^c \end{bmatrix}+\underbrace{\begin{bmatrix} d_{\delta_{zeq}} \\ d_{\delta_{yeq}} \end{bmatrix}}_{\boldsymbol{d}_5} \tag{2.84}
$$

式中，$d_{F_{Py_2}}$、$d_{F_{Py_2A}}$、$d_{a_{Py}}$、d_{θ_T}、$d_{M_{z_4}}$、$d_{M_{z_4A}}$、$d_{\delta_{zeq}}$ 与式(2.75)中的定义相同；$d_{F_{Pz_2}}$、$d_{F_{Pz_2A}}$、$d_{a_{Pz}}$、d_{ψ_T}、$d_{M_{y_4}}$、$d_{M_{y_4A}}$、$d_{\delta_{yeq}}$ 与式(2.81)中的定义相同。

定义系统的状态变量、输入变量、输出变量分别为

$$
\begin{aligned}
&\boldsymbol{x}_1=\begin{bmatrix} \theta_Q \\ \psi_Q \end{bmatrix},\quad \boldsymbol{x}_2=\begin{bmatrix} \dot\theta_Q \\ \dot\psi_Q \end{bmatrix},\quad \boldsymbol{x}_3=\begin{bmatrix} \alpha^* \\ \beta^* \end{bmatrix},\quad \boldsymbol{x}_4=\begin{bmatrix} \dot\theta \\ \dot\psi \end{bmatrix},\quad \boldsymbol{x}_5=\begin{bmatrix} \delta_{zeq} \\ \delta_{yeq} \end{bmatrix}\\
&\boldsymbol{u}=\begin{bmatrix} \delta_{zeq}^c \\ \delta_{yeq}^c \end{bmatrix}\\
&\boldsymbol{y}=\boldsymbol{x}_1
\end{aligned} \tag{2.85}
$$

则可以得到 IGC 全状态耦合设计模型的块严反馈状态空间为

$$
\begin{cases} \dot{\boldsymbol{x}}_1=\boldsymbol{a}_1\boldsymbol{x}_2 \\ \dot{\boldsymbol{x}}_2=\boldsymbol{f}_2+\boldsymbol{a}_2\boldsymbol{x}_3+\boldsymbol{d}_2 \\ \dot{\boldsymbol{x}}_3=\boldsymbol{f}_3+\boldsymbol{a}_3\boldsymbol{x}_4+\boldsymbol{d}_3 \\ \dot{\boldsymbol{x}}_4=\boldsymbol{f}_4+\boldsymbol{a}_4\mathrm{sat}_m(\boldsymbol{x}_5)+\boldsymbol{d}_{40} \\ \dot{\boldsymbol{x}}_5=\boldsymbol{f}_5+\boldsymbol{b}\boldsymbol{u}+\boldsymbol{d}_5 \end{cases},\quad \boldsymbol{a}_1=\begin{bmatrix} 1 & 0 \\ 0 & 1 \end{bmatrix} \tag{2.86}
$$

式中，$\mathrm{sat}_m(\boldsymbol{x}_5)=[\mathrm{sat}_m(x_{5_1}),\mathrm{sat}_m(x_{5_2})]^{\mathrm{T}}$。

2.6　本 章 小 结

本章针对弹体的旋转特性，建立了合适的旋转类坐标系与非旋转类坐标系，以转换矩阵的形式明确了它们之间的转换关系。对目标机动、气动参数摄动、建模误差、通道耦合与风等不确定干扰因素进行了较为全面的定量分析。通过滚转

角构建出气动角与准气动角之间、舵偏角与等效舵偏角之间的转换关系，将随弹体旋转而发生周期性变化的气动力与气动力矩转换为不随之变化的等效气动力与气动力矩，构建了弹体六自由度模型与弹目相对运动模型。进而，以弹体过载为中间变量，建立了 AIGC 的通道独立设计模型和通道耦合设计模型。进一步地，以准气动角为中间变量,构建了 IGC 的通道独立设计模型和全状态耦合设计模型。它们既能够体现弹体与目标的动力学和运动学特征，又比较完整地刻画出舰炮制导炮弹在末制导段飞行过程中的非线性、时变性、强耦合性、多不确定性，为后续的研究工作奠定了坚实的模型基础。

第 3 章 带多约束的导引控制近似一体化设计方法

现代作战环境日益复杂，为了达到更好的毁伤效果，常常需要舰炮制导炮弹以指定的攻击角命中目标，而且弹体的旋转特性限制了视线角速度的精确测量，这些都对制导系统提出了更高的要求，同时凸显出在常规设计方式中存在的缺陷。AIGC 与常规设计方式的不同就在于，在设计导引方法时考虑了控制系统(自动驾驶仪)的动态延迟，初步运用了两子系统之间的耦合作用，能够在一定程度上提高制导性能。

在 2.4 节中已经建立了 AIGC 通道独立设计模型与通道耦合设计模型，它们在本质上都属于具有串级严反馈形式的高阶非线性系统，而且含有建模误差、通道耦合、转换误差、目标机动等不确定干扰因素，在系统状态空间中具体表现为匹配与非匹配不确定性，选用动态面滑模进行设计较为适宜。通过零化弹目相对法向速度将攻击角约束转换为终端视线角约束。设计 ESO 迅速准确地估计出视线角速度与不确定干扰，并且保证观测误差能够迅速地收敛至平衡点附近充分小的邻域内。为了使终端视线角跟踪误差与视线角速度在有限时间内收敛至零，结合弹目距离、接近速度信息来设计非奇异终端滑模的自适应趋近律。本章基于块动态面滑模先后提出通道独立与通道耦合的 AIGC 设计方法，运用 Lyapunov 理论证明系统一致最终有界，并通过数学仿真与半实物仿真对所提设计方法的有效性与可行性进行验证。

3.1 基于动态面滑模的通道独立设计方法

3.1.1 问题描述

攻击角约束是要求舰炮制导炮弹以期望攻击倾角 θ_E、期望攻击偏角 ψ_E 命中目标。为了简化问题并反映运动关系中的本质规律，不妨先假设弹体仅在俯仰平面内运动，现将 θ_E 定义为在命中时刻弹目碰撞航线上弹体速度与目标速度之间的夹角，如图 3.1 所示。

图 3.1 中，θ_{Pf}、θ_{Tf}、θ_{Qf} 分别表示 θ_P、θ_T、θ_Q 在命中时刻的角度值，根据几何关系可以得到如下关系：

$$\theta_E = \theta_{Pf} - \theta_{Tf} \tag{3.1}$$

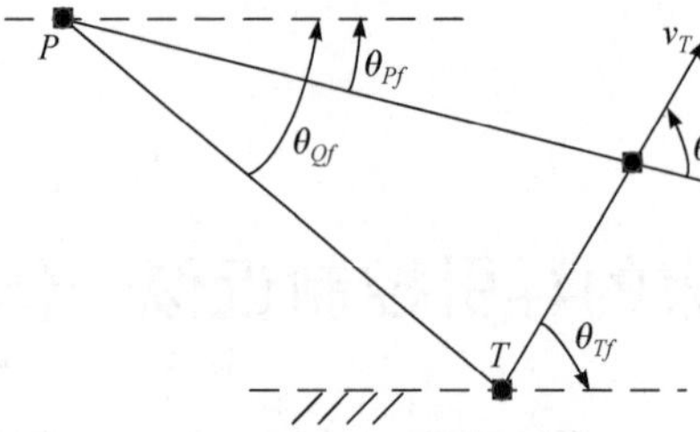

图 3.1　攻击角模型

通过零化弹目相对法向速度，可得

$$v_P \sin(\theta_{Qf} - \theta_{Pf}) - v_T \sin(\theta_{Qf} - \theta_{Tf}) = 0 \tag{3.2}$$

经过进一步化简，可得

$$\theta_{Qf} = \theta_{Tf} - \arctan\left(\frac{\sin\theta_E}{v_T / v_P - \cos\theta_E}\right) \tag{3.3}$$

由于近岸地形较为平坦，而且在战前能够通过无人侦察途径获取信息，所以不妨将 θ_{Tf} 视为已知量，那么对于任意给定的 θ_E，都存在唯一的 θ_{Qf} 与之对应。在偏航通道上 ψ_{Qf} 与 ψ_E 之间的关系与此同理，由此，攻击角约束就可以等价地转换为对终端视线角的约束。

再结合 2.4.1 节中建立的设计模型，将 AIGC 的俯仰通道独立设计系统(2.62)的状态变量 x_{1_1} 更新为 $\theta_Q - \theta_{Qf}$，AIGC 的偏航通道独立设计系统(2.64)的状态变量 x_{1_2} 更新为 $\psi_Q - \psi_{Qf}$，系统其余状态变量、输入变量、输出变量与状态空间形式保持不变。

3.1.2　俯仰通道设计方法与稳定性分析

设计方法的目的是针对 AIGC 俯仰通道独立设计系统(2.62)，在状态变量 x_{1_1} 受约束、x_{2_1} 测量受限、干扰项 $d_{i_1}\,(i=2,4)$ 未知有界的情况下，产生合适的控制量 u_1，保证系统状态 x_{1_1}、x_{2_1} 在有限时间内收敛至零，闭环系统一致最终有界，并且迅速稳定地收敛至平衡点附近充分小的邻域内。

设计方法主要由 ESO、NTSM 与 DSSM 等构成，现分别对它们进行设计，随后再进行闭环系统的稳定性分析。为了便于对闭环系统进行稳定性分析，给出相关引理如下。

引理 3.1[37]　若存在 Lyapunov 函数 $V(x)$ 满足不等式 $\dot{V}(x) \leqslant -\alpha V^{\beta}(x)$（$\alpha > 0$、$0 < \beta < 1$），则系统能够在有限时间内收敛至零，并且收敛时间 T_s 满足 $T_s \leqslant \dfrac{V^{(1-\beta)}(x_0)}{\alpha(1-\beta)}$。

引理 3.2[165]　对任意给定的一阶线性非齐次微分方程 $\dfrac{\mathrm{d}y}{\mathrm{d}t}+P(x)y=Q(x)$，其通解形式为 $y=C\mathrm{e}^{-\int P(x)\mathrm{d}x}+\mathrm{e}^{-\int P(x)\mathrm{d}x}\int Q(x)\mathrm{e}^{\int P(x)\mathrm{d}x}\mathrm{d}x$，其中 C 为任意常数。

引理 3.3[98]**(杨氏不等式)**　若有常数 $1<p$ 、$q>1$ 满足 $(p-1)(q-1)=1$，则 $\forall\varepsilon>0$，对于任意两个维度相同的向量 $\boldsymbol{a}$ 、$\boldsymbol{b}$，不等式 $\boldsymbol{a}^{\mathrm{T}}\boldsymbol{b}\leqslant\dfrac{\varepsilon^p}{p}|\boldsymbol{a}|^p+\dfrac{1}{q\varepsilon^q}|\boldsymbol{b}|^q$ 成立。

1. 设计方法

1) ESO 设计

为了降低不确定干扰 d_{2_1} 对系统的影响，并向设计方法提供必要的视线倾角速度信息 $\dot{\theta}_Q$，需要设计 ESO 对其进行迅速而准确的观测。定义观测变量为 $z_{x_{1_1}}$、$z_{x_{2_1}}$、$z_{d_{2_1}}$，观测误差为 $e_{z21_1}=z_{x_{1_1}}-x_{1_1}$、$e_{z22_1}=z_{x_{2_1}}-x_{2_1}$、$e_{z23_1}=z_{d_{2_1}}-d_{2_1}$，设计三阶 ESO 为

$$\begin{cases}\dot{z}_{x_{1_1}}=z_{x_{2_1}}-\mu_{21_1}e_{z21_1}\\ \dot{z}_{x_{2_1}}=-\dfrac{2\dot{R}}{R}z_{x_{2_1}}+\dfrac{g\cos\theta_P}{R}+a_{2_1}x_{3_1}+z_{d_{2_1}}-\mu_{22_1}\mathrm{fal}(e_{z21_1},\sigma_{21_1},\eta_{21_1})\\ \dot{z}_{d_{2_1}}=-\mu_{23_1}\mathrm{fal}(e_{z21_1},\sigma_{22_1},\eta_{22_1})\end{cases}\tag{3.4}$$

式中，$\mu_{2i_1}>0(i=1,2,3)$，$0<\sigma_{2i_1}<1(i=1,2)$，$0<\eta_{2i_1}<1(i=1,2)$；非线性函数 fal 为

$$\mathrm{fal}(e,\sigma,\eta)=\begin{cases}e/\eta^{(1-\sigma)}, & |e|\leqslant\eta\\ |e|^{\sigma}\mathrm{sign}(e), & |e|>\eta\end{cases}\tag{3.5}$$

定理 3.1　对于给定的 $0<\eta_{2i_1}<1$，通过选择合适的参数 μ_{2i_1}、σ_{2i_1} 满足如下不等式组，则能使 ESO(3.4)的观测误差 $e_{z2i_1}(i=1,2,3)$ 一致最终有界，并且能够迅速稳定地收敛至平衡点附近充分小的邻域内。

$$0<\sigma_{22_1}<\sigma_{21_1}<1,\ 0<\mu_{21_1}<\mu_{22_1}<\mu_{23_1},\ \mu_{23_1}<\mu_{21_1}\mu_{22_1}\eta_{21_1}^{(\sigma_{21_1}-\sigma_{22_1})}\tag{3.6}$$

证明　进一步化简式(3.4)，可得观测误差的动态方程组为

$$\begin{cases}\dot{e}_{z21_1}=e_{z22_1}-\mu_{21_1}e_{z21_1}\\ \dot{e}_{z22_1}=e_{z23_1}+\dfrac{2\dot{R}}{R}e_{z22_1}-\mu_{22_1}\mathrm{fal}(e_{z21_1},\sigma_{21_1},\eta_{21_1})\\ \dot{e}_{z23_1}=\dot{d}_{2_1}-\mu_{23_1}\mathrm{fal}(e_{z21_1},\sigma_{22_1},\eta_{22_1})\end{cases}\tag{3.7}$$

由于 fal 为分段非线性函数，显然需要分情况进行讨论。当 $\eta_{21_1} < |e_{z21_1}|$ 时，有等式 $\mathrm{fal}(e_{z21_1},\sigma_{21_1},\eta_{21_1}) = |e_{z21_1}|^{\sigma_{21_1}}\mathrm{sign}(e_{z21_1})$ 成立，再结合等式 $e_{z21_1} = |e_{z21_1}|^{(1-\sigma_{21_1})}|e_{z21_1}|^{\sigma_{21_1}}\mathrm{sign}(e_{z21_1})$，则式(3.7)可以进一步化简为

$$\dot{\boldsymbol{e}}_{z2_1} = \underbrace{\begin{bmatrix} -\mu_{21_1} & 1 & 0 \\ -\mu_{22_1}|e_{z21_1}|^{-(1-\sigma_{21_1})} & 0 & 1 \\ -\mu_{23_1}|e_{z21_1}|^{-(1-\sigma_{22_1})} & 0 & 0 \end{bmatrix}}_{\boldsymbol{A}_{z2_1}} \boldsymbol{e}_{z2_1} - \underbrace{\begin{bmatrix} 0 \\ -\dfrac{2\dot{R}}{R} \\ 0 \end{bmatrix}}_{\boldsymbol{B}_{z2_1}} e_{z22_1} + \underbrace{\begin{bmatrix} 0 \\ 0 \\ \dot{d}_{2_1} \end{bmatrix}}_{\boldsymbol{C}_{z2_1}} \tag{3.8}$$

式(3.8)的特征方程为

$$\det(s\boldsymbol{I} - \boldsymbol{A}_{z2_1}) = s^3 + \mu_{21_1}s^2 + \mu_{22_1}|e_{z21_1}|^{-(1-\sigma_{21_1})}s + \mu_{23_1}|e_{z21_1}|^{-(1-\sigma_{22_1})} \tag{3.9}$$

引理 3.4(劳斯判据)[166] 设 n 阶系统的特征方程为

$$D(s) = a_0 s^n + a_1 s^{(n-1)} + \cdots + a_{(n-1)}s + a_n = a_0(s-p_1)\cdots(s-p_n) = 0 \tag{3.10}$$

式中，$p_i(i=1,2,\cdots,n)$ 为系统的特征根。由根与系数的关系可知，欲使全部特征根均具有负实部(系统能够稳定)，就必须满足以下两个条件：①特征方程的各项系数 $a_i(i=0,1,\cdots,n)$ 均不为零；② $a_i(i=0,1,\cdots,n)$ 的符号都相同。

根据引理 3.4 可知，当选取参数 $\mu_{2i_1} > 0(i=1,2,3)$，且满足不等式 $\mu_{23_1}|e_{z21_1}|^{-(1-\sigma_{22_1})} < \mu_{21_1}\mu_{22_1}|e_{z21_1}|^{-(1-\sigma_{21_1})}$，即满足 $\mu_{23_1} < \mu_{21_1}\mu_{22_1}\eta_{21_1}^{(\sigma_{21_1}-\sigma_{22_1})}$ 时，上述特征方程是满足 Hurwitz 条件的，则总存在正定对称矩阵 $\boldsymbol{P}_{z2_1}$、$\boldsymbol{Q}_{z2_1}$ 使得不等式 $\boldsymbol{A}_{z2_1}^{\mathrm{T}}\boldsymbol{P}_{z2_1} + \boldsymbol{P}_{z2_1}\boldsymbol{A}_{z2_1} \leqslant -\boldsymbol{Q}_{z2_1}$ 成立。

再令 $\boldsymbol{E}_{z2_1} = [0,1,0]^{\mathrm{T}}$，又考虑到 $0 < -2\dot{R}/R$，有如下不等式成立：

$$\begin{aligned} &(\boldsymbol{A}_{z2_1} - \boldsymbol{B}_{z2_1}\boldsymbol{E}_{z2_1})^{\mathrm{T}}\boldsymbol{P}_{z2_1} + \boldsymbol{P}_{z2_1}(\boldsymbol{A}_{z2_1} - \boldsymbol{B}_{z2_1}\boldsymbol{E}_{z2_1}) \\ &= \boldsymbol{A}_{z2_1}^{\mathrm{T}}\boldsymbol{P}_{z2_1} + \boldsymbol{P}_{z2_1}\boldsymbol{A}_{z2_1} - (\boldsymbol{B}_{z2_1}\boldsymbol{E}_{z2_1})^{\mathrm{T}}\boldsymbol{P}_{z2_1} - \boldsymbol{P}_{z2_1}\boldsymbol{B}_{z2_1}\boldsymbol{E}_{z2_1} \\ &\leqslant -[\boldsymbol{Q}_{z2_1} + (\boldsymbol{B}_{z2_1}\boldsymbol{E}_{z2_1})^{\mathrm{T}}\boldsymbol{P}_{z2_1} + \boldsymbol{P}_{z2_1}\boldsymbol{B}_{z2_1}\boldsymbol{E}_{z2_1}] = -\bar{\boldsymbol{Q}}_{z2_1} \end{aligned} \tag{3.11}$$

选取 Lyapunov 函数 $V_{z2_1} = \dfrac{1}{2}\boldsymbol{e}_{z2_1}^{\mathrm{T}}\boldsymbol{P}_{z2_1}\boldsymbol{e}_{z2_1}$，进行求导，并结合引理 3.3 可得

$$\begin{aligned} \dot{V}_{z2_1} &= \frac{1}{2}\boldsymbol{e}_{z2_1}^{\mathrm{T}}[(\boldsymbol{A}_{z2_1} - \boldsymbol{B}_{z2_1}\boldsymbol{E}_{z2_1})^{\mathrm{T}}\boldsymbol{P}_{z2_1} + \boldsymbol{P}_{z2_1}(\boldsymbol{A}_{z2_1} - \boldsymbol{B}_{z2_1}\boldsymbol{E}_{z2_1})]\boldsymbol{e}_{z2_1} + \boldsymbol{e}_{z2_1}^{\mathrm{T}}\boldsymbol{P}_{z2_1}\dot{d}_{2_1} \\ &\leqslant -\frac{1}{2}\boldsymbol{e}_{z2_1}^{\mathrm{T}}\bar{\boldsymbol{Q}}_{z2_1}\boldsymbol{e}_{z2_1} + \frac{1}{2}\varsigma_{z2_1}^{-2}\|\boldsymbol{P}_{z2_1}\|^2\|\boldsymbol{e}_{z2_1}\|^2 + \frac{1}{2}\varsigma_{z2_1}^{2}\bar{D}_{z2_1}^{2} \end{aligned}$$

$$\begin{aligned}&\leqslant -\frac{1}{2}[\lambda_{\min}(\bar{\boldsymbol{Q}}_{z2_1})-\varsigma_{z2_1}^{-2}\|\boldsymbol{P}_{z2_1}\|^2]\|\boldsymbol{e}_{z2_1}\|^2+\frac{1}{2}\varsigma_{z2_1}^2\bar{D}_{z2_1}^2\\&\leqslant -\lambda_{z2_1}V_{z2_1}+\frac{1}{2}\varsigma_{z2_1}^2\bar{D}_{z2_1}^2\end{aligned}\tag{3.12}$$

式中，$\varsigma_{z2_1}>0$ 为可调参数，$\lambda_{z2_1}=[\lambda_{\min}(\bar{\boldsymbol{Q}}_{z2_1})-\varsigma_{z2_1}^{-2}\|\boldsymbol{P}_{z2_1}\|^2]/[2\lambda_{\max}(\bar{\boldsymbol{Q}}_{z2_1})]$，这里，$\lambda_{\min}(\bar{\boldsymbol{Q}}_{z2_1})$、$\lambda_{\max}(\bar{\boldsymbol{Q}}_{z2_1})$ 分别为矩阵 $\bar{\boldsymbol{Q}}_{z2_1}$ 的最小特征根与最大特征根；$\|\cdot\|$ 表示取范数的运算。通过选取适当的参数 $\mu_{2i_1}>0(i=1,2,3)$，可以使得不等式 $0<[\lambda_{\min}(\bar{\boldsymbol{Q}}_{z2_1})-\varsigma_{z2_1}^{-2}\|\boldsymbol{P}_{z2_1}\|^2]$ 成立，即 $\lambda_{z2_1}>0$。

当 $V_{z2_1}=\Theta_{z2_1}$ 且 $[\varsigma_{z2_1}^2\bar{D}_{z2_1}^2/(2\Theta_{z2_1})]<\lambda_{z2_1}$ 时，有 $\dot{V}_{z2_1}<0$ 成立，这就意味着 $V_{z2_1}\leqslant\Theta_{z2_1}$ 时 V_{z2_1} 是一个不变集，如果 $V_{z2_1}(t_{sz2_1})\leqslant\Theta_{z2_1}$，那么对于 t_{sz2_1} 之后的时刻 t，都有 $V_{z2_1}(t)\leqslant\Theta_{z2_1}$ 成立。将不等式(3.12)两端同时积分，再结合引理 3.2 与比较原理[168]，进一步推导可得

$$0\leqslant V_{z2_1}(t)\leqslant V_{z2_1}(0)\mathrm{e}^{-\lambda_{z2_1}t}+(1-\mathrm{e}^{-\lambda_{z2_1}t})\frac{\varsigma_{z2_1}^2\bar{D}_{z2_1}^2}{2\lambda_{z2_1}}\tag{3.13}$$

由此可知，由 ESO 观测误差 $e_{z2i_1}(i=1,2,3)$ 构成的系统 V_{z2_1} 一致最终有界，并且它的界为 $\varsigma_{z2_1}^2\bar{D}_{z2_1}^2/(2\lambda_{z2_1})$，通过选择参数 ς_{z2_1} 足够小、参数 λ_{z2_1} 足够大可以使得 $\varsigma_{z2_1}^2\bar{D}_{z2_1}^2/(2\lambda_{z2_1})$ 达到充分小，观测误差能够迅速稳定地收敛至平衡点附近的充分小邻域内。根据式(3.13)可知，V_{z2_1} 呈指数型收敛，可以通过调节衰减系数 λ_{z2_1} 来加快收敛速度，从而保证观测误差能够迅速收敛。

同理，当 $|e_{z21_1}|\leqslant\eta_{21_1}$ 时，上述结论同样成立。证毕。

为了迅速而准确地观测干扰项 d_{4_1}，定义观测变量为 $z_{x_{4_1}}$、$z_{d_{4_1}}$，观测误差为 $e_{z41_1}=z_{x_{4_1}}-x_{4_1}$、$e_{z42_1}=z_{d_{4_1}}-d_{4_1}$，设计二阶 ESO 为

$$\begin{cases}\dot{z}_{x_{4_1}}=f_{4_1}+b_1u_1+z_{d_{4_1}}-\mu_{41_1}e_{z41_1}\\\dot{z}_{d_{4_1}}=-\mu_{42_1}\mathrm{fal}(e_{z41_1},\sigma_{4_1},\eta_{4_1})\end{cases}\tag{3.14}$$

其中的参数取值、函数形式以及稳定性分析可以参照 ESO(3.4)。

2) NTSM 设计

为了保证系统状态的快速收敛并避免奇异问题，现选用一种 NTSM：

$$s_{2_1}=x_{1_1}+\beta_1|x_{2_1}|^{\phi_1}\mathrm{sign}(x_{2_1}),\quad \beta_1>0,\quad 1<\phi_1<2\tag{3.15}$$

对式(3.15)进行求导可得

$$\dot{s}_{2_1}=x_{2_1}+\beta_1\phi_1|x_{2_1}|^{(\phi_1-1)}(f_{2_1}+a_{2_1}x_{3_1}+d_{2_1}) \tag{3.16}$$

为保证滑模在趋近过程中具有良好的动态品质，引入弹目距离 R 与接近速度 $\dot{R}$ 来设计滑模的自适应指数趋近律：

$$\dot{s}_{2_1}=-k_{2_1}\operatorname{sign}(s_{2_1})-\frac{|\dot{R}|}{R}c_{2_1}s_{2_1}，\ |e_{z21_1}|\leqslant k_{2_1}，\ c_{2_1}>0 \tag{3.17}$$

联立以上两式，可以推导出虚拟控制量 x_{3c_1} 为

$$\begin{aligned}x_{3c_1}=-a_{2_1}^{-1}\Bigg[&\frac{|x_{2_1}|^{(2-\phi_1)}}{\beta_1\phi_1}\operatorname{sign}(x_{2_1})+f_{2_1}+z_{d_{2_1}}\\&+k_{2_1}\operatorname{sign}(s_{2_1})+\frac{|x_{2_1}|^{(1-\phi_1)}}{\beta_1\phi_1}\frac{|\dot{R}|}{R}c_{2_1}s_{2_1}\Bigg]\end{aligned} \tag{3.18}$$

式中，存在奇异因子 $|x_{2_1}|^{(1-\phi_1)}/(\beta_1\phi_1)$，导致 $x_{2_1}\to 0$ 时 x_{3c_1} 发散，故将其舍弃，则有

$$\begin{aligned}x_{3c_1}=-a_{2_1}^{-1}\Bigg[&\frac{|x_{2_1}|^{(2-\phi_1)}}{\beta_1\phi_1}\operatorname{sign}(x_{2_1})+f_{2_1}\\&+z_{d_{2_1}}+k_{2_1}\operatorname{sign}(s_{2_1})+\frac{|\dot{R}|}{R}c_{2_1}s_{2_1}\Bigg]\end{aligned} \tag{3.19}$$

定理 3.2 针对系统(2.62)前两个等式构成的子系统，采用 ESO(3.4)与 NTSM (3.15)、(3.19)，通过选择合适的参数，能使系统状态 x_{1_1}、x_{2_1} 在有限时间内收敛至零。

证明 选取 Lyapunov 函数 $V_{2_1}=\frac{1}{2}s_{2_1}^2$，并进行求导，可得

$$\begin{aligned}\dot{V}_{2_1}&=s_{2_1}\dot{s}_{2_1}=s_{2_1}[x_{2_1}+\beta_1\phi_1|x_{2_1}|^{(\phi_1-1)}(f_{2_1}+a_{2_1}x_{3c_1}+d_{2_1})]\\&=\beta_1\phi_1|x_{2_1}|^{(\phi_1-1)}s_{2_1}\left[d_{2_1}-z_{d_{2_1}}-k_{2_1}\operatorname{sign}(s_{2_1})-\frac{|\dot{R}|}{R}c_{2_1}s_{2_1}\right]\\&=-\beta_1\phi_1|x_{2_1}|^{(\phi_1-1)}\left(\frac{|\dot{R}|}{R}c_{2_1}s_{2_1}^2-e_{21_1}s_{2_1}+k_{2_1}|s_{2_1}|\right)\\&\leqslant-(k_{2_1}-e_{21_1})|s_{2_1}|=-(k_{2_1}-e_{21_1})\sqrt{2}V_{2_1}^{\frac{1}{2}}\end{aligned} \tag{3.20}$$

当$x_{2_1} \neq 0$时，由引理 3.1 可知，s_{2_1}可以在有限时间内收敛至滑模面$s_{2_1}=0$，而且当x_{2_1}=0时，这一结论同样成立[167]，在此之后则显然有

$$\dot{x}_{1_1} = -\beta_1^{-\frac{1}{\phi_1}} |x_{1_1}|^{\frac{1}{\phi_1}} \operatorname{sign}(x_{1_1}) \tag{3.21}$$

选取 Lyapunov 函数$V_{x_{1_1}} = x_{1_1}^2 / 2$，并进行求导，可得

$$\dot{V}_{x_{1_1}} = -\beta_1^{-\frac{1}{\phi_1}} |x_{1_1}|^{\left(\frac{1}{\phi_1}+1\right)} = -2^{\frac{1+\phi_1}{2\phi_1}} \beta_1^{-\frac{1}{\phi_1}} V_{x_{1_1}}^{\frac{1+\phi_1}{2\phi_1}} \leqslant 0 \tag{3.22}$$

由引理 3.1 可知，系统状态x_{1_1}、x_{2_1}能够在有限时间内收敛至零。证毕。

3) DSSM 设计

系统(2.62)属于高阶非线性系统，为了对其进行有效镇定，并且避免反步法产生的微分膨胀问题，需要运用 DSSM 进行方法设计。

步骤 1 设计虚拟控制量x_{3c_1}将使$s_{2_1} \to 0$，为了避免对x_{3c_1}直接进行微分，通过具有时间常数τ_3的一阶滤波器得到x_{3d_1}：

$$\tau_3 \dot{x}_{3d_1} + x_{3d_1} = x_{3c_1}, \quad x_{3d_1}(0) = x_{3c_1}(0), \quad \tau_3 > 0 \tag{3.23}$$

步骤 2 定义动态面 3 为$s_{3_1} = x_{3_1} - x_{3d_1}$，并进行求导，可得

$$\dot{s}_{3_1} = \dot{x}_{3_1} - \dot{x}_{3d_1} = x_{4_1} - \dot{x}_{3d_1} \tag{3.24}$$

设计动态面滑模的指数趋近律为

$$\dot{s}_{3_1} = -k_{3_1} \operatorname{sign}(s_{3_1}) - c_{3_1} s_{3_1}, \quad k_{3_1} \geqslant 0, \quad c_{3_1} > 0 \tag{3.25}$$

设计虚拟控制量x_{4c_1}，使$s_{3_1} \to 0$：

$$x_{4c_1} = \dot{x}_{3d_1} - k_{3_1} \operatorname{sign}(s_{3_1}) - c_{3_1} s_{3_1} \tag{3.26}$$

为避免对x_{4c_1}直接进行微分，通过具有时间常数τ_4的一阶滤波器得到x_{4d_1}：

$$\tau_4 \dot{x}_{4d_1} + x_{4d_1} = x_{4c_1}, \quad x_{4d_1}(0) = x_{4c_1}(0), \quad \tau_4 > 0 \tag{3.27}$$

步骤 3 定义动态面 4 为$s_{4_1} = x_{4_1} - x_{4d_1}$，并进行求导，可以得到

$$\dot{s}_{4_1} = f_{4_1} + b_1 u_1 + d_{4_1} - \dot{x}_{4d_1} \tag{3.28}$$

设计动态面滑模的指数趋近律为

$$\dot{s}_{4_1} = -k_{4_1} \operatorname{sign}(s_{4_1}) - c_{4_1} s_{4_1}, \quad |e_{z41_1}| \leqslant k_{4_1}, \quad c_{4_1} > 0 \tag{3.29}$$

设计控制量u_1，使$s_{4_1} \to 0$：

$$u_1 = -b_1^{-1}[f_{4_1} + z_{d_{4_1}} - \dot{x}_{4d_1} + k_{4_1}\text{sign}(s_{4_1}) + c_{4_1}s_{4_1}] \tag{3.30}$$

至此，俯仰通道上的导引控制近似一体化设计完毕，总结如下：

设计方法 3.1 由 ESO(3.4)、(3.14)，NTSM(3.15)、(3.19)，以及 DSSM(3.23)、(3.26)、(3.27)、(3.30)等组成，其结构原理如图 3.2 所示。

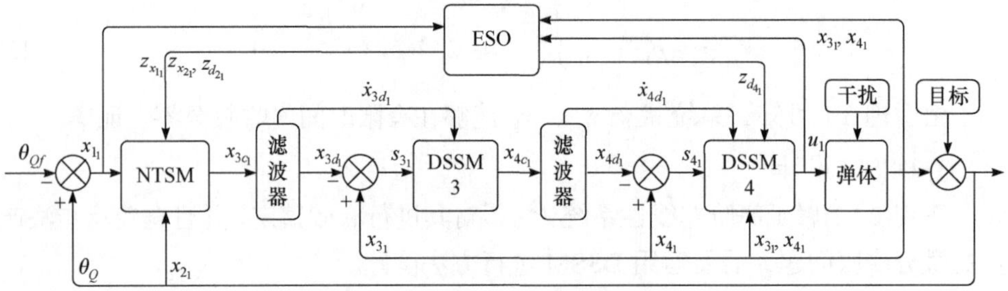

图 3.2 设计方法 3.1 的结构原理

2. 稳定性分析

定义虚拟控制量$x_{ic_1}(i=3,4)$的跟踪误差为

$$y_{i_1} = x_{id_1} - x_{ic_1} \tag{3.31}$$

通过进行求导，可得

$$\dot{x}_{id_1} = -\tau_i^{-1} y_{i_1} \tag{3.32}$$

经过进一步推导，可得

$$\dot{y}_{i_1} = -\tau_i^{-1} y_{i_1} - \dot{x}_{ic_1} \tag{3.33}$$

由文献[168]可知，存在正实数M_{i_1}使得不等式$\dot{x}_{ic_1} \leqslant M_{i_1}$成立，再经过推导可得

$$x_{i_1} = s_{i_1} + y_{i_1} + x_{ic_1} \tag{3.34}$$

选取闭环系统 Lyapunov 函数V_1为

$$V_1 = \frac{1}{2}\sum_{i=2}^{4} s_{i_1}^2 + \frac{1}{2}\sum_{i=3}^{4} y_{i_1}^2 \tag{3.35}$$

定理 3.3 对于系统(2.62)，采用设计方法 3.1，通过选择合适的参数，能够使闭环系统一致最终有界，而且能够迅速稳定地收敛至平衡点附近充分小的邻域内。

证明 对式(3.35)进行求导，可得

$$
\begin{aligned}
\dot{V}_1 &= \sum_{i=2}^{4} s_{i_1}\dot{s}_{i_1} + \sum_{i=3}^{4} y_{i_1}\dot{y}_{i_1} \\
&= s_{2_1}\{x_{2_1} + \beta_1\phi_1 | x_{2_1} |^{(\phi_1-1)} [f_{2_1} + a_{2_1}(s_{3_1} + y_{3_1} + x_{3c_1}) + d_{2_1}]\} \\
&\quad + s_{3_1}(s_{4_1} + y_{4_1} + x_{4c_1} - \dot{x}_{3d_1}) + s_{4_1}(f_{4_1} + b_1 u_1 + d_{4_1} - \dot{x}_{4d_1}) \\
&\quad + \sum_{i=3}^{4} y_{i_1}(-\dot{x}_{ic_1} - \tau_i^{-1} y_{i_1}) \\
&\leqslant \beta_1\phi_1 | x_{2_1} |^{(\phi_1-1)} a_{2_1} s_{2_1}(s_{3_1} + y_{3_1}) \\
&\quad + \beta_1\phi_1 | x_{2_1} |^{(\phi_1-1)} s_{2_1}\left[d_{2_1} - z_{d_{2_1}} - k_{2_1}\mathrm{sign}(s_{2_1}) - \frac{|\dot{R}|}{R} c_{2_1} s_{2_1}\right] \\
&\quad + s_{3_1}(s_{4_1} + y_{4_1}) + s_{3_1}[-k_{3_1}\mathrm{sign}(s_{3_1}) - c_{3_1} s_{3_1}] \\
&\quad + s_{4_1}[d_{4_1} - z_{d_{4_1}} - k_{4_1}\mathrm{sign}(s_{2_1}) - c_{4_1} s_{4_1}] + \sum_{i=3}^{4} y_{i_1}(M_{i_1} - \tau_i^{-1} y_{i_1}) \\
&\leqslant \beta_1\phi_1 | x_{2_1} |^{(\phi_1-1)} a_{2_1}\left(s_{2_1}^2 + \frac{s_{3_1}^2}{2} + \frac{y_{3_1}^2}{2}\right) - \beta_1\phi_1 | x_{2_1} |^{(\phi_1-1)} \frac{|\dot{R}|}{R} c_{2_1} s_{2_1}^2 \\
&\quad + \left(s_{3_1}^2 + \frac{s_{4_1}^2}{2} + \frac{y_{4_1}^2}{2}\right) - c_{3_1} s_{3_1}^2 - c_{4_1} s_{4_1}^2 + \sum_{i=3}^{4}\left(\frac{M_{i_1}^2}{\rho^2} - \tau_i^{-1}\right) y_{i_1}^2 + \frac{1}{2}\rho^2 \\
&\leqslant -\underbrace{\beta_1\phi_1 | x_{2_1} |^{(\phi_1-1)}\left(\frac{|\dot{R}|}{R} c_{2_1} - a_{2_1}\right)}_{m_{1_1}} s_{2_1}^2 - \underbrace{\left[c_{3_1} - 1 - \frac{\beta_1\phi_1 | x_{2_1} |^{(\phi_1-1)}}{2} a_{2_1}\right]}_{m_{2_1}} s_{3_1}^2 \\
&\quad - \underbrace{\left(c_{4_1} - \frac{1}{2}\right)}_{m_{3_1}} s_{4_1}^2 - \underbrace{\left[\tau_3^{-1} - \frac{M_{3_1}^2}{\rho^2} - \frac{\beta_1\phi_1 | x_{2_1} |^{(\phi_1-1)}}{2} a_{2_1}\right]}_{m_{4_1}} y_{3_1}^2 \\
&\quad - \underbrace{\left(\tau_4^{-1} - \frac{M_{4_1}^2}{\rho^2} - \frac{1}{2}\right)}_{m_{5_1}} y_{4_1}^2 + \underbrace{\frac{1}{2}\rho^2}_{\varpi_1}
\end{aligned} \tag{3.36}
$$

为了保证系统稳定，选取参数时需要满足以下条件：

$$
\begin{cases}
c_{2_1} \geqslant \dfrac{R}{|\dot{R}|} a_{2_1},\ c_{3_1} \geqslant \dfrac{\beta_1\phi_1 | x_{2_1} |^{(\phi_1-1)}}{2} a_{2_1} + 1,\ c_{4_1} \geqslant \dfrac{1}{2} \\
\tau_3^{-1} \geqslant \dfrac{M_{3_1}^2}{\rho^2} + \dfrac{\beta_1\phi_1 | x_{2_1} |^{(\phi_1-1)}}{2} a_{2_1},\ \tau_4^{-1} \geqslant \dfrac{M_{4_1}^2}{\rho^2} + \dfrac{1}{2}
\end{cases} \tag{3.37}
$$

令正常数 $\varepsilon_1=\min\{m_{i_1},i=1,2,\cdots,5\}$，则式(3.36)可以进一步化简为

$$\dot{V}_1\leqslant -2\varepsilon_1 V_1+\varpi_1 \tag{3.38}$$

当 $V_1=\Theta_1$ 且 $\varpi_1/(2\Theta_1)<\varepsilon_1$ 时，有 $\dot{V}_1<0$ 成立，这就意味着 $V_1\leqslant\Theta_1$ 时 V_1 是一个不变集，如果 $V_1(t_{s1})\leqslant\Theta_1$，那么对 t_{s1} 之后的时刻 t，都有 $V_1(t)\leqslant\Theta_1$ 成立。将不等式两端同时积分，再结合引理 3.2 与比较原理[168]，经过推导可得

$$0\leqslant V_1(t)\leqslant V_1(0)\mathrm{e}^{-2\varepsilon_1 t}+(1-\mathrm{e}^{-2\varepsilon_1 t})\frac{\varpi_1}{2\varepsilon_1} \tag{3.39}$$

则闭环系统一致最终有界，并且它的界为 $\varpi_1/(2\varepsilon_1)$，通过选择合适的参数，即取 ρ 足够小，使得 ϖ_1 充分小，取 $c_{i_1}(i=2,3,4)$ 足够大、$\tau_i(i=3,4)$ 足够小使 ε_1 充分大，那么 V_1 就能够稳定地收敛至平衡点附近充分小的邻域内。根据式(3.39)可知，V_1 呈指数型收敛，可以通过选取 $c_{i_1}(i=2,3,4)$ 等参数为较大的合适值，来调节衰减系数 ε_1 以加快收敛速度，从而保证系统能够在有限时间内迅速收敛。证毕。

尽管式(3.37)给出了保证系统稳定性的参数选取范围，但由于受到多方面因素的约束，例如，在提高系统收敛速度的同时，需用过载往往容易超过可用过载，因此给出设计参数的具体定量选择标准是比较困难的。目前常采用的方法是先综合考虑设计方法与实际物理环境，再通过大量的数学仿真来进行定量选择。

注　为了便于定理 3.3 的推导证明，V_1 并未包含 ESO(3.4)、(3.14)的观测误差 $e_{z2i_1}(i=1,2,3)$、$e_{z4i_1}(i=1,2)$，但结合定理 3.1 可知，当 V_1 涵盖这些观测误差时，定理 3.3 同样是成立的。

3.1.3　偏航通道设计方法

设计方法的目的是针对 AIGC 偏航通道独立设计系统(2.64)，在状态变量 x_{1_2} 受约束、x_{2_2} 测量受限、干扰项 $d_{i_2}(i=2,4)$ 未知有界的情况下，产生合适的控制量 u_2，使 x_{1_2}、x_{2_2} 在有限时间内收敛至零，保证闭环系统一致最终有界并且能够迅速稳定地收敛至平衡点附近充分小的邻域内。

偏航通道上的设计方法主要由 ESO、NTSM 与 DSSM 等构成，由于 AIGC 的偏航通道独立设计系统(2.64)与俯仰通道独立设计系统(2.62)具有相同的形式，所以可以参照设计方法 3.1，给出偏航通道独立设计方法。

设计方法 3.2

$$\begin{cases}\dot{z}_{x_{1_2}} = z_{x_{2_2}} - \mu_{21_2} e_{z21_2} \\ \dot{z}_{x_{2_2}} = -\dfrac{2\dot{R}}{R} z_{x_{2_2}} + a_{2_2} x_{3_2} + z_{d_{2_2}} - \mu_{22_2} \mathrm{fal}(e_{z21_2}, \sigma_{21_2}, \eta_{21_2}) \\ \dot{z}_{d_{2_2}} = -\mu_{23_2} \mathrm{fal}(e_{z21_2}, \sigma_{22_2}, \eta_{22_2}) \\ \dot{z}_{x_{4_2}} = f_{4_2} + b_2 u_2 + z_{d_{4_2}} - \mu_{41_2} e_{41_2},\ \dot{z}_{d_{4_2}} = -\mu_{42_2} \mathrm{fal}(e_{z41_2}, \sigma_{4_2}, \eta_{4_2}) \\ s_{2_2} = x_{1_2} + \beta_2 |x_{2_2}|^{\phi_2} \mathrm{sign}(x_{2_2}),\ s_{3_2} = x_{3_2} - x_{3d_2},\ s_{4_2} = x_{4_2} - x_{4d_2} \\ \tau_3 \dot{x}_{3d_2} + x_{3d_2} = x_{3c_2},\ \tau_4 \dot{x}_{4d_2} + x_{4d_2} = x_{4c_2} \\ x_{3c_2} = -a_{2_2}^{-1} \left[\dfrac{|x_{2_2}|^{(2-\phi_2)}}{\beta_2 \phi_2} \mathrm{sign}(x_{2_2}) + f_{2_2} \right. \\ \qquad \left. + z_{d_{2_2}} + k_{2_2} \mathrm{sign}(s_{2_2}) + \dfrac{|\dot{R}|}{R} c_{2_2} s_{2_2} \right] \\ x_{4c_2} = \dot{x}_{3d_2} - k_{3_2} \mathrm{sign}(s_{3_2}) - c_{3_2} s_{3_2} \\ u_2 = -b_2^{-1} [f_{4_2} + z_{d_{4_2}} - \dot{x}_{4d_2} + k_{4_2} \mathrm{sign}(s_{4_2}) + c_{4_2} s_{4_2}] \end{cases} \tag{3.40}$$

式中，各参数的取值范围、函数形式以及稳定性分析同理于设计方法 3.1。为了便于后面的叙述，现将设计方法 3.1 与设计方法 3.2 简记为 ADSSM(adaptive dynamic surface sliding mode)方法。

注　ADSSM 方法中的 $k_{i_j}\ (i=2,3,4; j=1,2)$ 为滑模切换项增益，与之对应的符号函数共同组成滑模切换项，作用是抑制不确定干扰并保证系统快速稳定，而 $|x_{2_j}|^{(2-\phi_j)}\big/(\beta_j\phi_j)$ 虽然也附带有符号项，但它仅是由 NTSM 引入的附加切换项。

3.1.4　仿真结果与分析

本节的主要目的是在目标固定的工况下，通过数学仿真与半实物仿真对 ADSSM 进行分析和验证，用以表明设计方法的可行性与有效性。其中，半实物仿真系统的架构组成、设计方案与测试步骤将在第 6 章中阐明，采用 4 阶 Runge-Kutta 法来实时解算微分方程组，仿真步长为 10ms。ADSSM 方法仿真环境参数、ADSSM 方法参数分别如表 3.1、表 3.2 所示。

表 3.1　ADSSM 方法仿真环境参数

参数	数值	参数	数值
$x_{P_0 0}$ /m	0	$x_{T_0 0}$ /m	3000

续表

参数	数值	参数	数值
$y_{P_0 0}$ /m	4000	$y_{T_0 0}$ /m	0
$z_{P_0 0}$ /m	0	$z_{T_0 0}$ /m	−50
θ_{P0} /(°)	0	θ_{T0} /(°)	0
ψ_{P0} /(°)	0	ψ_{T0} /(°)	0
v_P /(m/s)	357	v_T /(m/s)	0
ξ_{θ_P}	1	ξ_{ψ_P}	1
ω_{θ_P}	0.5	ω_{ψ_P}	0.5
τ_{Ty_8}	0.01	d_{θ_P} /s^{-2}	sin$t$
τ_{Tz_8}	0.01	d_{ψ_P} /s^{-2}	cos$t$
θ_{Qf} /(°)	−65	ψ_{Qf} /(°)	0

注：本书表中下标为“0”的符号表示相应变量的初始值。根据在 2.4.1 节中建立的设计模型可知，$d_{a_{Py}}$ 、$d_{a_{Pz}}$ 、d_{θ_Q} 、d_{ψ_Q} 、d_{θ_T} 、d_{ψ_T} 是由其他已定义变量构成的，因此仅需要给出 d_{θ_P} 、d_{ψ_P} 的数值，以便于对干扰项 $d_{i_j}(i=2,4;j=1,2)$ 进行定量分析。

表 3.2　ADSSM 方法参数

参数	数值	参数	数值
μ_{21_1}	10	μ_{21_2}	10
μ_{22_1}	100	μ_{22_2}	100
μ_{23_1}	1000	μ_{23_2}	1000
σ_{21_1}	0.04	σ_{21_2}	0.04
σ_{22_1}	0.02	σ_{22_2}	0.02
η_{21_1}	0.01	η_{21_2}	0.01
η_{22_1}	0.01	η_{22_2}	0.01
μ_{41_1}	10	μ_{41_2}	10
μ_{42_1}	100	μ_{42_2}	100
σ_{4_1}	0.04	σ_{4_2}	0.04
η_{4_1}	0.01	η_{4_2}	0.01
β_1	10	β_2	10

续表

参数	数值	参数	数值
ϕ_1	1.5	ϕ_2	1.5
k_{2_1}	0.1	k_{2_2}	0.1
c_{2_1}	1	c_{2_2}	1
k_{3_1}	1	k_{3_2}	1
c_{3_1}	1	c_{3_2}	1
k_{4_1}	1	k_{4_2}	1
c_{4_1}	1	c_{4_2}	1
τ_3	1	τ_4	1

为了体现 ADSSM 方法的优越性，引入相关领域中已有的两种设计方法作为对比。

(1) 文献[40]基于 NTSM 提出了一种考虑攻击角约束的制导律，简记为 NTSMC(nonsingular terminal sliding mode control)方法，在俯仰通道上的滑模与控制量分别设计为

$$s_1 = \dot{\theta}_Q + \beta_1 |\theta_Q|^{\alpha_1}\operatorname{sign}(\theta_Q) \tag{3.41}$$

$$\begin{aligned} u_1 = & \frac{1}{\cos(\theta_Q - \theta_P)}[-2\dot{R}\dot{\theta}_Q + \cos(\theta_Q - \theta_T)a_{Ty_8}] \\ & + \frac{1}{\alpha_1\beta_1}\left(\dot{\theta}_Q - \frac{a_{Ty_8}}{v_T}\right)^{(2-\alpha_1)} + \frac{M_1}{\operatorname{sign}[\cos(\theta_Q - \theta_P)]}\operatorname{sign}(s_1) + g\cos\theta_P \end{aligned} \tag{3.42}$$

(2) 文献[95]基于积分滑模与非线性干扰观测器，提出了一种考虑攻击角约束与自动驾驶仪一阶动态特性的设计方法，简记为 ISMG(integral sliding mode guidance)方法，在俯仰通道上的积分滑模与控制量分别设计为

$$s_{2_1} = \dot{\theta}_Q - \dot{\theta}_Q(0) + \int_0^t \left[k_{1_1}|\theta_Q|^{\alpha_1}\operatorname{sign}(\theta_Q) + k_{2_1}|\dot{\theta}_Q|^{\frac{2\alpha_1}{\alpha_1+1}}\operatorname{sign}(\dot{\theta}_Q)\right]\mathrm{d}t \tag{3.43}$$

$$\begin{aligned} u_1 = & \frac{1}{\cos(\theta_Q - \theta_P)}\left[-2\dot{R}x_{2_1} + k_{1_1}R|\theta_Q|^{\alpha_1}\operatorname{sign}(\theta_Q)\right. \\ & + k_{2_1}R|\dot{\theta}_Q|^{\frac{2\alpha_1}{\alpha_1+1}}\operatorname{sign}(\dot{\theta}_Q) + \sin(\theta_Q - \theta_T)a_{Ty_8} \\ & \left. + \eta_1\operatorname{sign}(s_{2_1}) + \hat{w}_{q1}\right] + g\cos\theta_P \end{aligned} \tag{3.44}$$

在偏航通道上的设计方法同理于俯仰通道，其相关变量与参数的下标为“2”。

为了体现 ADSSM 方法能够满足 $\dot{\theta}_Q$、$\dot{\psi}_Q$ 测量受限的约束，在式(3.15)、式(3.19)、式(3.40)中均使用 $z_{x_{2_1}}$、$z_{x_{2_2}}$ 信息，考虑到滑模切换项容易诱发虚拟控制量且控制量会产生高频抖振，在进行仿真时通常采用连续饱和函数 $\mathrm{sat}(\cdot)=\cdot/(|\cdot|+\delta)$ 来替代滑模切换项中的符号函数，其中 $\delta>0$ 为消抖因子。

ADSSM方法在目标固定工况下的仿真结果与仿真曲线分别如表3.3和图3.3所示。为了便于叙述，将 ADSSM 方法进行半实物仿真得到的仿真结果简记为 ADSSM-H。

表 3.3　ADSSM 方法在目标固定工况下的仿真结果

方法	脱靶量/m	命中时间/s	θ_{Qf} 误差/(°)	ψ_{Qf} 误差/(°)
ADSSM	0.352	14.650	0.034	0.030
ADSSM-H	0.356	14.660	0.035	0.031
ISMG	0.637	14.750	0.083	0.079
NTSMC	0.791	14.810	0.102	0.096

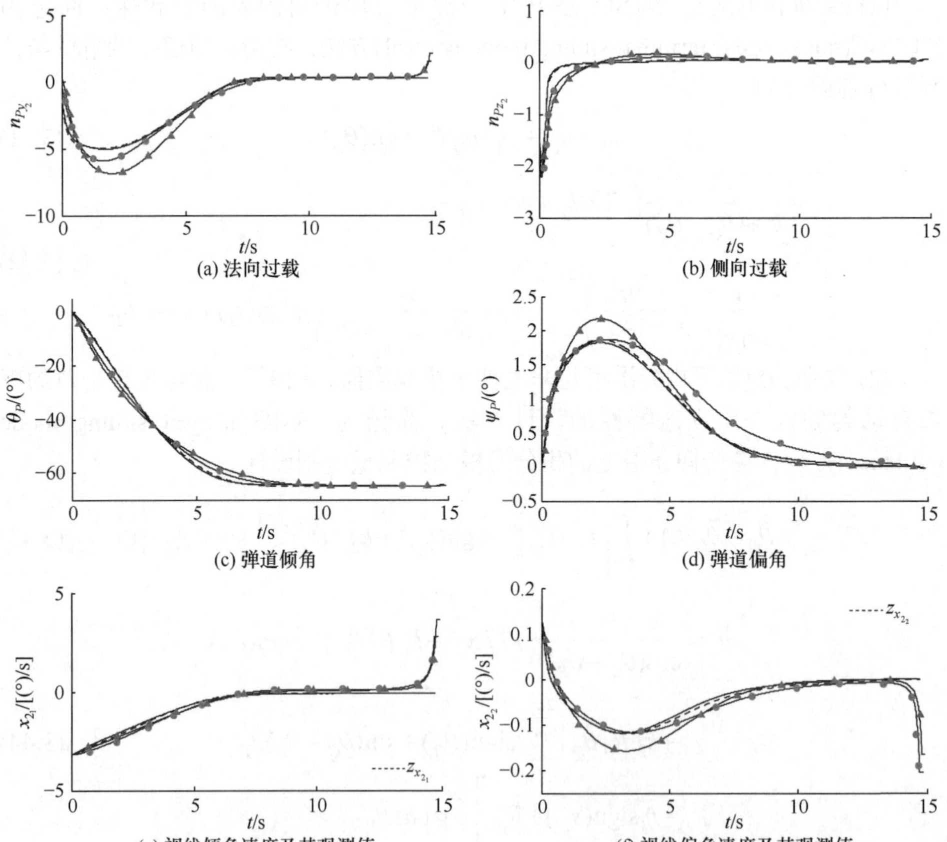

(a) 法向过载　(b) 侧向过载

(c) 弹道倾角　(d) 弹道偏角

(e) 视线倾角速度及其观测值　(f) 视线偏角速度及其观测值

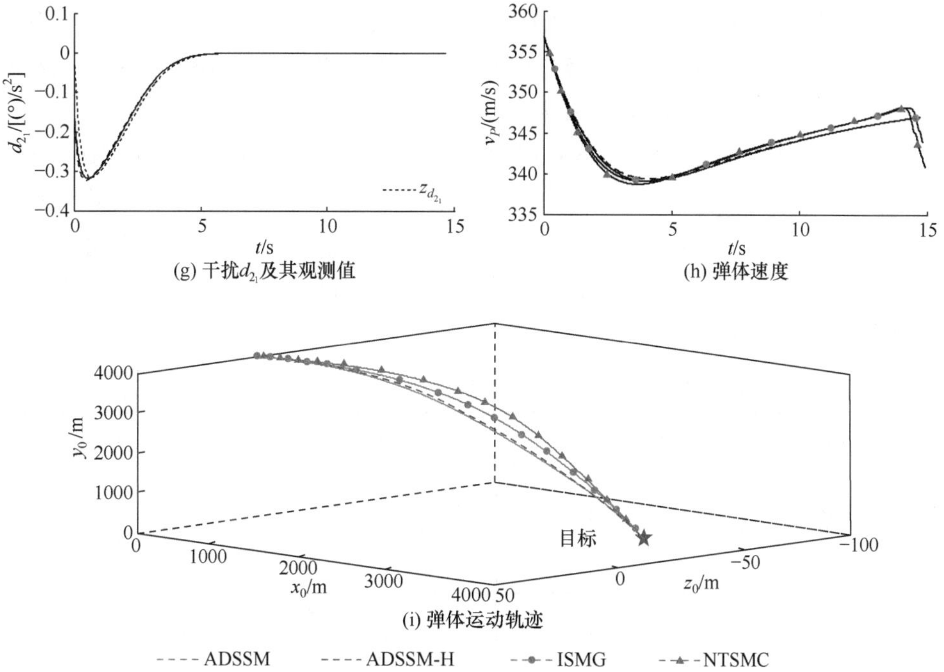

(g) 干扰d_{2_1}及其观测值　(h) 弹体速度

(i) 弹体运动轨迹

图 3.3　ADSSM 方法在目标固定工况下的仿真曲线

从图 3.3(a)和(b)中可知 n_{Py_2} 与 n_{Pz_2} 的变化情况，针对不确定干扰与滑模切换抖振，ADSSM 方法采用了 ESO 与连续饱和函数等措施，使收敛趋势超前于 NTSMC、ISMG 方法，并且峰值较小、变化较为平稳，更加符合实际作战的需求。

图 3.3(c)和(d)分别展现了 θ_P 、ψ_P 的变化趋势，表明弹体的姿态变化在整个末制导过程中是平滑连续的，姿态未发生突变，与 ISMG、NTSMC 方法相比较，ADSSM 方法的收敛速度较快，转台良好的随动性能也得到了验证。

$\dot{\theta}_Q$ 、$\dot{\psi}_Q$ 及其观测值的仿真曲线分别如图 3.3(e)和(f)所示，在 ADSSM 的调控下，ESO 能够快速而又准确地对 $\dot{\theta}_Q$ 与 $\dot{\psi}_Q$ 进行观测，二者分别自 8s 与 10s 后能够稳定收敛，验证了定理 3.2 的正确性。

图 3.3(g)为干扰项 d_{2_1} 及其观测值的变化情况，表明 ESO 具有良好的观测性与鲁棒性，能够补偿不确定干扰与视线角速度测量受限对制导性能的影响，为精确命中固定目标提供了重要信息，同时降低了弹载传感器的硬件设计要求。

弹体速度的变化曲线在图 3.3(h)中描绘，整个末制导过程中弹体速度的变化是连续的，并没有发生突变的情况，ADSSM 方法的控制品质优于 NTSMC 与 ISMG 方法。

弹体运动轨迹在图 3.3(i)中展示，NTSMC、ISMG 和 ADSSM 方法都可以对固定目标实施有效打击，结合表 3.3 可知，ADSSM 方法采用连续饱和函数替代滑模切换项，并运用 ESO 估计不确定干扰，进一步提高了命中精度，缩短了命中时间，提升了系统的稳定性与快速性。

为了更加全面地考察 ADSSM 方法的性能，在上述工况中，仅改变 θ_{P0}、ψ_{P0} 或 θ_{Qf}、ψ_{Qf}，经过中制导滑翔段的控制，在俯仰纵平面上弹体基本处于水平姿态，在偏航水平面上基本朝向目标飞行，而且主要以大着角顶端攻击。ADSSM 方法以不同初始弹道角或终端视线角攻击固定目标的仿真结果与曲线分别如表 3.4 和图 3.4 所示。

表 3.4　ADSSM 方法以不同初始弹道角或终端视线角攻击固定目标的仿真结果

序号	θ_{P0} /(°)	ψ_{P0} /(°)	θ_{Qf} /(°)	ψ_{Qf} /(°)	脱靶量/m	命中时间/s	θ_{Qf} 误差/(°)	ψ_{Qf} 误差/(°)
①	10	10	−65	0	0.371	14.80	0.047	0.032
②	10	−10	−65	0	0.404	14.73	0.045	0.034
③	−10	−10	−65	0	0.394	14.70	0.058	0.041
④	0	0	−55	10	0.416	15.59	0.046	0.043
⑤	0	0	−55	−10	0.387	15.65	0.052	0.051
⑥	0	0	−75	−10	0.372	15.90	0.034	0.033

通过分析可知，在不同初始弹道角或终端视线角的条件下，ADSSM 方法均能够以较小的脱靶量对固定目标实施精确打击，并且视线角跟踪误差能够迅速稳定地收敛至零点附近充分小的邻域内，表明 ADSSM 方法具有一定的适用范围。从①～⑥的仿真结果来看，上述角参量在进行小范围的调整时，对 θ_{Qf}、ψ_{Qf} 跟踪误差以及脱靶量的影响并不显著，而且相对于初始弹道角与 θ_{Qf}，ψ_{Qf} 对命中时间的影响更大，原因是这一约束条件会改变弹道轨迹，使弹体飞行距离发生变化，而且 ψ_{Qf} 偏离工况设定值的幅度与命中时间呈正相关。

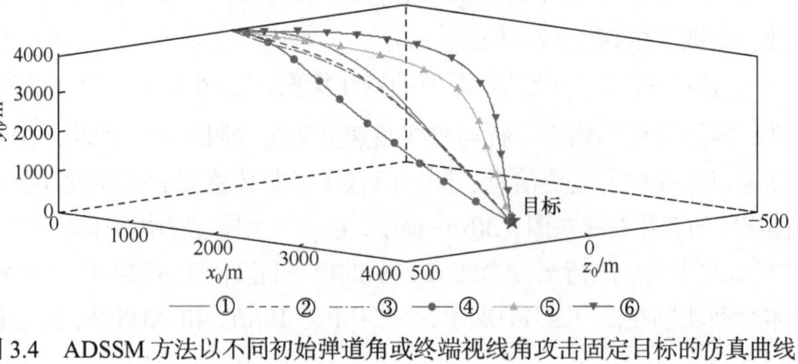

图 3.4　ADSSM 方法以不同初始弹道角或终端视线角攻击固定目标的仿真曲线

3.2　考虑通道耦合的块动态面滑模设计方法

3.2.1　问题描述

考虑到攻击角约束已经转换为终端视线角约束，再结合 2.4.2 节建立的 AIGC 通道耦合设计模型，将 AIGC 通道耦合设计系统(2.68)的状态变量 $\boldsymbol{x}_1$ 更新为 $\left[\theta_Q-\theta_{Qf},\ \psi_Q-\psi_{Qf}\right]^{\mathrm{T}}$，系统其余状态变量、输入变量、输出变量与状态空间的形式保持不变。

3.2.2　设计方法与稳定性分析

设计方法的目的是针对 AIGC 通道耦合设计系统(2.68)，在状态变量 $\boldsymbol{x}_1$ 受约束、$\boldsymbol{x}_2$ 测量受限、干扰项 $\boldsymbol{d}_i(i=2,4)$ 未知有界的情况下，产生合适的控制量 $\boldsymbol{u}$，使系统状态 $\boldsymbol{x}_1$、$\boldsymbol{x}_2$ 在有限时间内收敛至零，保证闭环系统最终一致有界并且能够迅速稳定地收敛至平衡点附近充分小的邻域内。

设计方法主要由 ESO、NTSM 与 BDSSM 等构成，现在先分别对它们进行设计，再进行闭环系统的稳定性分析。

1. 设计方法

1) ESO 设计

为了降低不确定干扰 $\boldsymbol{d}_2$ 对系统的影响，并向设计方法提供必要的视线角速度信息 $\dot{\theta}_Q$、$\dot{\psi}_Q$，需要设计 ESO 对其进行迅速而准确的观测。定义观测变量为 $\boldsymbol{z}_{x_1}=[z_{x_{1_1}},z_{x_{1_2}}]^{\mathrm{T}}$、$\boldsymbol{z}_{x_2}=[z_{x_{2_1}},z_{x_{2_2}}]^{\mathrm{T}}$、$\boldsymbol{z}_{d_2}=[z_{d_{2_1}},z_{d_{2_2}}]^{\mathrm{T}}$，观测误差为 $\boldsymbol{e}_{z21}=\boldsymbol{z}_{x_1}-\boldsymbol{x}_1$、$\boldsymbol{e}_{z22}=\boldsymbol{z}_{x_2}-\boldsymbol{x}_2$、$\boldsymbol{e}_{z23}=\boldsymbol{z}_{d_2}-\boldsymbol{d}_2$，设计三阶 ESO 为

$$\begin{cases}\dot{\boldsymbol{z}}_{x_1}=\boldsymbol{z}_{x_2}-\boldsymbol{\mu}_{21}\boldsymbol{e}_{z21}\\ \dot{\boldsymbol{z}}_{x_2}=-\dfrac{2\dot{R}}{R}\boldsymbol{z}_{x_2}+\begin{bmatrix}-z_{x_{2_2}}^2\sin x_{1_1}\cos x_{1_2}\\ 2z_{x_{2_1}}z_{x_{2_2}}\tan x_{1_1}\end{bmatrix}+\begin{bmatrix}\dfrac{g\cos\theta_P}{R}\\ 0\end{bmatrix}\\ \qquad +\boldsymbol{a}_2\boldsymbol{x}_3+\boldsymbol{z}_{d_2}-\boldsymbol{\mu}_{22}\mathrm{fal}(\boldsymbol{e}_{z21},\boldsymbol{\sigma}_{21},\boldsymbol{\eta}_{21})\\ \dot{\boldsymbol{z}}_{d_2}=-\boldsymbol{\mu}_{23}\mathrm{fal}(\boldsymbol{e}_{z21},\boldsymbol{\sigma}_{22},\boldsymbol{\eta}_{22})\end{cases}\tag{3.45}$$

式中，$\boldsymbol{\mu}_{21}=\mathrm{diag}(\mu_{21_1},\mu_{21_2})$，$\boldsymbol{\sigma}_{21}=[\sigma_{21_1},\sigma_{21_2}]^{\mathrm{T}}$，$\boldsymbol{\eta}_{21}=[\eta_{21_1},\eta_{21_2}]^{\mathrm{T}}$，$\mu_{21_j}>0$，

$0<\sigma_{21_j}<1$，$0<\eta_{21_j}<1$；非线性函数向量 $\mathrm{fal}(\boldsymbol{e}_{z21},\boldsymbol{\sigma}_{21},\boldsymbol{\eta}_{21})$ 为 $[\mathrm{fal}(e_{z21_1},\sigma_{21_1},\eta_{21_1})$，$\mathrm{fal}(e_{z21_2},\sigma_{21_2},\eta_{21_2})]^{\mathrm{T}}$；其余参数的定义和取值范围与此同理。根据定理 3.1，可以推导出如下定理。

定理 3.4 对于给定的 $0<\eta_{2i_j}<1$，通过选择合适的参数 μ_{21_j}、σ_{21_j} 满足不等式组(3.46)，能够使 ESO(3.45)的观测误差 $\boldsymbol{e}_{z2i}(i=1,2,3)$ 最终一致有界，并且能够迅速稳定地收敛至平衡点附近充分小的邻域内。

$$0<\sigma_{22_j}<\sigma_{21_j}<1,\ 0<\mu_{21_j}<\mu_{22_j}<\mu_{23_j},\ \mu_{23_j}<\mu_{21_j}\mu_{22_j}\eta_{21_j}^{(\sigma_{21_j}-\sigma_{22_j})},\ j=1,2 \tag{3.46}$$

为了迅速而准确地观测干扰项 $\boldsymbol{d}_4$，定义观测变量 $\boldsymbol{z}_{x_4}=[z_{x_{4_1}},z_{x_{4_2}}]^{\mathrm{T}}$、$\boldsymbol{z}_{d_4}=[z_{d_{4_1}},z_{d_{4_2}}]^{\mathrm{T}}$，观测误差为 $\boldsymbol{e}_{z41}=\boldsymbol{z}_{x_4}-\boldsymbol{x}_4$、$\boldsymbol{e}_{z42}=\boldsymbol{z}_{d_4}-\boldsymbol{d}_4$，设计二阶 ESO 为

$$\begin{cases}\dot{\boldsymbol{z}}_{x_4}=\boldsymbol{f}_4+\boldsymbol{bu}+\boldsymbol{z}_{d_4}-\boldsymbol{\mu}_{41}\boldsymbol{e}_{z41}\\ \dot{\boldsymbol{z}}_{d_4}=-\boldsymbol{\mu}_{42}\mathrm{fal}(\boldsymbol{e}_{z41},\boldsymbol{\sigma}_4,\boldsymbol{\eta}_4)\end{cases} \tag{3.47}$$

式中，$\boldsymbol{b}$ 为控制量的系数矩阵，其他各参数的定义、取值范围以及函数形式参照 ESO(3.45)。

2) NTSM 设计

为了保证系统状态的快速收敛，同时避免出现奇异问题，现选用一种 NTSM：

$$\boldsymbol{s}_2=\begin{bmatrix}s_{2_1}\\ s_{2_2}\end{bmatrix}=\boldsymbol{x}_1+\begin{bmatrix}\beta_1|x_{2_1}|^{\phi_1}\mathrm{sign}(x_{2_1})\\ \beta_2|x_{2_2}|^{\phi_2}\mathrm{sign}(x_{2_2})\end{bmatrix},\ \beta_j>0,\ 1<\phi_j<2,\quad j=1,2 \tag{3.48}$$

对式(3.48)进行求导，可以得到

$$\dot{\boldsymbol{s}}_2=\boldsymbol{x}_2+\begin{bmatrix}\beta_1\phi_1|x_{2_1}|^{(\phi_1-1)} & 0\\ 0 & \beta_2|x_{2_2}|^{(\phi_2-1)}\end{bmatrix}\cdot[\boldsymbol{f}_2+\boldsymbol{a}_2\boldsymbol{x}_3+\boldsymbol{d}_2] \tag{3.49}$$

为保证滑模趋近过程中具有良好的动态品质，引入弹目距离 R 与弹目接近速度 $\dot{R}$ 来设计滑模的自适应指数趋近律：

$$\dot{\boldsymbol{s}}_2=-\boldsymbol{k}_2\mathrm{sign}(\boldsymbol{s}_2)-\frac{|\dot{R}|}{R}\boldsymbol{c}_2\boldsymbol{s}_2 \tag{3.50}$$

式中，$\boldsymbol{k}_2=\mathrm{diag}(k_{2_1},k_{2_2})$，$|e_{z21_j}|\leqslant k_{2_j}$，$\boldsymbol{c}_2=\mathrm{diag}(c_{2_1},c_{2_2})$，$c_{2_j}>0(j=1,2)$。联立式(3.49)和式(3.50)，并舍弃奇异因子 $|x_{2_1}|^{(1-\phi_1)}/(\beta_1\phi_1)$、$|x_{2_2}|^{(1-\phi_2)}/(\beta_2\phi_2)$，可得虚拟控制量 $\boldsymbol{x}_{3c}$ 为

$$\boldsymbol{x}_{3c}=-\boldsymbol{a}_2^{-1}\left\{\begin{bmatrix}\dfrac{|x_{2_1}|^{(2-\phi_1)}}{\beta_1\phi_1}\mathrm{sign}(x_{2_1})\\ \dfrac{|x_{2_2}|^{(2-\phi_2)}}{\beta_2\phi_2}\mathrm{sign}(x_{2_2})\end{bmatrix}+\boldsymbol{f}_2+\boldsymbol{z}_{d_2}+\boldsymbol{k}_2\mathrm{sign}(\boldsymbol{s}_2)+\frac{|\dot{R}|}{R}\boldsymbol{c}_2\boldsymbol{s}_2\right\} \tag{3.51}$$

定理 3.5　针对系统(2.68)前两个等式构成的子系统，采用 ESO(3.45)与 NTSM(3.48)、(3.51)，通过选择合适的参数，能使系统状态 $\boldsymbol{x}_1$、$\boldsymbol{x}_2$ 在有限时间内收敛至零。

证明　选取 Lyapunov 函数 $V_2=\dfrac{1}{2}\boldsymbol{s}_2^{\mathrm{T}}\boldsymbol{s}_2$，并进行求导，可得

$$\begin{aligned}\dot{V}_2&=\boldsymbol{s}_2^{\mathrm{T}}\dot{\boldsymbol{s}}_2=\sum_{j=1}^{2}s_{2_j}\dot{s}_{2_j}\\&=\sum_{j=1}^{2}s_{2_j}\left[x_{2_j}+\beta_j\phi_j|x_{2_j}|^{(\phi_j-1)}(f_{2_j}+a_{2_j}x_{3c_j}+d_{2_j})\right]\\&=\sum_{j=1}^{2}\beta_j\phi_j|x_{2_j}|^{(\phi_j-1)}s_{2_j}\left[d_{2_j}-z_{d_{2_j}}-k_{2_j}\mathrm{sign}(s_{2_j})-\frac{|\dot{R}|}{R}c_{2_j}s_{2_j}\right]\\&=-\sum_{j=1}^{2}\beta_j\phi_j|x_{2_j}|^{(\phi_j-1)}\left(\frac{|\dot{R}|}{R}c_{2_j}s_{2_j}^2-e_{21_j}s_{2_j}+k_{2_j}|s_{2_j}|\right)\\&\leqslant-\sum_{j=1}^{2}(k_{2_j}-e_{21_j})|s_{2_i}|=-\min\{k_{2_1}-e_{21_1},k_{2_2}-e_{21_2}\}\,2\sqrt{2V_2}\end{aligned} \tag{3.52}$$

当 $\boldsymbol{x}_2\neq\boldsymbol{0}$ 时，由引理 3.1 可知，$\boldsymbol{s}_2$ 可以在有限时间内收敛至滑模面 $\boldsymbol{s}_2=\boldsymbol{0}$，而且当 $\boldsymbol{x}_2=\boldsymbol{0}$ 时，这一结论同样成立[167]，在此之后则有

$$\dot{x}_{1_j}=-\beta_j^{-\frac{1}{\phi_j}}|x_{1_j}|^{\frac{1}{\phi_j}}\mathrm{sign}(x_{1_j}) \tag{3.53}$$

选取 Lyapunov 函数 $V_{x_{1_j}}=\dfrac{1}{2}x_{1_j}^2$，并进行求导，可得

$$\dot{V}_{x_{1_j}}=-\beta_j^{-\frac{1}{\phi_j}}|x_{1_j}|^{\left(\frac{1}{\phi_j}+1\right)}=-2^{\frac{1+\phi_j}{2\phi_j}}\beta_j^{-\frac{1}{\phi_j}}V_{x_{1_j}}^{\frac{1+\phi_j}{2\phi_j}}\leqslant 0,\quad j=1,2 \tag{3.54}$$

由引理 3.1 可知，系统状态 $\boldsymbol{x}_1$、$\boldsymbol{x}_2$ 能够在有限时间内收敛至零。证毕。

3) BDSSM 设计

系统(2.68)属于高阶非线性系统，为了对其进行有效镇定，并简化设计过程，需要运用 BDSSM，以避免求解虚拟控制量高阶导数时产生的微分膨胀问题。

步骤 1　设计虚拟控制量 $\boldsymbol{x}_{3c}$ 将使 $\boldsymbol{s}_2 \to \boldsymbol{0}$，为了避免对 $\boldsymbol{x}_{3c}$ 直接进行微分，通过具有时间常数 τ_3 的一阶滤波器得到 $\boldsymbol{x}_{3d}$：

$$\tau_3 \dot{\boldsymbol{x}}_{3d} + \boldsymbol{x}_{3d} = \boldsymbol{x}_{3c}, \quad \boldsymbol{x}_{3d}(\boldsymbol{0}) = \boldsymbol{x}_{3c}(\boldsymbol{0}), \quad \tau_3 > 0 \tag{3.55}$$

步骤 2　定义动态面 3 为 $\boldsymbol{s}_3 = \boldsymbol{x}_3 - \boldsymbol{x}_{3d}$，并进行求导，可得

$$\dot{\boldsymbol{s}}_3 = \dot{\boldsymbol{x}}_3 - \dot{\boldsymbol{x}}_{3d} = \boldsymbol{x}_4 - \dot{\boldsymbol{x}}_{3d} \tag{3.56}$$

采用指数趋近律，设计虚拟控制量 $\boldsymbol{x}_{4c}$，使 $\boldsymbol{s}_3 \to \boldsymbol{0}$：

$$\boldsymbol{x}_{4c} = \dot{\boldsymbol{x}}_{3d} - \boldsymbol{k}_3 \mathrm{sign}(\boldsymbol{s}_3) - \boldsymbol{c}_3 \boldsymbol{s}_3 \tag{3.57}$$

式中，$\boldsymbol{k}_3 = \mathrm{diag}(k_{3_1}, k_{3_2})$，$k_{3_j} \geqslant 0 (j=1,2)$；$\boldsymbol{c}_3 = \mathrm{diag}(c_{3_1}, c_{3_2})$，$c_{3_j} > 0 (j=1,2)$。为了避免对 $\boldsymbol{x}_{4c}$ 直接进行微分，将 $\boldsymbol{x}_{4c}$ 通过具有时间常数 τ_4 的一阶滤波器得到 $\boldsymbol{x}_{4d}$：

$$\tau_4 \dot{\boldsymbol{x}}_{4d} + \boldsymbol{x}_{4d} = \boldsymbol{x}_{4c}, \quad \boldsymbol{x}_{4d}(\boldsymbol{0}) = \boldsymbol{x}_{4c}(\boldsymbol{0}), \quad \tau_4 > 0 \tag{3.58}$$

步骤 3　定义动态面 4 为 $\boldsymbol{s}_4 = \boldsymbol{x}_4 - \boldsymbol{x}_{4d}$，并进行求导，可得

$$\dot{\boldsymbol{s}}_4 = \boldsymbol{f}_4 + \boldsymbol{b}\boldsymbol{u} + \boldsymbol{d}_4 - \dot{\boldsymbol{x}}_{4d} \tag{3.59}$$

采用指数趋近律，设计控制量 $\boldsymbol{u}$，使 $\boldsymbol{s}_4 \to \boldsymbol{0}$：

$$\boldsymbol{u} = -\boldsymbol{b}^{-1}[\boldsymbol{f}_4 + \boldsymbol{z}_{d_4} - \dot{\boldsymbol{x}}_{4d} + \boldsymbol{k}_4 \mathrm{sign}(\boldsymbol{s}_4) + \boldsymbol{c}_4 \boldsymbol{s}_4] \tag{3.60}$$

式中，$\boldsymbol{k}_4 = \mathrm{diag}(k_{4_1}, k_{4_2})$，$|e_{z41_j}| \leqslant k_{4_j}$，$\boldsymbol{c}_4 = \mathrm{diag}(c_{4_1}, c_{4_2})$，$c_{4_j} > 0 (j=1,2)$。至此，AIGC 通道耦合设计完毕，总结如下：

设计方法 3.3　由 ESO(3.45)、(3.47)，NTSM(3.48)、(3.51)，以及 BDSSM(3.55)、(3.57)、(3.58)、(3.60)等组成。为了便于后面的叙述，现将设计方法 3.3 简记为 BADSSM(block adaptive dynamic surface sliding mode)方法，其结构原理如图 3.5 所示。

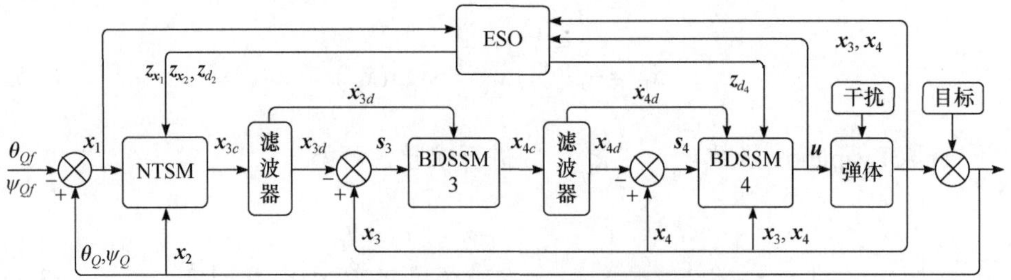

图 3.5　设计方法 3.3 的结构原理

注　BADSSM 方法中的 $k_{i_j} (i=2,3,4; j=1,2)$ 为滑模切换项增益，与之相对应的符号函数共同组成滑模切换项，作用是抑制不确定干扰并保证系统快速稳定，而 $|x_{2_j}|^{(2-\phi_j)}/(\beta_j \phi_j)$ 虽然也带有符号项，但它仅是由 NTSM 引入的附加切换项。

2. 稳定性分析

定义虚拟控制量 $\boldsymbol{x}_{ic}(i=3,4)$ 的跟踪误差为 $\boldsymbol{y}_i=\boldsymbol{x}_{id}-\boldsymbol{x}_{ic}$，通过求导可得

$$\dot{\boldsymbol{x}}_{id}=-\tau_i^{-1}\boldsymbol{y}_i \tag{3.61}$$

经过进一步推导，可得

$$\dot{\boldsymbol{y}}_i=-\tau_i^{-1}\boldsymbol{y}_i-\dot{\boldsymbol{x}}_{ic} \tag{3.62}$$

由文献[168]可知，存在正实数 $M_{i_j}(i=3,4;j=1,2)$ 使 $\dot{x}_{ic_j}\leqslant M_{i_j}$ 成立，经过推导可得

$$\boldsymbol{x}_i=\boldsymbol{s}_i+\boldsymbol{y}_i+\boldsymbol{x}_{ic} \tag{3.63}$$

选取全系统 Lyapunov 函数 V 为

$$V=\frac{1}{2}\sum_{i=2}^{4}\boldsymbol{s}_i^{\mathrm{T}}\boldsymbol{s}_i+\frac{1}{2}\sum_{i=3}^{4}\boldsymbol{y}_i^{\mathrm{T}}\boldsymbol{y}_i \tag{3.64}$$

定理 3.6　对于系统(2.68)，采用设计方法 3.3，通过选择合适的参数能使闭环系统一致最终有界，并且能够迅速稳定地收敛至平衡点附近充分小的邻域内。

证明　对式(3.64)进行求导，可得

$$\begin{aligned}
\dot{V}&=\sum_{j=1}^{2}\left(\sum_{i=2}^{4}s_{i_j}\dot{s}_{i_j}+\sum_{i=3}^{4}y_{i_j}\dot{y}_{i_j}\right)\\
&=\sum_{j=1}^{2}\Bigg\{s_{2_j}\{x_{2_j}+\beta_j\phi_j\,|\,x_{2_j}\,|^{(\phi_j-1)}[f_{2_j}+a_{2_j}(s_{3_j}+y_{3_j}+x_{3c_j})+d_{2_j}]\}\\
&\quad+s_{3_j}(s_{4_j}+y_{4_j}+x_{4c_j}-\dot{x}_{3d_j})+s_{4_j}(f_{4_j}+b_ju_j+d_{4_j}-\dot{x}_{4d_j})\\
&\quad+\sum_{i=3}^{4}y_{i_j}(-\dot{x}_{ic_j}-\tau_i^{-1}y_{i_j})\Bigg\}\\
&\leqslant\sum_{j=1}^{2}\Bigg\{\beta_j\phi_j\,|\,x_{2_j}\,|^{(\phi_j-1)}\,a_{2_j}s_{2_j}(s_{3_j}+y_{3_j})\\
&\quad+\beta_j\phi_j\,|\,x_{2_j}\,|^{(\phi_j-1)}\,s_{2_j}\left[d_{2_j}-z_{d_{2_j}}-k_{2_j}\operatorname{sign}(s_{2_j})-\frac{|\dot{R}|}{R}c_{2_j}s_{2_j}\right]\\
&\quad+s_{3_j}(s_{4_j}+y_{4_j})+s_{3_j}[-k_{3_j}\operatorname{sign}(s_{3_j})-c_{3_j}s_{3_j}]\\
&\quad+s_{4_j}[d_{4_j}-z_{d_{4_j}}-k_{4_j}\operatorname{sign}(s_{2_j})-c_{4_j}s_{4_j}]+\sum_{i=3}^{4}y_{i_j}(M_{i_j}-\tau_i^{-1}y_{i_j})\Bigg\}\\
&\leqslant\sum_{j=1}^{2}\Bigg[\beta_j\phi_j\,|\,x_{2_j}\,|^{(\phi_j-1)}\,a_{2_j}\left(s_{2_j}^2+\frac{s_{3_j}^2}{2}+\frac{y_{3_j}^2}{2}\right)-\beta_j\phi_j\,|\,x_{2_j}\,|^{(\phi_j-1)}\,\frac{|\dot{R}|}{R}c_{2_j}s_{2_j}^2
\end{aligned}$$

$$
\begin{aligned}
&+\left(s_{3_j}^2+\frac{s_{4_j}^2}{2}+\frac{y_{4_j}^2}{2}\right)-c_{3_j}s_{3_j}^2-c_{4_j}s_{4_j}^2+\sum_{i=3}^{4}\left(\frac{M_{i_j}^2}{\rho^2}-\tau_i^{-1}\right)y_{i_j}^2\Bigg]+\rho^2 \\
&\leqslant\sum_{j=1}^{2}\Bigg\{\underbrace{-\beta_j\phi_j\,|x_{2_j}|^{(\phi_j-1)}\left(\frac{|\dot{R}|}{R}c_{2_j}-a_{2_j}\right)}_{m_{1_j}}s_{2_j}^2 \\
&-\underbrace{\left[c_{3_j}-1-\frac{\beta_j\phi_j\,|x_{2_j}|^{(\phi_j-1)}}{2}a_{2_j}\right]}_{m_{2_j}}s_{3_j}^2-\underbrace{\left(c_{4_j}-\frac{1}{2}\right)}_{m_{3_j}}s_{4_j}^2 \\
&-\underbrace{\left[\tau_{3_j}^{-1}-\frac{M_{3_j}^2}{\rho^2}-\frac{\beta_j\phi_j\,|x_{2_j}|^{(\phi_j-1)}}{2}a_{2_j}\right]}_{m_{4_j}}y_{3_j}^2-\underbrace{\left(\tau_4^{-1}-\frac{M_{4_j}^2}{\rho^2}-\frac{1}{2}\right)}_{m_{5_j}}y_{4_j}^2\Bigg\}+\underbrace{\rho^2}_{\varpi}
\end{aligned}
\tag{3.65}
$$

为了保证系统稳定，在选取参数时需要满足以下条件：

$$
\begin{cases}
c_{2_j}\geqslant\dfrac{R}{|\dot{R}|}a_{2_j},\ c_{3_j}\geqslant\dfrac{\beta_j\phi_j\,|x_{2_j}|^{(\phi_j-1)}}{2}a_{2_j}+1,\ c_{4_j}\geqslant\dfrac{1}{2} \\
\tau_3^{-1}\geqslant\dfrac{M_{3_j}^2}{\rho^2}+\dfrac{\beta_j\phi_j\,|x_{2_j}|^{(\phi_j-1)}}{2}a_{2_j},\ \tau_4^{-1}\geqslant\dfrac{M_{4_j}^2}{\rho^2}+\dfrac{1}{2}
\end{cases},\quad j=1,2
\tag{3.66}
$$

取正常数$\varepsilon=\min\{m_{i_j},i=1,2,\cdots,5;j=1,2\}$，则式(3.65)可以进一步化简为

$$
\dot{V}\leqslant-2\varepsilon V+\varpi
\tag{3.67}
$$

当$V=\Theta$且$\varpi/(2\Theta)<\varepsilon$时，有$\dot{V}<0$成立，这代表$V\leqslant\Theta$时$V$是一个不变集，如果$V(t_s)\leqslant\Theta$，那么对$t_s$之后的时刻$t$，都有$V(t)\leqslant\Theta$成立。将不等式的两端同时积分，再结合引理3.2与比较原理，经过进一步推导，可得

$$
0\leqslant V(t)\leqslant V(0)\mathrm{e}^{-2\varepsilon t}+(1-\mathrm{e}^{-2\varepsilon t})\frac{\varpi}{2\varepsilon}
\tag{3.68}
$$

则闭环系统一致最终有界，并且它的界为$\varpi/(2\varepsilon)$，通过选择合适的参数，即取ρ足够小使得ϖ充分小，取c_{i_j}足够大、τ_i足够小使ε充分大，那么V就能够稳定地收敛至平衡点附近充分小的邻域内。

根据式(3.68)可知，V呈指数型收敛，可以通过选取c_{i_j}等参数为较大的合适

值，来调节衰减系数 ε 以加快收敛速度，从而保证系统能够在有限时间内迅速收敛。证毕。

尽管式(3.66)给出了保证系统稳定性的参数选取范围，但由于受到多方面因素的约束，例如，在提高系统收敛速度的同时，需用过载往往容易超过可用过载，所以给出设计参数的具体定量选择标准是比较困难的，目前常采用的方法是综合考虑设计方法与实际物理环境，再通过大量的数学仿真来进行定量选择。

注　为了便于定理 3.6 的推导证明，V 并未包含 ESO(3.45)、(3.47)的观测误差 $\boldsymbol{e}_{z2i}(i=1,2,3)$、$\boldsymbol{e}_{z4i}(i=1,2)$，但结合定理 3.4 可知，当 V 涵盖这些观测误差时，定理 3.6 同样成立。

3.2.3　仿真结果与分析

本节的主要目的是在目标做圆弧机动的工况下，通过数学仿真与半实物仿真对 BADSSM 方法进行分析和验证，用以表明设计方法的可行性与有效性。BADSSM 方法仿真环境参数、BADSSM 方法参数分别如表 3.5、表 3.6 所示。

表 3.5　BADSSM 方法仿真环境参数

参数	数值	参数	数值
$x_{P_0 0}$ /m	0	ψ_{Qf} /(°)	0
$y_{P_0 0}$ /m	4000	$x_{T_0 0}$ /m	3000
$z_{P_0 0}$ /m	0	$y_{T_0 0}$ /m	0
θ_{P0} /(°)	0	$z_{T_0 0}$ /m	−100
ψ_{P0} /(°)	0	θ_{T0} /(°)	0
v_P /(m/s)	357	ψ_{T0} /(°)	−10
ξ_{θ_P}	1	v_T /(m/s)	30
ω_{θ_P}	0.5	ξ_{ψ_P}	1
τ_{Ty_8}	0.01	ω_{ψ_P}	0.5
τ_{Tz_8}	0.01	d_{θ_P} /s^{-2}	sin$t$
θ_{Qf} /(°)	−70	d_{ψ_P} /s^{-2}	cos$t$

注：根据在 2.4.2 节中建立的设计模型可知，$d_{a_{Py}}$、$d_{a_{Pz}}$、d_{θ_Q}、d_{θ_T} 是由其他已定义变量构成的，因此仅需要给出 d_{θ_P}、d_{ψ_P} 的数值，以便于定量分析干扰项 $\boldsymbol{d}_i(i=2,4)$。

表 3.6　BADSSM 方法参数

参数	数值	参数	数值
β_1	10	β_2	10
ϕ_1	1.5	ϕ_2	1.5
k_{2_1}	0.1	k_{2_2}	0.1
c_{2_1}	1	c_{2_2}	1
k_{3_1}	1	k_{3_2}	1
c_{3_1}	1	c_{3_2}	1
k_{4_1}	1	k_{4_2}	1
c_{4_1}	1	c_{4_2}	1
τ_3	1	τ_4	1

ESO(3.45)、(3.47)的参数取值可参照 ESO(3.4)、(3.14)。

为了体现 BADSSM 方法的优越性，引入文献[97]提出的 DSGESO(dynamic surface guidance extended state observer)设计方法作为对比，它将自动驾驶仪动态特性视为一阶环节，其控制量形式为

$$\begin{cases} u_1 = \dfrac{\tau}{\tau_{3_1}}(k_{2_1}R - \dot{R})\dot{\theta}_Q + (1 - k_{3_1}\tau)a_{Py_2} \\ \qquad - \dfrac{\tau R}{\tau_{3_1}}\dot{\psi}_Q^2 \sin\theta_Q \cos\theta_Q + \dfrac{\tau}{\tau_{3_1}}\hat{a}_{Ty_8} + g\cos\theta_P \\ u_2 = \dfrac{\tau}{\tau_{3_2}}(-k_{2_2}R + \dot{R})\dot{\psi}_Q \cos\theta_Q + (1 - k_{3_2}\tau)a_{Pz_2} \\ \qquad - \dfrac{\tau R}{\tau_{3_2}}\dot{\theta}_Q\dot{\psi}_Q \sin\theta_Q + \dfrac{\tau}{\tau_{3_2}}\hat{a}_{Tz_8} \end{cases} \tag{3.69}$$

为了体现 BADSSM 方法能够使系统满足 $\dot{\theta}_Q$、$\dot{\psi}_Q$ 测量受限的约束，在式(3.48)、式(3.51)中均使用 z_{x_2} 信息。针对由滑模切换项诱发的控制量高频抖振，在进行仿真时通常采用连续饱和函数 $\mathrm{sat}(\cdot)$ 代替其中的符号函数。设定目标做圆弧机动的加速度控制指令为

$$\begin{cases} a_{Ty_8}^c = 3\ (\mathrm{m/s^2}) \\ a_{Tz_8}^c = 2\ (\mathrm{m/s^2}) \end{cases} \tag{3.70}$$

BADSSM 方法目标做圆弧机动工况的仿真结果与仿真曲线分别如表 3.7 和图 3.6 所示。为了便于叙述，将 BADSSM 方法进行半实物仿真得到的仿真结果简记为 BADSSM-H。

表 3.7　BADSSM 方法在目标做圆弧机动工况下的仿真结果

方法	脱靶量/m	命中时间/s	θ_{Qf} 误差/(°)	ψ_{Qf} 误差/(°)
BADSSM	0.241	14.590	0.031	0.028
BADSSM-H	0.246	14.600	0.032	0.028
DSGESO	0.413	14.720	0.045	0.042

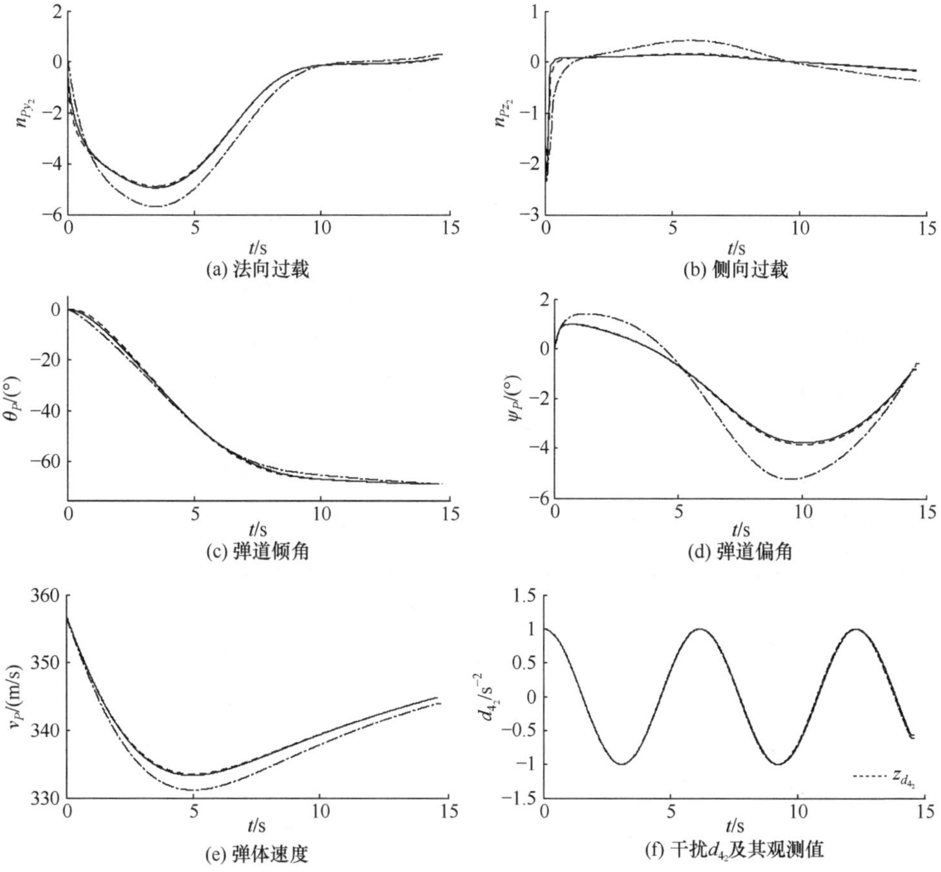

(a) 法向过载　(b) 侧向过载

(c) 弹道倾角　(d) 弹道偏角

(e) 弹体速度　(f) 干扰d_{4_2}及其观测值

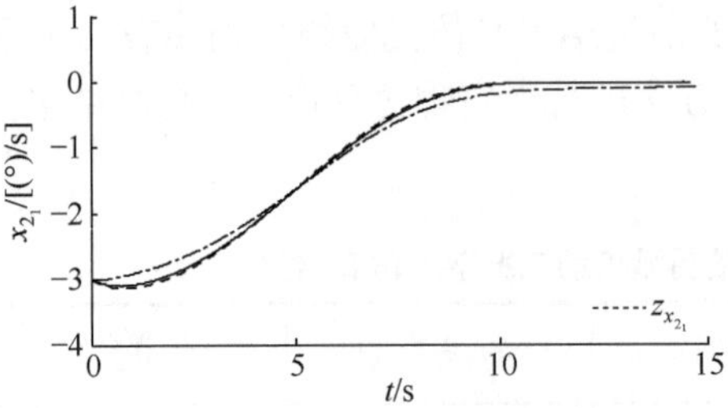

(g) 视线倾角速度及其观测值

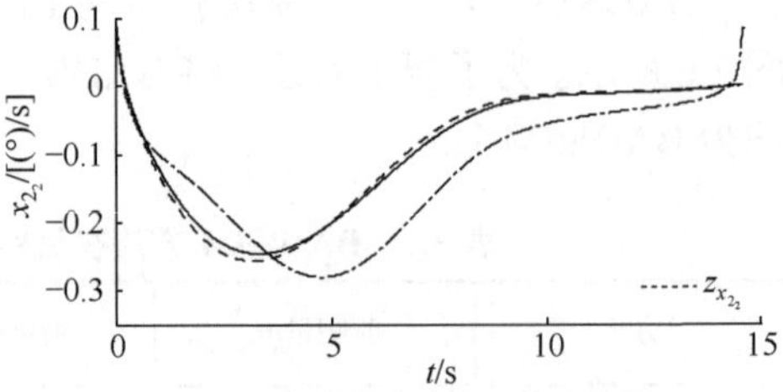

(h) 视线偏角速度及其观测值

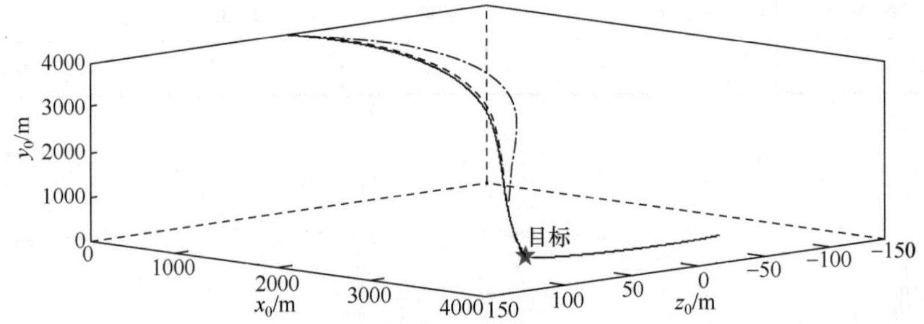

(i) 弹体运动轨迹

—— BADSSM　- - - - BADSSM-H　—·— DSGESO

图 3.6　BADSSM 方法在目标做圆弧机动工况下的仿真曲线

从图 3.6(a)和(b)中可知 n_{Py_2} 与 n_{Pz_2} 的变化情况，由于 BADSSM 方法充分考虑了通道耦合作用，并采用了 ESO 与连续饱和函数等措施，有效地削弱了不确定干扰与控制量高频抖振的负面影响，而且其过载峰值相对于 DSGESO 方法较小，变化趋势也较为平滑，并能够以较快的速度稳定收敛。

图 3.6(c)和(d)分别展示了 θ_P 与 ψ_P 的仿真曲线，弹体姿态在末制导过程中是平滑连续的，这十分有利于弹体的稳定飞行。与 DSGESO 方法相比，BADSSM 方法的优势体现为，在完成同样作战任务的工况下，姿态变化范围更小。

弹体速度的变化曲线在图 3.6(e)中描绘，整个末制导过程中弹体速度的变化是连续的，并没有发生突变的情况，BADSSM 方法的控制品质优于 DSGESO 方法。

图 3.6(f)为干扰项 d_{4_2} 及其观测值的变化情况，表明 ESO 具有良好的观测性与鲁棒性，能够补偿不确定干扰与视线角速度测量受限对制导性能的影响，为精确命中圆弧机动目标提供了重要信息，也降低了弹载传感器的硬件设计要求。

$\dot{\theta}_Q$、$\dot{\psi}_Q$ 及其观测值的变化趋势分别如图 3.6(g)和(h)所示，在 BADSSM 方法的调控下，ESO 能够快速而准确地对 $\dot{\theta}_Q$ 与 $\dot{\psi}_Q$ 进行观测，观测误差与状态变量 $\boldsymbol{x}_1$、$\boldsymbol{x}_2$ 自 10s 后能够稳定地收敛，说明所设计的 NTSM 方法是有限时间收敛的。

弹体运动轨迹在图 3.6(i)中展示，两种方法均可用于舰炮制导炮弹攻击圆弧机动目标的末制导段，结合表 3.7 可知，由于 BADSSM 方法不仅削弱了滑模切换项高频、补偿了不确定干扰，还充分地开发了通道耦合因素，从而相对于 DSGESO 方法能够进一步地优化脱靶量与命中时间等重要指标，更加有利于弹体在末制导过程中进行精细调节。

为了进一步考察 BADSSM 方法的鲁棒性，在上述工况中，调整干扰项数值进行数学仿真。由于 $d_{a_{Py}}$、$d_{a_{Pz}}$、d_{θ_Q}、d_{ψ_Q}、d_{θ_T}、d_{ψ_T} 是由其他变量决定的，可供调整的干扰项仅有自动驾驶仪的建模误差 d_{θ_P}、d_{ψ_P}，得到的仿真结果与仿真曲线分别如表 3.8 和图 3.7 所示。

表 3.8　BADSSM 方法在自动驾驶仪不同建模误差条件下攻击圆弧机动目标的仿真结果

序号	d_{θ_P} /s^{-2}	d_{ψ_P} /s^{-2}	脱靶量/m	命中时间/s	θ_{Qf} 误差/(°)	ψ_{Qf} 误差/(°)
①	cos$t$	sin$t$	0.241	14.59	0.031	0.028
②	sin(2t)	cos(2t)	0.273	14.63	0.042	0.035
③	2sin(2t)	2cos(2t)	0.285	14.64	0.041	0.037
④	sign(cos$t$)	sign(sin$t$)	0.272	14.63	0.043	0.039
⑤	sign[sin(2t)]	sign[cos(2t)]	0.316	14.67	0.050	0.042
⑥	2sign[sin(2t)]	2sign[cos(2t)]	0.324	14.68	0.052	0.048

通过分析可知，在自动驾驶仪具有不同建模误差的条件下，BADSSM 方法均能够精确地命中圆弧机动目标，而且终端视线角跟踪误差能够在有限时间内收敛至零点附近充分小的邻域内，表明 BADSSM 方法具有良好的鲁棒性。此外，从①工况设定值的仿真结果可以看出，正弦形式与余弦形式的建模误差对 BADSSM 方法制导性能的影响相近，就①、②、③或者④、⑤、⑥的仿真结果而言，干扰信号的频率特性对系统产生的影响比幅值特性更大，根据①与④能够分析出，在

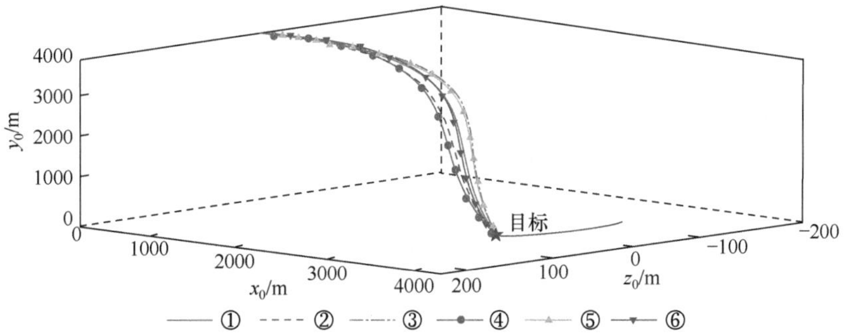

图 3.7　BADSSM 方法在自动驾驶仪不同建模误差条件下攻击圆弧机动目标的仿真曲线

幅频特性相同的情况下，相较于三角函数形式的干扰信号，施加方波干扰信号使得脱靶量等指标参量增大，表明此工况更为严苛。

3.3　本 章 小 结

本章主要在攻击角与视线角速度测量受限的约束下，对 AIGC 的通道独立设计方法与通道耦合设计方法展开了研究。通过零化弹目相对法向速度，将攻击角约束转换为视线角约束。设计 ESO 使得视线角速度与不确定干扰的观测误差迅速稳定地收敛至平衡点附近充分小的邻域内。为了保证终端视线角跟踪误差与视线角速度能够在有限时间内收敛至零，结合弹目距离、接近速度设计了具有自适应趋近律的非奇异终端滑模。分别基于块动态面滑模提出了 AIGC 的通道独立设计方法与通道耦合设计方法，成功地避免了运用反步法时产生的微分膨胀，并且对块严反馈串级高阶非线性系统进行了有效镇定。运用 Lyapunov 理论证明了系统一致最终有界，通过数学仿真与半实物仿真的分析验证，所提设计方法在打击固定目标与机动目标时均具备良好的末制导性能，同时能够满足终端角度与视线角速度测量受限等多项约束，为后续研究考虑多约束 IGC 设计方法奠定了坚实的理论基础。

第 4 章　考虑多约束的导引控制一体化通道独立设计方法

IGC 突破了先分离后整合的常规设计思路，相对于 AIGC 更进一步地运用了导引与控制系统之间的耦合关系，从而能够提升制导性能。IGC 通道独立设计模型已在第 2 章中建立，它在本质上是具有匹配与非匹配不确定性以及串级严反馈形式的高阶非线性系统，适合运用动态面滑模进行方法设计。

在第 3 章研究攻击角约束、视线角速度测量受限的基础上，本章还需要考虑舵机控制受限的条件，为此，引入自适应 Nussbaum 增益函数，以期能够妥善地处理饱和非线性问题，并在保证系统一致最终有界的前提下使终端视线角跟踪误差、视线角速度在有限时间内收敛至零。滑模切换项的增益固定且需要满足一定条件，容易导致控制量产生高频抖振，为了在削弱高频抖振的同时使系统仍然保持一致最终有界,需要引入具有万能逼近性的自适应模糊系统来替代滑模切换项,运用动态面滑模及其导数信息设计模糊参数向量的自适应律。通过数学仿真与半实物仿真对本章所提设计方法的有效性与可行性进行测试验证。进而，在 IGC 通道独立设计的严反馈串级系统中，将舵机环节考虑为更加符合实际工况的含齿隙双惯量子系统，初步探究舵机齿隙对 IGC 通道独立设计的影响。

4.1　通道独立的动态面滑模与自适应 Nussbaum 增益设计方法

4.1.1　问题描述

考虑到攻击角约束已经等价转换为终端视线角约束,再结合 2.5.1 节中已经建立的 IGC 通道独立设计模型，将 IGC 俯仰通道独立设计系统(2.76)的状态变量 x_{1_1} 更新为 $(\theta_Q - \theta_{Qf})$，将 IGC 偏航通道独立设计系统(2.82)的状态变量 x_{1_2} 更新为 $(\psi_Q - \psi_{Qf})$，系统其余的状态变量、输入变量、输出变量形式保持不变。

由于连续饱和函数 $\mathrm{sat}_m(\delta_{zeq})$ 不可微，为了便于 IGC 通道的独立设计，现引入一种连续可微的双曲正切函数 $g(\delta_{zeq})$ 及其导函数 $\dot{g}(\delta_{zeq})$ 来描述舵机偏转饱和：

$$
g(\delta_{zeq}) = \delta_{\max} \frac{e^{\frac{\delta_{zeq}}{\delta_{\max}}} - e^{-\frac{\delta_{zeq}}{\delta_{\max}}}}{e^{\frac{\delta_{zeq}}{\delta_{\max}}} + e^{-\frac{\delta_{zeq}}{\delta_{\max}}}}
$$

$$
\dot{g}(\delta_{zeq}) = \frac{4}{\left(e^{\frac{\delta_{zeq}}{\delta_{\max}}} + e^{-\frac{\delta_{zeq}}{\delta_{\max}}}\right)^2} \tag{4.1}
$$

此时，IGC 通道独立设计系统的严反馈状态空间可以更新为

$$
\begin{cases}
\dot{x}_{1_j} = x_{2_j} \\
\dot{x}_{2_j} = f_{2_j} + a_{2_j} x_{3_j} + d_{2_j} \\
\dot{x}_{3_j} = f_{3_j} + x_{4_j} + d_{3_j} \\
\dot{x}_{4_j} = f_{4_j} + a_{4_j} g(x_{5_j}) + d_{4_j} \\
\dot{x}_{5_j} = f_{5_j} + b_j u_j + d_{5_j}
\end{cases} \tag{4.2}
$$

式中，$d_{4_j} = d_{40_j} + a_{4_j}[\mathrm{sat}_m(x_{5_j}) - g_j(x_{5_j})]$。需要说明的是，当 $j=1$ 时，式(4.2)表示俯仰通道；当 $j=2$ 时，式(4.2)表示偏航通道。为了便于推导，将 $g(x_{5_j})$、$\dot{g}(x_{5_j})$ 分别简记为 g_j、$\dot{g}_j$，并进行合理假设如下。

假设 4.1　干扰项 $d_{i_j}\ (i=2,3,4,5;\ j=1,2)$ 未知有界，且其导数项 $\dot{d}_{i_j}$ 有界，总存在正常数 D_{i_j}、$\bar{D}_{i_j}$ 分别使得不等式 $|d_{i_j}| \leqslant D_{i_j}$、$|\dot{d}_{i_j}| \leqslant \bar{D}_{i_j}$ 始终成立。

注　根据 d_{4_j} 的定义可知，它在定义域上不存在断续的点，属于连续函数，当 $x_{5_j} = \pm\delta_{\max}$ 时，d_{4_j} 的左导数与右导数不相等，导致其在这两点不可导，但 d_{4_j} 在除这两点外的定义域上均可导，而且导数显然是有界的。

4.1.2　俯仰通道设计方法与稳定性分析

设计方法的目的是针对 IGC 俯仰通道独立设计系统(4.2)，在状态变量 x_{1_1} 受约束、x_{2_1} 测量受限、x_{5_1} 控制饱和受限、干扰项 $d_{i_1}\ (i=2,3,4,5)$ 未知有界的情况下，产生合适的控制量 u_1，使系统状态 x_{1_1}、x_{2_1} 在有限时间内收敛至零，保证闭环系统一致最终有界，并且能够迅速稳定地收敛至平衡点附近充分小的邻域内。

设计方法主要由 ESO、NTSM、DSSM 与自适应 Nussbaum 函数等部分构成，现在分别对它们展开设计，随后对闭环系统的稳定性进行分析。

1. 设计方法

1) ESO 设计

为了降低不确定干扰 d_{2_1} 对系统的影响，并向设计方法提供必要的视线倾角速度信息 $\dot{\theta}_Q$，需要设计 ESO 对其进行迅速而准确的观测。定义观测变量为 $z_{x_{1_1}}$、$z_{x_{2_1}}$、$z_{d_{2_1}}$，观测误差为 $e_{z21_1}=z_{x_{1_1}}-x_{1_1}$、$e_{z22_1}=z_{x_{2_1}}-x_{2_1}$、$e_{z23_1}=z_{d_{2_1}}-d_{2_1}$，设计三阶 ESO 为

$$\begin{cases}\dot{z}_{x_{1_1}}=z_{x_{2_1}}-\mu_{21_1}e_{z21_1}\\ \dot{z}_{x_{2_1}}=-\dfrac{2\dot{R}}{R}z_{x_{2_1}}+\dfrac{g\cos\theta_P}{R}+a_{2_1}x_{3_1}+z_{d_{2_1}}-\mu_{22_1}\text{fal}(e_{z21_1},\sigma_{21_1},\eta_{21_1})\\ \dot{z}_{d_{2_1}}=-\mu_{23_1}\text{fal}(e_{z21_1},\sigma_{22_1},\eta_{22_1})\end{cases}\tag{4.3}$$

式中，$\mu_{2i_1}>0(i=1,2,3)$，$0<\sigma_{2i_1}<1\,(i=1,2)$，$0<\eta_{2i_1}<1\,(i=1,2)$，非线性函数形式同理于式(3.4)。由定理 3.1 可知，对于给定的 $0<\eta_{2i_1}<1$，通过选择合适的参数 μ_{2i_1}、σ_{2i_1} 满足如下不等式组，能使 ESO(4.3)的观测误差 $e_{z2i_1}(i=1,2,3)$ 一致最终有界，并且能够迅速稳定地收敛至平衡点附近充分小的邻域内。

$$0<\sigma_{22_1}<\sigma_{21_1}<1,\quad 0<\mu_{21_1}<\mu_{22_1}<\mu_{23_1},\quad \mu_{23_1}<\mu_{21_1}\mu_{22_1}\eta_{21_1}^{(\sigma_{21_1}-\sigma_{22_1})}\tag{4.4}$$

同理，为了迅速而准确地观测干扰项 $d_{i_1}(i=3,4,5)$，定义观测变量分别为 $z_{x_{i_1}}$、$z_{d_{i_1}}$，观测误差为 $e_{zi1_1}=z_{x_{i_1}}-x_{i_1}$、$e_{zi2_1}=z_{d_{i_1}}-d_{i_1}(i=3,4,5)$，设计二阶 ESO 为

$$\begin{cases}\dot{z}_{x_{3_1}}=f_{3_1}+x_{4_1}+z_{d_{3_1}}-\mu_{31_1}e_{z31_1}\\ \dot{z}_{x_{4_1}}=f_{4_1}+a_{4_1}g(x_{5_1})+z_{d_{4_1}}-\mu_{41_1}e_{z41_1}\\ \dot{z}_{x_{5_1}}=f_{5_1}+b_1u_1+z_{d_{5_1}}-\mu_{51_1}e_{z51_1}\\ \dot{z}_{d_{i_1}}=-\mu_{i2_1}\text{fal}(e_{zi1_1},\sigma_{i_1},\eta_{i_1}),\quad i=3,4,5\end{cases}\tag{4.5}$$

式中，各参数的取值、函数形式以及稳定性分析参照 ESO(4.3)。

2) NTSM 设计

同理于设计方法 3.1，设计 NTSM 与虚拟控制量 x_{3c_1} 分别为

$$s_{2_1}=x_{1_1}+\beta_1|x_{2_1}|^{\phi_1}\text{sign}(x_{2_1}),\quad \beta_1>0,\quad 1<\phi_1<2\tag{4.6}$$

$$x_{3c_1}=-a_{2_1}^{-1}\left[\frac{|x_{2_1}|^{(2-\phi_1)}}{\beta_1\phi_1}\text{sign}(x_{2_1})+f_{2_1}+z_{d_{2_1}}+k_{2_1}\text{sign}(s_{2_1})+\frac{|\dot{R}|}{R}c_{2_1}s_{2_1}\right]\tag{4.7}$$

式中，$|e_{z21_1}|\leqslant k_{2_1}$，$c_{2_1}>0$。结合上述设计，并参照定理 3.2 可以推导出如下定理：

定理 4.1 针对由系统(4.2)前两个等式构成的子系统，采用 ESO(4.3)与 NTSM(4.6)、(4.7)，通过选择合适的参数，能使系统状态 x_{1_1}、x_{2_1} 在有限时间内收敛至零。

3) DSSM 设计

系统(4.2)属于高阶非线性系统，为了对其进行简易而有效的镇定，需要运用 DSSM 进行设计,同时能够避免求解虚拟控制量高阶导数而产生的微分膨胀问题。

设计动态面滑模 3～5 分别为

$$s_{3_1}=x_{3_1}-x_{3d_1},\quad s_{4_1}=x_{4_1}-x_{4d_1},\quad s_{5_1}=g_1-g_{d_1} \tag{4.8}$$

式中，x_{3d_1}、x_{4d_1}、g_{d_1} 分别为虚拟控制量 x_{3c_1}、x_{4c_1}、g_{c_1} 的滤波值，设计 x_{4c_1}、g_{c_1} 分别为

$$x_{4c_1}=-[f_{3_1}+z_{d_{3_1}}-\dot{x}_{3d_1}+k_{3_1}\operatorname{sign}(s_{3_1})+c_{3_1}s_{3_1}],\ |e_{z31_1}|\leqslant k_{3_1},\ c_{3_1}>0 \tag{4.9}$$

$$g_{c_1}=-a_{4_1}^{-1}[f_{4_1}+z_{d_{4_1}}-\dot{x}_{4d_1}+k_{4_1}\operatorname{sign}(s_{4_1})+c_{4_1}s_{4_1}],\ |e_{z41_1}|\leqslant k_{4_1},\ c_{4_1}>0 \tag{4.10}$$

为了避免对虚拟控制量 x_{3c_1}、x_{4c_1}、g_{c_1} 直接求导，设计一阶滤波器为

$$\begin{cases}\tau_3\dot{x}_{3d_1}+x_{3d_1}=x_{3c_1},\quad x_{3d_1}(0)=x_{3c_1}(0),\quad \tau_3>0\\ \tau_4\dot{x}_{4d_1}+x_{4d_1}=x_{4c_1},\quad x_{4d_1}(0)=x_{4c_1}(0),\quad \tau_4>0\\ \tau_g\dot{g}_{d_1}+g_{d_1}=g_{c_1},\quad g_{d_1}(0)=g_{c_1}(0),\quad \tau_g>0\end{cases} \tag{4.11}$$

定义 4.1[169] 若连续函数 $N(\chi)$ 满足以下性质：

$$\lim_{t\to\infty}\sup\frac{1}{t}\int_0^t N(\chi)\,\mathrm{d}\chi=\infty$$

$$\lim_{t\to\infty}\inf\frac{1}{t}\int_0^t N(\chi)\,\mathrm{d}\chi=-\infty$$

则 $N(\chi)$ 为 Nussbaum 函数。

为了有效地处理由舵机偏转饱和导致的控制受限问题，需要设计控制量为

$$\overline{u}_1=-\dot{g}_1 f_{5_1}+\dot{g}_{d_1}-k_{5_1}\operatorname{sign}(s_{5_1})-c_{5_1}s_{5_1} \tag{4.12}$$

$$u_1=b_1^{-1}[N_1(\chi_1)\overline{u}_1-z_{d_{5_1}}] \tag{4.13}$$

式中，$|\dot{g}_1||e_{z51_1}|\leqslant k_{5_1}$，$c_{5_1}>0$。

选取 Nussbaum 函数，并设计其参数的自适应律为

$$N_1(\chi_1)=\mathrm{e}^{\chi_1^2}\cos\chi_1,\ \dot{\chi}_1=\gamma_{\chi_1}\overline{u}_1 s_{5_1},\ \gamma_{\chi_1}>0 \tag{4.14}$$

至此，IGC 俯仰通道独立设计完毕，总结如下。

设计方法 4.1　由 ESO(4.3)、(4.5)，NTSM(4.6)、(4.7)，DSSM(4.8)～(4.13)，以及自适应 Nussbaum 函数(4.14)等组成，其结构原理如图 4.1 所示。

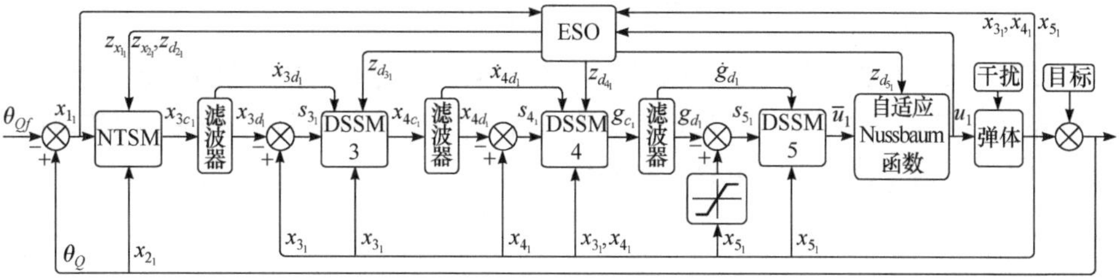

图 4.1　设计方法 4.1 的结构原理

2. 稳定性分析

引理 4.1[77]　设光滑函数 $V(t)$ 与 $\chi(t)$ 的定义域为 $[0,t_f)$，且 $V(t)\geqslant 0$，$N(\cdot)$ 为光滑的 Nussbaum 函数，若 $\forall t\in[0,t_f)$ 有以下不等式成立，则函数 $V(t)$ 与 $\chi(t)$ 在其定义域上有界：

$$V(t)\leqslant V(0)\mathrm{e}^{-Ct}+\frac{M}{C}(1-\mathrm{e}^{-Ct})+\frac{\mathrm{e}^{-Ct}}{\gamma_\chi}\int_0^t\dot{\chi}[\xi N(\chi)-1]\mathrm{e}^{C\tau}\mathrm{d}\tau \tag{4.15}$$

式中，C、M 为正常数。

定义虚拟控制量 $x_{ic_1}(i=3,4)$、g_{c_1} 的跟踪误差为

$$\begin{aligned}y_{i_1}&=x_{id_1}-x_{ic_1}\\ y_{g_1}&=g_{d_1}-g_{c_1}\end{aligned} \tag{4.16}$$

经过求导，可得

$$\begin{aligned}\dot{x}_{id_1}&=-\tau_i^{-1}y_{i_1}\\ \dot{g}_{d_1}&=-\tau_g^{-1}y_{g_1}\end{aligned} \tag{4.17}$$

通过进一步推导，可得

$$\begin{aligned}\dot{y}_{i_1}&=-\tau_i^{-1}y_{i_1}-\dot{x}_{ic_1}\\ \dot{y}_{g_1}&=-\tau_g^{-1}y_{g_1}-\dot{g}_{c_1}\end{aligned} \tag{4.18}$$

由文献[168]可知，存在正实数 M_{i_1}、M_{g_1} 使得 $\dot{x}_{ic_1}\leqslant M_{i_1}$、$\dot{g}_{c_1}\leqslant M_{g_1}$ 成立，经推导可得

$$
\begin{aligned}
x_{i_1} &= s_{i_1} + y_{i_1} + x_{ic_1} \\
g_1 &= s_{5_1} + y_{g_1} + g_{c_1}
\end{aligned} \tag{4.19}
$$

选取闭环系统 Lyapunov 函数 V_1 为

$$
V_1 = \frac{1}{2}\sum_{i=2}^{5} s_{i_1}^2 + \frac{1}{2}\sum_{i=3}^{4} y_{i_1}^2 + \frac{1}{2} y_{g_1}^2 \tag{4.20}
$$

定理 4.2 对于系统(4.2)，采用设计方法 4.1，通过选择合适的参数，能够使闭环系统一致最终有界,并且能够迅速稳定地收敛至平衡点附近充分小的邻域内。

证明 对式(4.20)进行求导，可得

$$
\begin{aligned}
\dot{V}_1 &= \sum_{i=2}^{5} s_{i_1}\dot{s}_{i_1} + \sum_{i=3}^{4} y_{i_1}\dot{y}_{i_1} + y_{g_1}\dot{y}_{g_1} \\
&= s_{2_1}\{x_{2_1} + \beta_1\phi_1 |x_{2_1}|^{(\phi_1-1)}[f_{2_1} + a_{2_1}(s_{3_1} + y_{3_1} + x_{3c_1}) + d_{2_1}]\} \\
&\quad + s_{3_1}[f_{3_1} + (s_{4_1} + y_{4_1} + x_{4c_1}) + d_{3_1} - \dot{x}_{3d_1}] + s_{4_1}[f_{4_1} + a_{4_1}(s_{5_1} + y_{g_1} + g_{c_1}) + d_{4_1} - \dot{x}_{4d_1}] \\
&\quad + s_{5_1}[\dot{g}_1(f_{5_1} + b_1 u_1 + d_{5_1}) - \dot{g}_{d_1}] + \sum_{i=3}^{4} y_{i_1}(-\dot{x}_{ic_1} - \tau_i^{-1} y_{i_1}) + y_{g_1}(-\dot{g}_{c_1} - \tau_g^{-1} y_{g_1}) \\
&\leqslant \beta_1\phi_1 |x_{2_1}|^{(\phi_1-1)} a_{2_1} s_{2_1}(s_{3_1} + y_{3_1}) + \beta_1\phi_1 |x_{2_1}|^{(\phi_1-1)} s_{2_1}\left[d_{2_1} - z_{d_{2_1}} - k_{2_1}\operatorname{sign}(s_{2_1}) - \frac{|\dot{R}|}{R} c_{2_1} s_{2_1}\right] \\
&\quad + s_{3_1}(s_{4_1} + y_{4_1}) + s_{3_1}[d_{3_1} - z_{d_{3_1}} - k_{3_1}\operatorname{sign}(s_{3_1}) - c_{3_1} s_{3_1}] \\
&\quad + a_{4_1} s_{4_1}(s_{5_1} + y_{g_1}) + s_{4_1}[d_{4_1} - z_{d_{4_1}} - k_{4_1}\operatorname{sign}(s_{4_1}) - c_{4_1} s_{4_1}] + s_{5_1}\{[\dot{g}_1 N(\chi_1) - 1]\overline{u}_1 \\
&\quad + \dot{g}_1(d_{5_1} - z_{d_{5_1}}) - k_{5_1}\operatorname{sign}(s_{5_1}) - c_{5_1} s_{5_1}\} + \sum_{i=3}^{4} y_{i_1}(M_{i_1} - \tau_i^{-1} y_{i_1}) + y_{g_1}(M_{g_1} - \tau_g^{-1} y_{g_1}) \\
&\leqslant \beta_1\phi_1 |x_{2_1}|^{(\phi_1-1)} a_{2_1}\left(s_{2_1}^2 + \frac{s_{3_1}^2}{2} + \frac{y_{3_1}^2}{2}\right) - \beta_1\phi_1 |x_{2_1}|^{(\phi_1-1)} \frac{|\dot{R}|}{R} c_{2_1} s_{2_1}^2 \\
&\quad + \left(s_{3_1}^2 + \frac{s_{4_1}^2}{2} + \frac{y_{4_1}^2}{2}\right) - c_{3_1} s_{3_1}^2 + a_{4_1}\left(s_{4_1}^2 + \frac{s_{5_1}^2}{2} + \frac{y_{g_1}^2}{2}\right) - c_{4_1} s_{4_1}^2 - c_{5_1} s_{5_1}^2 \\
&\quad + s_{5_1}[\dot{g}_1 N(\chi_1) - 1]\overline{u}_1 + \sum_{i=3}^{4}\left(\frac{M_{i_1}^2}{\rho^2} - \tau_i^{-1}\right) y_{i_1}^2 + \left(\frac{M_{g_1}^2}{\rho^2} - \tau_g^{-1}\right) y_{g_1}^2 + \frac{3}{4}\rho^2 \\
&\leqslant \underbrace{-\beta_1\phi_1 |x_{2_1}|^{(\phi_1-1)}\left(\frac{|\dot{R}|}{R} c_{2_1} - a_{2_1}\right)}_{m_{1_1}} s_{2_1}^2 - \underbrace{\left[c_{3_1} - \frac{\beta_1\phi_1 |x_{2_1}|^{(\phi_1-1)}}{2} a_{2_1} - 1\right]}_{m_{2_1}} s_{3_1}^2
\end{aligned} \tag{4.21}
$$

$$
-\underbrace{\left(c_{4_1}-a_{4_1}-\frac{1}{2}\right)}_{m_{3_1}}s_{4_1}^2-\underbrace{\left(c_{5_1}-\frac{a_{4_1}}{2}\right)}_{m_{4_1}}s_{5_1}^2-\underbrace{\left[\tau_3^{-1}-\frac{M_{3_1}^2}{\rho^2}-\frac{\beta_1\phi_1|x_{2_1}|^{(\phi_1-1)}}{2}a_{2_1}\right]}_{m_{5_1}}y_{3_1}^2
$$

$$
-\underbrace{\left(\tau_4^{-1}-\frac{M_{4_1}^2}{\rho^2}-\frac{1}{2}\right)}_{m_{6_1}}y_{4_1}^2-\underbrace{\left(\tau_g^{-1}-\frac{M_{g_1}^2}{\rho^2}-\frac{a_{4_1}}{2}\right)}_{m_{7_1}}y_{g_1}^2+\underbrace{\frac{3}{4}\rho^2}_{\varpi_1}+\frac{\dot{\chi}_1}{\gamma_{\chi_1}}[\dot{g}_1N(\chi_1)-1]
$$

为了保证系统稳定，选取参数时需要满足以下条件：

$$
\begin{cases}
c_{2_1}\geqslant\dfrac{R}{|\dot{R}|}a_{2_1},\ c_{3_1}\geqslant\dfrac{\beta_1\phi_1|x_{2_1}|^{(\phi_1-1)}}{2}a_{2_1}+1,\ c_{4_1}\geqslant a_{4_1}+\dfrac{1}{2},\ c_{5_1}\geqslant\dfrac{1}{2}a_{4_1}\\
\tau_3^{-1}\geqslant\dfrac{M_{3_1}^2}{\rho^2}+\dfrac{\beta_1\phi_1|x_{2_1}|^{(\phi_1-1)}}{2}a_{2_1},\ \tau_4^{-1}\geqslant\dfrac{M_{4_1}^2}{\rho^2}+\dfrac{1}{2},\ \tau_g^{-1}\geqslant\dfrac{M_{g_1}^2}{\rho^2}+\dfrac{1}{2}a_{4_1}
\end{cases}
\tag{4.22}
$$

令正常数 $\varepsilon_1=\min\{m_{i_1},i=1,2,\cdots,7\}$，则式(4.21)可以进一步化简为

$$
\dot{V}_1\leqslant-2\varepsilon_1V_1+\varpi_1+\frac{\dot{\chi}_1}{\gamma_{\chi_1}}[\dot{g}_1N(\chi_1)-1]
\tag{4.23}
$$

当 $V_1=\Theta_1$ 且 $\{\varpi_1+\dot{\chi}_1[\dot{g}_1N(\chi_1)-1]/\gamma_{\chi_1}\}/(2\Theta_1)<\varepsilon_1$ 时，有 $\dot{V}_1<0$ 成立，这代表着 $V_1\leqslant\Theta_1$ 时 V_1 是一个不变集，如果 $V_1(t_{s1})\leqslant\Theta_1$，那么对 t_{s1} 之后的时刻 t，都有 $V_1(t)\leqslant\Theta_1$ 成立，根据引理 3.2 与比较原理可得

$$
0\leqslant V_1(t)\leqslant V_1(0)\mathrm{e}^{-2\varepsilon_1t}+\frac{\varpi_1}{2\varepsilon_1}(1-\mathrm{e}^{-2\varepsilon_1t})+\frac{\mathrm{e}^{-2\varepsilon_1t}}{\gamma_{\chi_1}}\int_0^t\dot{\chi}_1[\dot{g}_1N(\chi_1)-1]\mathrm{e}^{2\varepsilon_1\tau}\mathrm{d}\tau
\tag{4.24}
$$

再根据引理 4.1 可知，闭环系统一致最终有界，并且它的界为 $\varpi_1/(2\varepsilon_1)$，通过选择合适的参数，即取 ρ 足够小使得 ϖ_1 充分小，取 c_{i_1} 足够大、τ_i 和 τ_g 足够小使 ε_1 充分大，那么 V_1 就能够稳定地收敛至平衡点附近充分小的邻域内。根据式(4.24)可知，V_1 呈指数型收敛，可以通过选取 c_{i_1} 等参数为较大的合适值，来调节衰减系数 ε_1 以加快收敛速度，从而保证系统能够在有限时间内迅速收敛。证毕。

尽管式(4.22)给出了保证系统稳定性的参数选取范围，但由于受到多方面因素的约束，例如，在提高系统收敛速度的同时，需用过载往往容易超过可用过载，所以给出设计参数的具体定量选择标准是比较困难的，目前常采用的方法是综合考虑设计方法与实际物理环境，再通过大量的数学仿真来进行定量选择。

注　为了便于定理 4.2 的推导证明，V_1 并未包含 ESO(4.3)、(4.5)的观测误差，但结合定理 3.1 可知，当 V_1 涵盖这些观测误差时，定理 4.2 同样成立。

4.1.3 偏航通道设计方法

设计方法的目的是针对 IGC 偏航通道独立设计系统(4.2)，在状态变量 x_{1_2} 受约束、x_{2_2} 测量受限、x_{5_2} 控制饱和受限、干扰项 $d_{i_2}\,(i=2,3,4,5)$ 未知有界的情况下，产生合适的控制量 u_2，使 x_{1_2}、x_{2_2} 在有限时间内收敛至零，保证闭环系统一致最终有界，并且能够迅速稳定地收敛至平衡点附近充分小的邻域内。

设计方法主要由 ESO、NTSM、DSSM 与自适应 Nussbaum 函数等构成，由于 IGC 的偏航通道独立设计模型与 IGC 俯仰通道独立设计模型具有相同的结构，可以参照设计方法 4.1，给出 IGC 偏航通道的独立设计方法如下。

设计方法 4.2

$$\begin{cases}\dot{z}_{x_{1_2}}=z_{x_{2_2}}-\mu_{21_2}e_{z21_2}\\ \dot{z}_{x_{2_2}}=-\dfrac{2\dot{R}}{R}z_{x_{2_2}}+a_{2_2}x_{3_2}+z_{d_{2_2}}-\mu_{22_2}\mathrm{fal}(e_{z21_2},\sigma_{21_2},\eta_{21_2})\\ \dot{z}_{x_{3_2}}=f_{3_2}+x_{4_2}+z_{d_{3_2}}-\mu_{31_2}e_{z31_2}\\ \dot{z}_{x_{4_2}}=f_{4_2}+a_{4_2}g_2+z_{d_{4_2}}-\mu_{41_2}e_{z41_2}\\ \dot{z}_{x_{5_2}}=f_{5_2}+b_2u_2+z_{d_{5_2}}-\mu_{51_2}e_{z51_2}\\ \dot{z}_{d_{2_2}}=-\mu_{23_2}\mathrm{fal}(e_{z21_2},\sigma_{22_2},\eta_{22_2})\\ \dot{z}_{d_{i_2}}=-\mu_{i2_2}\mathrm{fal}(e_{zi1_2},\sigma_{i_2},\eta_{i_2}),\ i=3,4,5\\ s_{2_2}=x_{1_2}+\beta_2|x_{2_2}|^{\phi_2}\mathrm{sign}(x_{2_2}),\quad s_{3_2}=x_{3_2}-x_{3d_2}\\ s_{4_2}=x_{4_2}-x_{4d_2},\quad s_{5_2}=g_2-g_{d_2}\\ \tau_3\dot{x}_{3d_2}+x_{3d_2}=x_{3c_2},\quad \tau_4\dot{x}_{4d_2}+x_{4d_2}=x_{4c_2},\quad \tau_g\dot{g}_{d_2}+g_{d_2}=g_{c_2}\\ x_{3c_2}=-a_{2_2}^{-1}\left[\dfrac{|x_{2_2}|^{(2-\phi_2)}}{\beta_2\phi_2}\mathrm{sign}(x_{2_2})+f_{2_2}+z_{d_{2_2}}+k_{2_2}\mathrm{sign}(s_{2_2})+\dfrac{|\dot{R}|}{R}c_{2_2}s_{2_2}\right]\\ x_{4c_2}=-[f_{3_2}+z_{d_{3_2}}-\dot{x}_{3d_2}+k_{3_2}\mathrm{sign}(s_{3_2})+c_{3_2}s_{3_2}]\\ g_{c_2}=-a_{4_2}^{-1}[f_{4_2}+z_{d_{4_2}}-\dot{x}_{4d_2}+k_{4_2}\mathrm{sign}(s_{4_2})+c_{4_2}s_{4_2}]\\ u_2=b_2^{-1}[N_2(\chi_2)\overline{u}_2-z_{d_{5_2}}]\\ \overline{u}_2=-\dot{g}_2f_{5_2}+\dot{g}_{d_2}-k_{5_2}\mathrm{sign}(s_{5_2})-c_{5_2}s_{5_2}\end{cases}\tag{4.25}$$

式中，各参数的取值范围、函数形式以及稳定性分析同理于设计方法 4.1。为了便于后面的叙述，现将设计方法 4.1 与设计方法 4.2 简记为 ADSSMN(adaptive dynamic surface sliding mode Nussbaum)方法。

注　ADSSMN 方法中的 k_{i_j} $(i=2,3,4,5;\ j=1,2)$ 为滑模切换项增益，与其对应的符号函数共同组成滑模切换项，作用是抑制不确定干扰并保证系统快速稳定，而 $|x_{2_j}|^{(2-\phi_j)}/(\beta_j\phi_j)$ 虽然也带有符号项，但它仅是由 NTSM 方法引入的附加切换项。

4.1.4　仿真结果与分析

本节的主要目的是在目标做蛇形机动的工况下，通过数学仿真与半实物仿真对 ADSSMN 方法进行分析和验证，证明设计方法的可行性与有效性。其中，半实物仿真系统的架构组成、设计方案与测试步骤将在第 6 章中阐明。ADSSMN 方法仿真环境参数、ADSSMN 方法参数分别如表 4.1、表 4.2 所示。

表 4.1　ADSSMN 方法仿真环境参数

参数	数值	参数	数值
$x_{P_0 0}$ /m	0	$x_{T_0 0}$ /m	3000
$y_{P_0 0}$ /m	4000	$y_{T_0 0}$ /m	0
$z_{P_0 0}$ /m	0	$z_{T_0 0}$ /m	−100
θ_{P0} /(°)	−10	θ_{T0} /(°)	0
ψ_{P0} /(°)	0	ψ_{T0} /(°)	0
v_P /(m/s)	357	v_T /(m/s)	30
Δ_F /%	10	Δ_M /%	10
τ_{Ty_8}	0.01	$d_{F_{Py_2}}$ /N	$\sin t$
τ_{Tz_8}	0.01	$d_{F_{Pz_2}}$ /N	$\cos t$
θ_{Qf} /(°)	−65	$d_{M_{z_4}}$ /(N · m)	$\sin(t/2)$
ψ_{Qf} /(°)	0	$d_{M_{y_4}}$ /(N · m)	$\cos(t/2)$
w_{x_0} /(m/s)	3	$d_{\delta_{zeq}}$ /(rad/s)	$\sin(t/3)$
w_{y_0} /(m/s)	−5	$d_{\delta_{yeq}}$ /(rad/s)	$\cos(t/3)$
w_{z_0} /(m/s)	3	τ_c	0.01

注：根据在 2.5.1 节与 4.1.1 节中建立的设计模型可知，$d_{a_{Py}}$、d_{θ_Q}、d_{θ_T}、$d_{M_{z4\psi}}$ 等项是由其他已定义变量构成的，因此仅给出 $d_{F_{Py_2}}$、Δ_F、w_{x_0} 等项的数值，以便于定量分析干扰项 d_{i_j} $(i=2,3,4,5;\ j=1,2)$。

表 4.2　ADSSMN 方法参数

参数	数值	参数	数值
β_1	10	β_2	10
ϕ_1	1.5	ϕ_2	1.5
k_{2_1}	0.2	k_{2_2}	0.2
c_{2_1}	1	c_{2_2}	1
k_{3_1}	1	k_{3_2}	1
c_{3_1}	2	c_{3_2}	2
k_{4_1}	1	k_{4_2}	1
c_{4_1}	2	c_{4_2}	2
k_{5_1}	1	k_{5_2}	1
c_{5_1}	2	c_{5_2}	2
γ_{χ_1}	0.5	γ_{χ_2}	0.5
τ_3	0.01	τ_4	0.01
τ_g	0.01		

ESO(4.3)、(4.5)的参数取值可参照 ESO(3.4)、(3.14)。

为了体现 ADSSMN 方法的优越性，引入导引与控制的常规设计方法作为对比，将其简记为 G&C(guidance and control)方法，导引方法采用文献[40]中的 NTSMC 方法，自动驾驶仪采用比例积分微分(proportional plus integral plus derivative，PID)控制方法[6]。

为了体现 ADSSMN 方法能够使系统满足 $\dot{\theta}_Q$ 、$\dot{\psi}_Q$ 测量受限的约束，在式(4.6)、式(4.7)、式(4.25)中均使用 $z_{x_{2_1}}$ 、 $z_{x_{2_2}}$ 信息。为了有效削弱由滑模切换项诱发的控制量高频抖振，在进行仿真时通常采用连续饱和函数 sat(·)代替其中的符号函数。

设定目标做蛇形机动的加速度控制指令为

$$\begin{cases} a_{Ty_8}^c = 3\sin t \ (\mathrm{m/s^2}) \\ a_{Tz_8}^c = 2\sin t \ (\mathrm{m/s^2}) \end{cases} \tag{4.26}$$

仿真结果与仿真曲线分别如表 4.3 和图 4.2 所示。为了便于叙述，将 ADSSMN 方法进行半实物仿真得到的仿真结果简记为 ADSSMN-H。

表 4.3 ADSSMN 方法在目标做蛇形机动工况下的仿真结果

方法	脱靶量/m	命中时间/s	θ_{Qf} 误差/(°)	ψ_{Qf} 误差/(°)
ADSSMN	0.377	14.700	0.044	0.041
ADSSMN-H	0.381	14.710	0.045	0.043
G&C	0.924	14.940	0.143	0.135

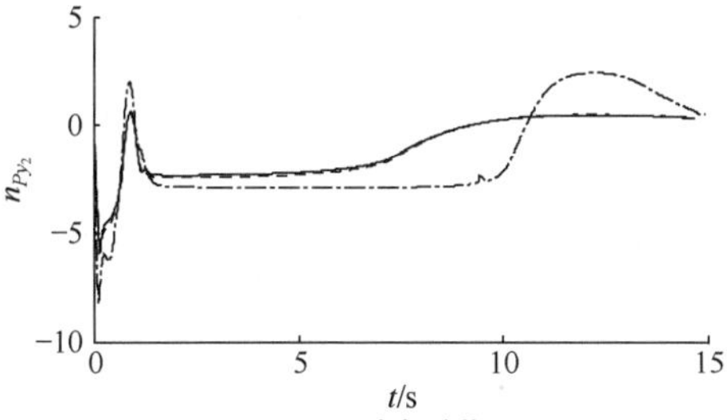

(a) 法向过载

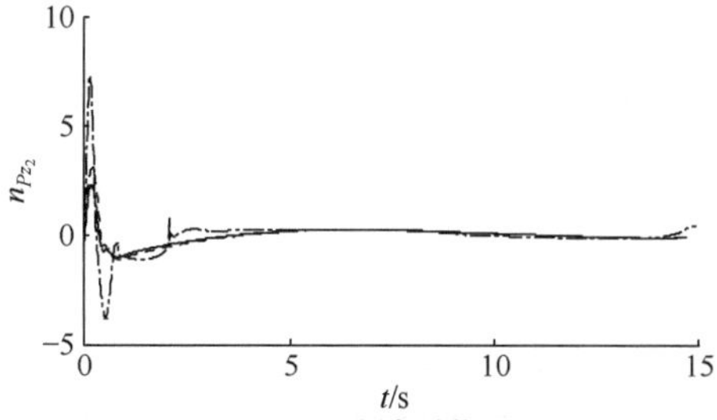

(b) 侧向过载

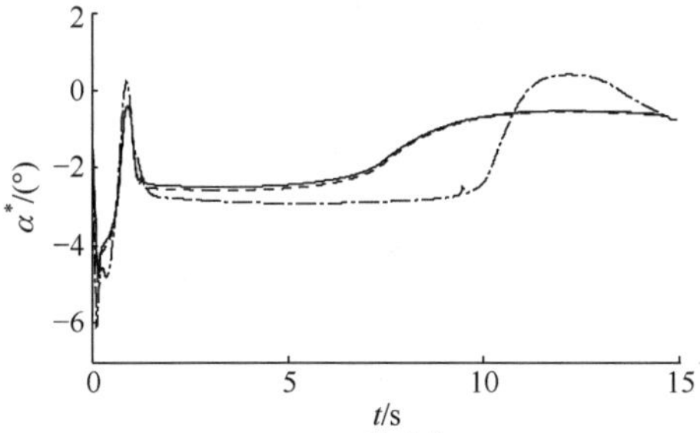

(c) 准攻角

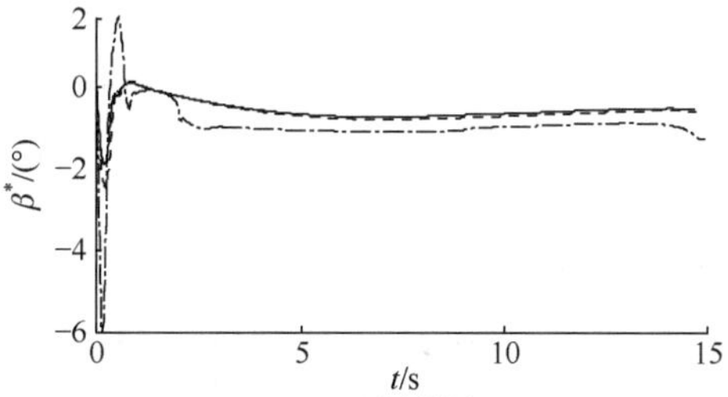

(d) 准侧滑角

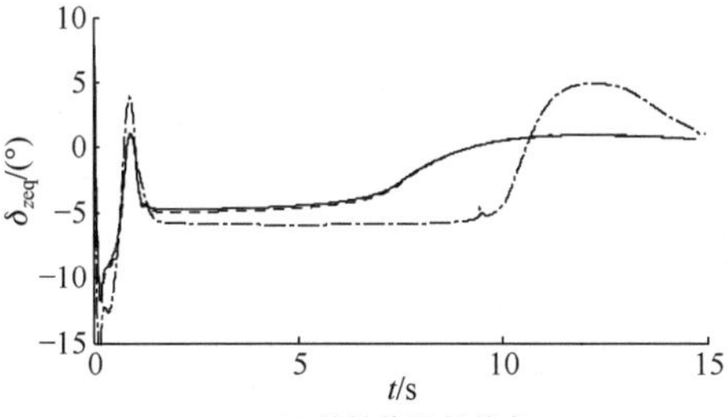

(e) 等效俯仰舵偏角

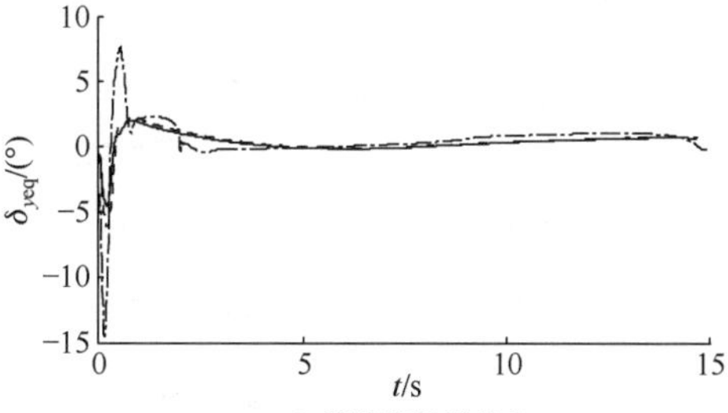

(f) 等效偏航舵偏角

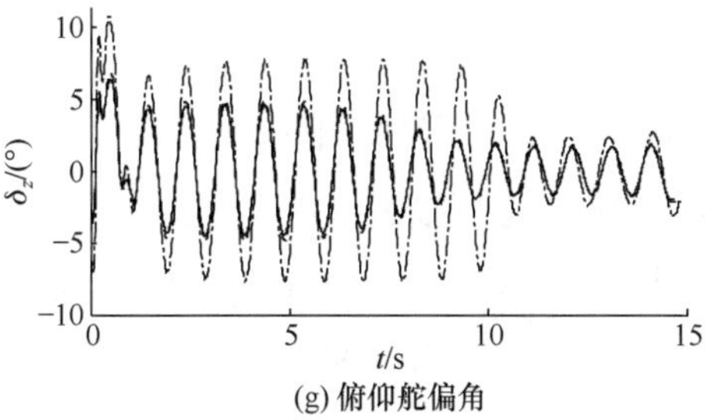

(g) 俯仰舵偏角

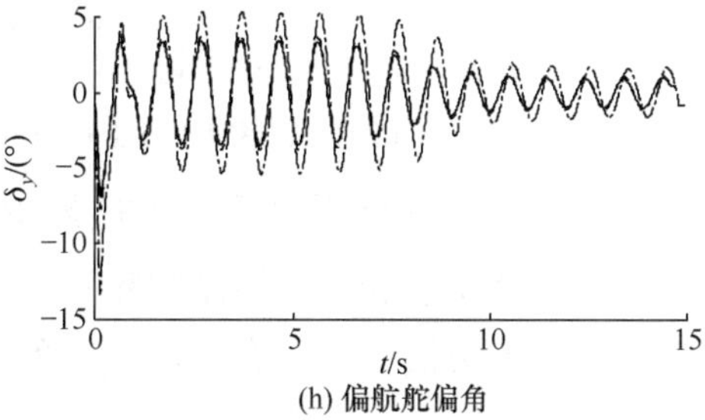

(h) 偏航舵偏角

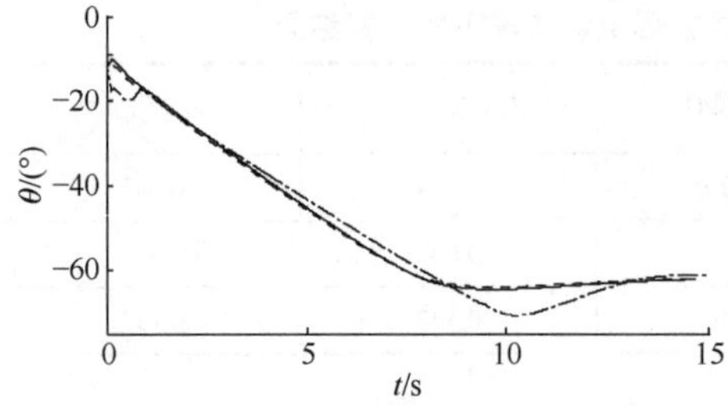

(i) 俯仰角

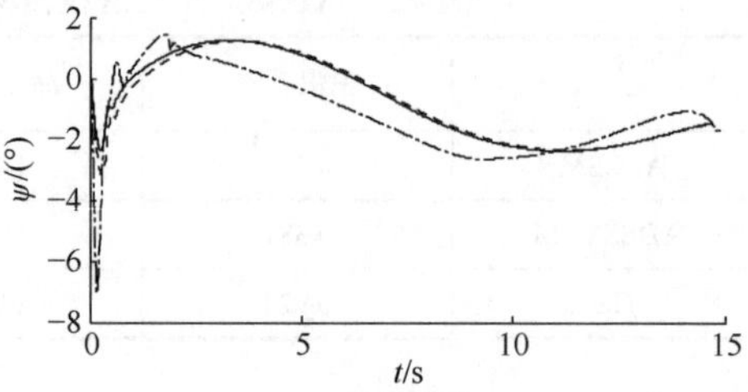

(j) 偏航角

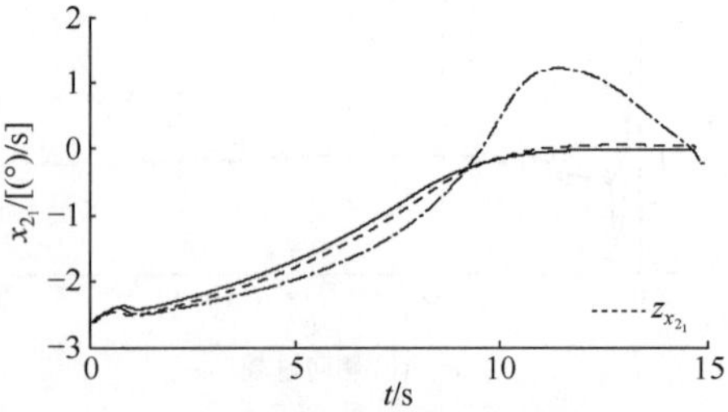

(k) 视线倾角速度及其观测值

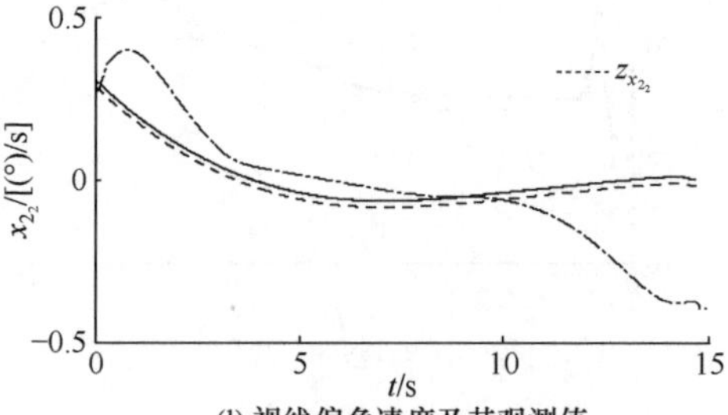

(l) 视线偏角速度及其观测值

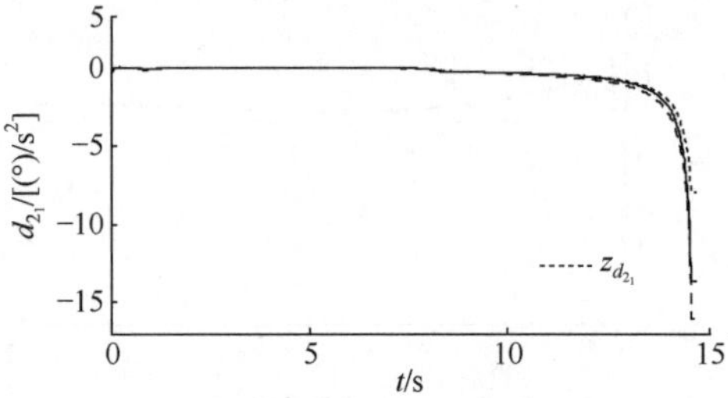

(m) 干扰d_{2_1}及其观测值

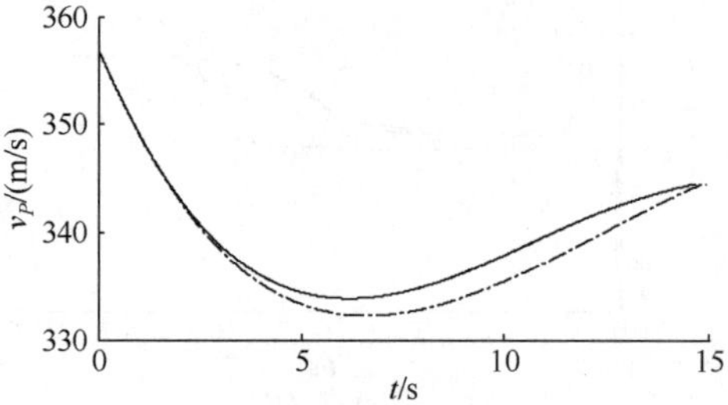

(n) 弹体速度

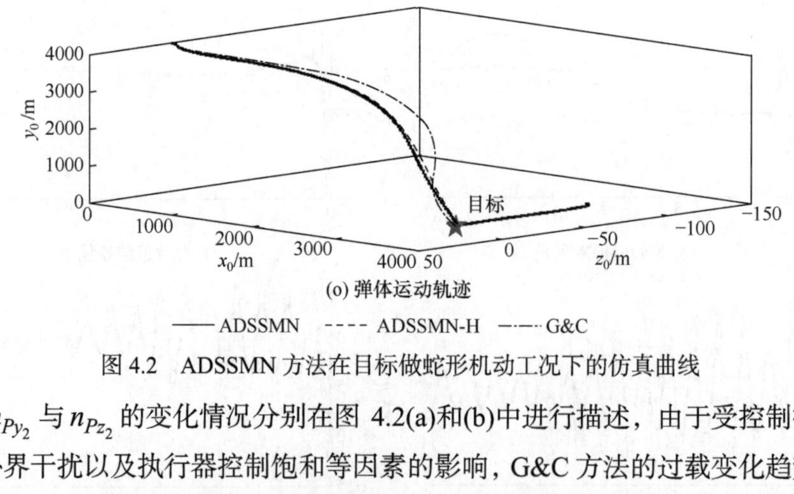

(o) 弹体运动轨迹

—— ADSSMN　- - - ADSSMN-H　-·-· G&C

图 4.2　ADSSMN 方法在目标做蛇形机动工况下的仿真曲线

n_{Py_2}与n_{Pz_2}的变化情况分别在图 4.2(a)和(b)中进行描述，由于受控制指令抖振、外界干扰以及执行器控制饱和等因素的影响，G&C 方法的过载变化趋势滞后于 ADSSMN 方法，进而增大了脱靶量和命中时间，而 ADSSMN 方法的变化较为平稳，收敛速度也较快，有益于增强系统的稳定性。

图 4.2(c)和(d)分别展示了 α^* 与 β^* 的仿真曲线，它们与过载的变化趋势基本一致，表明了假设 2.4、假设 2.5 的合理性，由于受风等干扰的影响较大，G&C 方法突变情况较为严重，不利于弹体的稳定飞行，而 ADSSMN 方法在 ESO 与动态面的调控下能够较好地补偿各类干扰，使得 α^* 与 β^* 的峰值较小且变化较为平稳。

从图 4.2(e)和(f)中可以看出，δ_{zeq}、δ_{yeq} 的变化趋势分别接近于法向过载、侧向过载，ADSSMN 方法通过引入自适应 Nussbaum 函数，有效地降低了舵机指令的峰值与变化速度，尽量避免了因舵偏饱和而导致作战任务失败，型号舵机的俯仰通道在响应频率与偏转幅度等方面均能够满足半实物仿真的需求。

从图 4.2(i)和(j)中可以看出 θ 与 ψ 的变化趋势，与 G&C 方法相比较，舰炮制导炮弹在 ADSSMN 方法的调控下，弹体的姿态变化更为平稳，且收敛速度更快，同时表明了转台的俯仰轴与偏航轴随动性能良好，弹载 MCU 与转台进行控制反馈的实时性较高。

$\dot{\theta}_Q$、$\dot{\psi}_Q$ 及其观测值的变化曲线分别在图 4.2(k)和(l)中进行绘制，在 ADSSMN 方法的调控下，ESO 能够快速而又准确地对 $\dot{\theta}_Q$ 与 $\dot{\psi}_Q$ 进行观测，二者分别自 8s 与 10s 后稳定地收敛至零，从而验证了定理 4.1 的正确性。

图 4.2(m)展示了干扰 d_{2_1} 及其观测值的变化情况，所设计的 ESO 具有良好的观测性与鲁棒性，能够快速而准确地为 ADSSMN 方法提供视线角速度与干扰的估计信息，使得弹体具备足够的可用过载，来补偿风等干扰因素以及舵机控制饱和带来的不利影响。

弹体速度的变化曲线在图 4.2(n)中描绘，整个末制导过程中弹体速度的变化是连续的，并没有发生突变的情况，ADSSMN 方法的控制品质优于 G&C 方法。

图 4.2(o)为弹体运动轨迹，结合表 4.3 可知，三种设计方法都可以对蛇形机动目标进行有效打击，但 ADSSMN 方法采用了连续饱和函数替代滑模切换项，并设计了 ESO 估计视线角速度与干扰，引入了自适应 Nussbaum 函数，避免了舵机控制饱和，使得脱靶量、命中时间以及终端视线角跟踪误差等重要指标得到了进一步改善。

为了更加全面地考察 ADSSMN 方法，在上述工况中，仅改变 θ_{P0}、ψ_{P0} 或 θ_{Qf}、ψ_{Qf}，经过中制导滑翔段的控制，在俯仰纵平面上弹体基本处于水平姿态，在偏航水平面上弹体基本朝向目标飞行，而且主要以大着角进行顶端攻击。仿真结果与仿真曲线分别如表 4.4 和图 4.3 所示。

表 4.4　ADSSMN 方法以不同初始弹道角或终端视线角攻击蛇形机动目标的仿真结果

序号	θ_{P0} /(°)	ψ_{P0} /(°)	θ_{Qf} /(°)	ψ_{Qf} /(°)	脱靶量/m	命中时间/s	θ_{Qf} 误差/(°)	ψ_{Qf} 误差/(°)
①	0	10	−65	0	0.397	14.85	0.054	0.042
②	−20	10	−65	0	0.424	14.79	0.052	0.044
③	−20	−10	−65	0	0.416	14.77	0.064	0.053
④	−10	0	−55	10	0.432	15.64	0.055	0.052
⑤	−10	0	−55	−10	0.405	15.71	0.063	0.061
⑥	−10	0	−75	−10	0.393	15.93	0.043	0.045

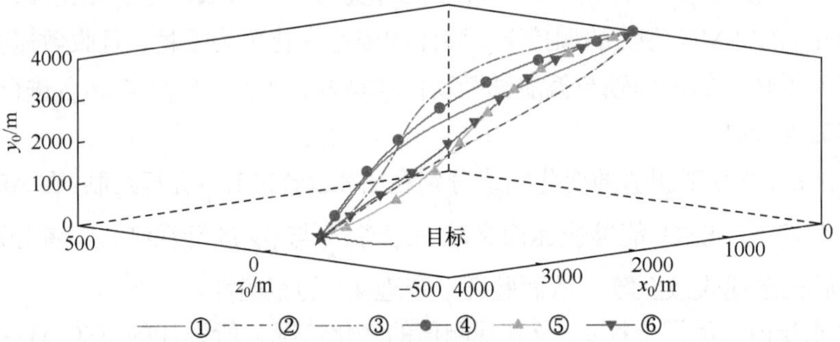

图 4.3　ADSSMN 方法以不同初始弹道角或终端视线角攻击蛇形机动目标的仿真曲线

通过分析可知，在不同初始弹道角或终端视线角的条件下，ADSSMN 方法均能够以较小的脱靶量对蛇形机动目标实施精确打击，而且能够保证视线角跟踪误差在有限时间内收敛至零点附近充分小的邻域内，表明 ADSSMN 方法具有一定的适用范围。弹道轨迹的形状会随 ψ_{Qf} 的调整而改变，进而延长或缩短了弹体飞行距离，也就是说 ψ_{Qf} 对命中时间的影响比初始弹道角与 θ_{Qf} 更大，并且上述角参量在进行小范围变化时，对脱靶量、终端视线角跟踪误差所产生的影响并不明显，但 ψ_{Qf} 偏离工况设定值的幅度与命中时间呈正相关。

4.2　基于动态面滑模与自适应模糊的通道独立设计方法

4.2.1　问题描述

设计方法 4.1、设计方法 4.2 是基于 DSSM 方法完成的，滑模切换项的增益固定且需要满足一定条件，这就很容易导致控制量产生高频抖振，尽管采用连续饱和函数替代滑模切换项的方法简单易行，但这样做的代价是牺牲了滑模控制的不变性，系统将难以满足稳定性条件。而 AFS 由于具有万能逼近性，恰好能够兼顾削弱抖振与保证系统稳定这两个重要方面。

4.2.2　俯仰通道设计方法与稳定性分析

设计方法的目的是针对 IGC 俯仰通道独立设计系统(4.2)，在状态变量 x_{1_1} 受约束、x_{2_1} 测量受限、x_{5_1} 控制饱和受限、干扰项 $d_{i_1}(i=2,3,4,5)$ 未知有界的情况下，产生合适的控制量 u_1，使系统状态 x_{1_1}、x_{2_1} 在有限时间内收敛至零，保证闭环系统一致最终有界，并且能够迅速稳定地收敛至平衡点附近充分小的邻域内。

设计方法主要由 ESO、NTSM、自适应 Nussbaum 函数、DSSM 与 AFS 等构成，其中，前三项的设计与设计方法 4.1 相同，不同之处在于将 AFS 引入了 DSSM 的设计，因此本节主要对 DSSM、AFS 展开设计，随后进行闭环系统的稳定性分析。

1. 设计方法

为了保证系统状态 x_{1_1}、x_{2_1} 能够在有限时间内收敛至零，仅在虚拟控制量 x_{4c_1}、g_{c_1} 与控制量 $\bar{u}_1$ 中引入自适应模糊系统 $\Xi(\boldsymbol{w}\mid\boldsymbol{\kappa})$，用以替代滑模切换项，$\Xi(\boldsymbol{w}\mid\boldsymbol{\kappa})$ 采用乘积推理机、单值模糊器、中心解模糊器和高斯隶属度函数，其本质上是从 $\boldsymbol{\Omega}\subseteq\mathbf{R}^n$ 到 $\boldsymbol{Y}\subseteq\mathbf{R}$ 的映射，共有 $\prod_{i=1}^{n}p_i$ 条模糊规则，其中第 $m(1,2,\cdots,n)$ 条为

$$\begin{aligned}&\text{Rule}_{l_1\cdots l_n}:\ \text{if } w_1 \text{ is } A_1^{l_1} \text{ and}\cdots w_i \text{ is } A_i^{l_i}\cdots\text{and } w_n \text{ is } A_n^{l_n}\\&\qquad\text{then } \Xi(\boldsymbol{w}\mid\boldsymbol{\kappa}) \text{ is } B^{l_1\cdots l_n},\quad l_i=1,\cdots,p_i\end{aligned}\tag{4.27}$$

式中，$\boldsymbol{w}=[w_1,\cdots,w_n]^{\mathrm{T}}\in\boldsymbol{\Omega}$ 为 AFS 的输入变量；$\boldsymbol{A}_i=[A_i^1,\cdots,A_i^{l_n}]^{\mathrm{T}}$ 为针对输入变量 w_i 的定义域划分的模糊集；$\Xi(\boldsymbol{w}\mid\boldsymbol{\kappa})\in\boldsymbol{Y}$ 为 AFS 的输出变量，具有如下形式：

$$\Xi(\boldsymbol{w}\mid\boldsymbol{\kappa})=\boldsymbol{\kappa}^{\mathrm{T}}\boldsymbol{\xi}(\boldsymbol{w})=\frac{\sum_{l_1=1}^{p_1}\cdots\sum_{l_n=1}^{p_n}\kappa^{l_1\cdots l_n}\prod_{i=1}^{n}\ell_{A_i^{l_i}}(w_i)}{\sum_{l_1=1}^{p_1}\cdots\sum_{l_n=1}^{p_n}\prod_{i=1}^{n}\ell_{A_i^{l_i}}(w_i)}\tag{4.28}$$

这里，$\boldsymbol{\kappa}=[\kappa^{1\cdots1},\cdots,\kappa^{l_1\cdots l_n}]^{\mathrm{T}}$ 为 $\prod_{i=1}^{n}p_i$ 维的自适应模糊参数向量；$\ell_{A_i^{l_i}}(w_i)$ 为高斯隶属度函数；$\boldsymbol{\xi}(\boldsymbol{w})=[\xi^{1\cdots1}(\boldsymbol{w}),\cdots,\xi^{l_1\cdots l_n}(\boldsymbol{w})]^{\mathrm{T}}$ 为 $\prod_{i=1}^{n}p_i$ 维的模糊基向量，其元素为

$$\xi^{l_1\cdots l_n}(\boldsymbol{w})=\frac{\prod_{i=1}^{n}\ell_{A_i^{l_i}}(w_i)}{\sum_{l_1=1}^{p_1}\cdots\sum_{l_n=1}^{p_n}\prod_{i=1}^{n}\ell_{A_i^{l_i}}(w_i)} \tag{4.29}$$

引理 4.2[86]　函数 $\varGamma$ 为定义在紧集 $\boldsymbol{\varOmega}\subseteq\mathbf{R}^n$ 上的实连续函数，$\forall\wp>0$，一定存在由式(4.27)～式(4.29)构成的自适应模糊系统，使得不等式 $\sup\limits_{\boldsymbol{w}\in\boldsymbol{\varOmega}}|\varGamma-\boldsymbol{\kappa}^{\mathrm{T}}\xi(\boldsymbol{w})|\leqslant\wp$ 成立。

定义最优逼近向量为

$$\boldsymbol{\kappa}_{i_1}^{*}=\arg\min\left[\sup_{\boldsymbol{w}_{i_1}\in\boldsymbol{\varOmega}}|-e_{zi2_1}-\boldsymbol{\kappa}_{i_1}^{\mathrm{T}}\xi_{i_1}(\boldsymbol{w}_{i_1})|\right],\quad i=3,4 \tag{4.30}$$

$$\boldsymbol{\kappa}_{5_1}^{*}=\arg\min\left[\sup_{\boldsymbol{w}_{5_1}\in\boldsymbol{\varOmega}}|-\dot{g}_1e_{z52_1}-\boldsymbol{\kappa}_{5_1}^{\mathrm{T}}\xi_{5_1}(\boldsymbol{w}_{5_1})|\right] \tag{4.31}$$

式中，$\boldsymbol{w}_{i_1}=\left[s_{i_1},\dot{s}_{i_1}\right]^{\mathrm{T}}$。

根据引理 4.2 可知，对于给定任意小的正常数 $\wp_{i_1}(i=3,4,5)$，有如下不等式成立：

$$\sup_{\boldsymbol{w}_{i_1}\in\boldsymbol{\varOmega}}|-e_{zi2_1}-\boldsymbol{\kappa}_{i_1}^{*\mathrm{T}}\xi_{i_1}(\boldsymbol{w}_{i_1})|\leqslant\wp_{i_1},\quad i=3,4 \tag{4.32}$$

$$\sup_{\boldsymbol{w}_{5_1}\in\boldsymbol{\varOmega}}|-\dot{g}_1e_{z52_1}-\boldsymbol{\kappa}_{5_1}^{*\mathrm{T}}\xi_{5_1}(\boldsymbol{w}_{5_1})|\leqslant\wp_{5_1} \tag{4.33}$$

定义自适应模糊参数向量的逼近误差为 $\tilde{\boldsymbol{\kappa}}_{i_1}=\boldsymbol{\kappa}_{i_1}^{*}-\boldsymbol{\kappa}_{i_1}$，并设计自适应律为

$$\dot{\boldsymbol{\kappa}}_{i_1}=\lambda_{i_1}\xi_{i_1}(\boldsymbol{w}_{i_1})s_{i_1}-\boldsymbol{\kappa}_{i_1},\quad i=3,4,5\ ,\quad \lambda_{i_1}>0 \tag{4.34}$$

此时，x_{4c_1}、g_{c_1}、$\overline{u}_1$ 分别更新为

$$x_{4c_1}=-\left[f_{3_1}+z_{d_{3_1}}-\dot{x}_{3d_1}+\varXi_{3_1}(\boldsymbol{w}_{3_1}|\boldsymbol{\kappa}_{3_1})+c_{3_1}s_{3_1}\right] \tag{4.35}$$

$$g_{c_1}=-a_{4_1}^{-1}\left[f_{4_1}+z_{d_{4_1}}-\dot{x}_{4d_1}+\varXi_{4_1}(\boldsymbol{w}_{4_1}|\boldsymbol{\kappa}_{4_1})+c_{4_1}s_{4_1}\right] \tag{4.36}$$

$$\overline{u}_1=-\dot{g}_1f_{5_1}+\dot{g}_{d_1}-\varXi_{5_1}(\boldsymbol{w}_{5_1}|\boldsymbol{\kappa}_{5_1})-c_{5_1}s_{5_1} \tag{4.37}$$

至此，俯仰通道 IGC 设计完毕，总结如下。

设计方法 4.3　由 ESO(4.3)、(4.5)，NTSM(4.6)、(4.7)，DSSM(4.8)～(4.11)，自适应 Nussbaum 函数(4.14)，以及 AFS(4.27)～(4.31)、(4.34)等组成，其结构原理如图 4.4 所示。

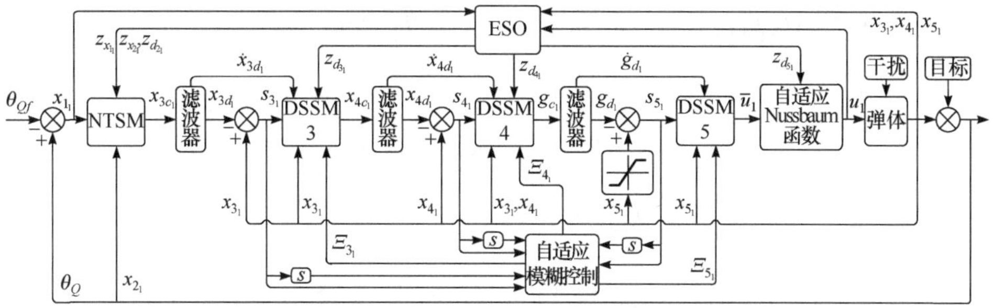

图 4.4　设计方法 4.3 的结构原理

2. 稳定性分析

定义虚拟控制量 $x_{ic_1}(i=3,4)$ 、 g_{c_1} 的跟踪误差分别为

$$
\begin{aligned}
y_{i_1} &= x_{id_1} - x_{ic_1} \\
y_{g_1} &= g_{d_1} - g_{c_1}
\end{aligned}
\tag{4.38}
$$

对式(4.38)进行求导，可得

$$
\begin{aligned}
\dot{x}_{id_1} &= -\tau_i^{-1} y_{i_1} \\
\dot{g}_{d_1} &= -\tau_g^{-1} y_{g_1}
\end{aligned}
\tag{4.39}
$$

通过进一步推导，可得

$$
\begin{aligned}
\dot{y}_{i_1} &= -\tau_i^{-1} y_{i_1} - \dot{x}_{ic_1} \\
\dot{y}_{g_1} &= -\tau_g^{-1} y_{g_1} - \dot{g}_{c_1}
\end{aligned}
\tag{4.40}
$$

由文献[168]可知，一定存在正实数 M_{i_1} 、 M_{g_1} 使得不等式 $\dot{x}_{ic_1} \leqslant M_{i_1}$ 、 $\dot{g}_{c_1} \leqslant M_{g_1}$ 成立，经过进一步推导可得

$$
\begin{aligned}
x_{i_1} &= s_{i_1} + y_{i_1} + x_{ic_1} \\
g_1 &= s_{5_1} + y_{g_1} + g_{c_1}
\end{aligned}
\tag{4.41}
$$

选取闭环系统 Lyapunov 函数 V_1 为

$$
V_1 = \frac{1}{2}\sum_{i=2}^{5} s_{i_1}^2 + \frac{1}{2}\sum_{i=3}^{4} y_{i_1}^2 + \frac{1}{2} y_{g_1}^2 + \frac{1}{2}\sum_{i=3}^{5} \frac{1}{\lambda_{i_1}} \tilde{\boldsymbol{\kappa}}_{i_1}^{\mathrm{T}} \tilde{\boldsymbol{\kappa}}_{i_1} \tag{4.42}
$$

定理 4.3　对于系统(4.2)，采用设计方法 4.3，通过选择合适的参数，能够使闭环系统一致最终有界，并且能够迅速稳定地收敛至平衡点附近充分小的邻域内。

证明　为了便于证明，现以动态面 s_{3_1} 为例，结合引理 4.2，对与 s_{3_1} 相关的等

式以及不等式的化简过程进行推导，对 $s_{3_1}^2/2$ 进行求导可得

$$\begin{aligned}
s_{3_1}\dot{s}_{3_1} &= s_{3_1}(\dot{x}_{3_1}-\dot{x}_{3d_1}) = s_{3_1}[f_{3_1}+a_{3_{11}}(s_{4_1}+y_{4_1}+x_{4c_1})+d_{3_1}-\dot{x}_{3d_1}] \\
&= s_{3_1}(s_{4_1}+y_{4_1})+s_{3_1}[d_{3_1}-z_{d3_1}-\boldsymbol{\kappa}_{3_1}^{\mathrm{T}}\boldsymbol{\xi}_{3_1}(\boldsymbol{w}_{3_1})-c_{3_1}s_{3_1}] \\
&\leqslant -(c_{3_1}-1)s_{3_1}^2+\frac{s_{4_1}^2}{2}+\frac{y_{4_1}^2}{2} \\
&\quad + s_{3_1}[-e_{32_1}-\boldsymbol{\kappa}_{3_1}^{\mathrm{T}}\boldsymbol{\xi}_{3_1}(\boldsymbol{w}_{3_1})+\boldsymbol{\kappa}_{3_1}^{*\mathrm{T}}\boldsymbol{\xi}_{3_1}(\boldsymbol{w}_{3_1})-\boldsymbol{\kappa}_{3_1}^{*\mathrm{T}}\boldsymbol{\xi}_{3_1}(\boldsymbol{w}_{3_1})] \\
&\leqslant -(c_{3_1}-1)s_{3_1}^2+\frac{s_{4_1}^2}{2}+\frac{y_{4_1}^2}{2}+|s_{3_1}||-e_{32_1}-\boldsymbol{\kappa}_{3_1}^{*\mathrm{T}}\boldsymbol{\xi}_{3_1}(\boldsymbol{w}_{3_1})|+s_{3_1}\tilde{\boldsymbol{\kappa}}_{3_1}^{\mathrm{T}}\boldsymbol{\xi}_{3_1}(\boldsymbol{w}_{3_1}) \\
&\leqslant -\left(c_{3_1}-\frac{3}{2}\right)s_{3_1}^2+\frac{s_{4_1}^2}{2}+\frac{y_{4_1}^2}{2}+\frac{\wp_{3_1}^2}{2}+s_{3_1}\tilde{\boldsymbol{\kappa}}_{3_1}^{\mathrm{T}}\boldsymbol{\xi}_{3_1}(\boldsymbol{w}_{3_1})
\end{aligned} \tag{4.43}$$

对 $\tilde{\boldsymbol{\kappa}}_{3_1}^{\mathrm{T}}\tilde{\boldsymbol{\kappa}}_{3_1}/(2\lambda_{3_1})$ 进行求导，可以得到

$$\begin{aligned}
\frac{\tilde{\boldsymbol{\kappa}}_{3_1}^{\mathrm{T}}\dot{\tilde{\boldsymbol{\kappa}}}_{3_1}}{\lambda_{3_1}} &= \frac{\tilde{\boldsymbol{\kappa}}_{3_1}^{\mathrm{T}}[-\lambda_{3_1}\boldsymbol{\xi}_{3_1}(\boldsymbol{w}_{3_1})s_{3_1}+\boldsymbol{\kappa}_{3_1}]}{\lambda_{3_1}} \\
&= -\tilde{\boldsymbol{\kappa}}_{3_1}^{\mathrm{T}}\boldsymbol{\xi}_{3_1}(\boldsymbol{w}_{3_1})s_{3_1}+\frac{\tilde{\boldsymbol{\kappa}}_{3_1}^{\mathrm{T}}(\boldsymbol{\kappa}_{3_1}^{*}-\tilde{\boldsymbol{\kappa}}_{3_1})}{\lambda_{3_1}} \\
&\leqslant -\tilde{\boldsymbol{\kappa}}_{3_1}^{\mathrm{T}}\boldsymbol{\xi}_{3_1}(\boldsymbol{w}_{3_1})s_{3_1}-\frac{\tilde{\boldsymbol{\kappa}}_{3_1}^{\mathrm{T}}\tilde{\boldsymbol{\kappa}}_{3_1}}{2\lambda_{3_1}}+\frac{\boldsymbol{\kappa}_{3_1}^{*\mathrm{T}}\boldsymbol{\kappa}_{3_1}^{*}}{2\lambda_{3_1}}
\end{aligned} \tag{4.44}$$

结合上述推导，并对式(4.42)进行求导，可得

$$\begin{aligned}
\dot{V}_1 &= \sum_{i=2}^{5}s_{i_1}\dot{s}_{i_1}+\sum_{i=3}^{4}y_{i_1}\dot{y}_{i_1}+y_{g_1}\dot{y}_{g_1}+\sum_{i=3}^{5}\frac{1}{\lambda_{i_1}}\tilde{\boldsymbol{\kappa}}_{i_1}^{\mathrm{T}}\dot{\tilde{\boldsymbol{\kappa}}}_{i_1} \\
&= s_{2_1}\{x_{2_1}+\beta_1\phi_1|x_{2_1}|^{(\phi_1-1)}[f_{2_1}+a_{2_1}(s_{3_1}+y_{3_1}+x_{3c_1})+d_{2_1}]\} \\
&\quad + s_{3_1}[f_{3_1}+(s_{4_1}+y_{4_1}+x_{4c_1})+d_{3_1}-\dot{x}_{3d_1}] \\
&\quad + s_{4_1}[f_{4_1}+a_{4_1}(s_{5_1}+y_{g_1}+g_{c_1})+d_{4_1}-\dot{x}_{4d_1}] \\
&\quad + s_{5_1}[\dot{g}_1(f_{5_1}+b_1u_1+d_{5_1})-\dot{g}_{d_1}]+\sum_{i=3}^{4}y_{i_1}(-\dot{x}_{ic_1}-\tau_i^{-1}y_{i_1}) \\
&\quad + y_{g_1}(-\dot{g}_{c_1}-\tau_g^{-1}y_{g_1})-\sum_{i=3}^{5}\tilde{\boldsymbol{\kappa}}_{i_1}^{\mathrm{T}}\boldsymbol{\xi}_{i_1}(\boldsymbol{w}_{i_1})s_{i_1} \\
&\quad + \sum_{i=3}^{5}\frac{1}{\lambda_{i_1}}\tilde{\boldsymbol{\kappa}}_{i_1}^{\mathrm{T}}(\boldsymbol{\kappa}_{i_1}^{*}-\tilde{\boldsymbol{\kappa}}_{i_1})
\end{aligned} \tag{4.45}$$

$$
\begin{aligned}
&\leqslant \beta_1\phi_1 |x_{2_1}|^{(\phi_1-1)} a_{2_1} s_{2_1}(s_{3_1}+y_{3_1}) \\
&+\beta_1\phi_1 |x_{2_1}|^{(\phi_1-1)} s_{2_1}\left[d_{2_1}-z_{d_{2_1}}-k_{2_1}\operatorname{sign}(s_{2_1})-\frac{|\dot{R}|}{R}c_{2_1}s_{2_1}\right] \\
&+s_{3_1}(s_{4_1}+y_{4_1})+s_{3_1}\left[d_{3_1}-z_{d_{3_1}}-\boldsymbol{\kappa}_{3_1}^{\mathrm{T}}\boldsymbol{\xi}_{3_1}(\boldsymbol{w}_{3_1})-c_{3_1}s_{3_1}\right] \\
&+a_{4_1}s_{4_1}(s_{5_1}+y_{g_1})+s_{4_1}[d_{4_1}-z_{d_{4_1}}-\boldsymbol{\kappa}_{4_1}^{\mathrm{T}}\boldsymbol{\xi}_{4_1}(\boldsymbol{w}_{4_1})-c_{4_1}s_{4_1}] \\
&+s_{5_1}\{[\dot{g}_1N(\chi_1)-1]\overline{u}_1+\dot{g}_1(d_{5_1}-z_{d_{5_1}})-\boldsymbol{\kappa}_{5_1}^{\mathrm{T}}\boldsymbol{\xi}_{5_1}(\boldsymbol{w}_{5_1})-c_{5_1}s_{5_1}\} \\
&+\sum_{i=3}^{4}y_{i_1}(M_{i_1}-\tau_i^{-1}y_{i_1})+y_{g_1}(M_{g_1}-\tau_g^{-1}y_{g_1})-\sum_{i=3}^{5}\tilde{\boldsymbol{\kappa}}_{i_1}^{\mathrm{T}}\boldsymbol{\xi}_{i_1}(\boldsymbol{w}_{i_1})s_{i_1} \\
&-\frac{1}{2}\sum_{i=3}^{5}\frac{1}{\lambda_{i_1}}\tilde{\boldsymbol{\kappa}}_{i_1}^{\mathrm{T}}\tilde{\boldsymbol{\kappa}}_{i_1}+\frac{1}{2}\sum_{i=3}^{5}\frac{1}{\lambda_{i_1}}\boldsymbol{\kappa}_{i_1}^{*\mathrm{T}}\boldsymbol{\kappa}_{i_1}^{*} \\
&\leqslant \beta_1\phi_1 |x_{2_1}|^{(\phi_1-1)} a_{2_1}\left(s_{2_1}^2+\frac{s_{3_1}^2}{2}+\frac{y_{3_1}^2}{2}\right) \\
&-\beta_1\phi_1 |x_{2_1}|^{(\phi_1-1)}\frac{|\dot{R}|}{R}c_{2_1}s_{2_1}^2+\left(s_{3_1}^2+\frac{s_{4_1}^2}{2}+\frac{y_{4_1}^2}{2}\right)-c_{3_1}s_{3_1}^2 \\
&+\frac{s_{3_1}^2+\wp_{3_1}^2}{2}+a_{4_1}\left(s_{4_1}^2+\frac{s_{5_1}^2}{2}+\frac{y_{g_1}^2}{2}\right)-c_{4_1}s_{4_1}^2+\frac{s_{4_1}^2+\wp_{4_1}^2}{2} \\
&-c_{5_1}s_{5_1}^2+\frac{s_{5_1}^2+\wp_{5_1}^2}{2}+s_{5_1}[\dot{g}_1N(\chi_1)-1]\overline{u}_1+\sum_{i=3}^{4}\left(\frac{M_{i_1}^2}{\rho^2}-\tau_i^{-1}\right)y_{i_1}^2 \\
&+\left(\frac{M_{g_1}^2}{\rho^2}-\tau_g^{-1}\right)y_{g_1}^2+\frac{3}{4}\rho^2-\frac{1}{2}\sum_{i=3}^{5}\frac{1}{\lambda_{i_1}}\tilde{\boldsymbol{\kappa}}_{i_1}^{\mathrm{T}}\tilde{\boldsymbol{\kappa}}_{i_1}+\frac{1}{2}\sum_{i=3}^{5}\frac{1}{\lambda_{i_1}}\boldsymbol{\kappa}_{i_1}^{*\mathrm{T}}\boldsymbol{\kappa}_{i_1}^{*} \\
&\leqslant -\underbrace{\beta_1\phi_1 |x_{2_1}|^{(\phi_1-1)}\left(\frac{|\dot{R}|}{R}c_{2_1}-a_{2_1}\right)}_{m_{1_1}}s_{2_1}^2-\underbrace{\left[c_{3_1}-\frac{\beta_1\phi_1 |x_{2_1}|^{(\phi_1-1)}}{2}a_{2_1}-\frac{3}{2}\right]}_{m_{2_1}}s_{3_1}^2 \\
&-\underbrace{(c_{4_1}-a_{4_1}-1)}_{m_{3_1}}s_{4_1}^2-\underbrace{\left(c_{5_1}-\frac{a_{4_1}}{2}-\frac{1}{2}\right)}_{m_{4_1}}s_{5_1}^2-\underbrace{\left[\tau_{3_1}^{-1}-\frac{M_{3_1}^2}{\rho^2}-\frac{\beta_1\phi_1 |x_{2_1}|^{(\phi_1-1)}}{2}a_{2_1}\right]}_{m_{5_1}}y_{3_1}^2 \\
&-\underbrace{\left(\tau_4^{-1}-\frac{M_{4_1}^2}{\rho^2}-\frac{1}{2}\right)}_{m_{6_1}}y_{4_1}^2-\underbrace{\left(\tau_g^{-1}-\frac{M_{g_1}^2}{\rho^2}-\frac{a_{4_1}}{2}\right)}_{m_{7_1}}y_{g_1}^2-\underbrace{\frac{1}{2}\sum_{i=3}^{5}\frac{1}{\lambda_{i_1}}}_{m_{8_1}}\tilde{\boldsymbol{\kappa}}_{i_1}^{\mathrm{T}}\tilde{\boldsymbol{\kappa}}_{i_1}
\end{aligned}
$$

$$
\underbrace{+\frac{3}{4}\rho^2+\frac{1}{2}\sum_{i=3}^{5}\wp_{i_1}^2+\frac{1}{2}\sum_{i=3}^{5}\frac{1}{\lambda_{i_1}}\boldsymbol{\kappa}_{i_1}^{*\mathrm{T}}\boldsymbol{\kappa}_{i_1}^{*}}_{\varpi_1}+\frac{\dot{\chi}_1}{\gamma_{\chi_1}}[\dot{g}_1N(\chi_1)-1]
$$

为了保证系统稳定，在选取参数时需要满足以下条件：

$$
\begin{cases}
c_{2_1}\geqslant\dfrac{R}{|\dot{R}|}a_{2_1},\ c_{3_1}\geqslant\dfrac{\beta_1\phi_1|x_{2_1}|^{(\phi_1-1)}}{2}a_{2_1}+\dfrac{3}{2},\ c_{4_1}\geqslant a_{4_1}+1,\ c_{5_1}\geqslant\dfrac{a_{4_1}}{2}+\dfrac{1}{2}\\
\tau_3^{-1}\geqslant\dfrac{M_{3_1}^2}{\rho^2}+\dfrac{\beta_1\phi_1|x_{2_1}|^{(\phi_1-1)}}{2}a_{2_1},\ \tau_4^{-1}\geqslant\dfrac{M_{4_1}^2}{\rho^2}+\dfrac{1}{2},\ \tau_g^{-1}\geqslant\dfrac{M_{g_1}^2}{\rho^2}+\dfrac{a_{4_1}}{2}
\end{cases}
\tag{4.46}
$$

令正常数 $\varepsilon_1=\min\left\{m_{i_1},i=1,2,\cdots,8\right\}$，则式(4.45)可以进一步化简为

$$
\dot{V}_1\leqslant-2\varepsilon_1V_1+\varpi_1+\frac{\dot{\chi}_1}{\gamma_{\chi_1}}[\dot{g}_1N(\chi_1)-1] \tag{4.47}
$$

当 $V_1=\Theta_1$ 且 $\{\varpi_1+\dot{\chi}_1[\dot{g}_1N(\chi_1)-1]/\gamma_{\chi_1}\}/(2\Theta_1)<\varepsilon_1$ 时，有 $\dot{V}_1<0$ 成立，这代表 $V_1\leqslant\Theta_1$ 时 V_1 是一个不变集，如果 $V_1(t_{s1})\leqslant\Theta_1$，那么对 t_{s1} 之后的时刻 t，都有 $V_1(t)\leqslant\Theta_1$ 成立，根据引理 4.1 与比较原理可得

$$
0\leqslant V_1(t)\leqslant V_1(0)\mathrm{e}^{-2\varepsilon_1t}+\frac{\varpi_1}{2\varepsilon_1}(1-\mathrm{e}^{-2\varepsilon_1t})+\frac{\mathrm{e}^{-2\varepsilon_1t}}{\gamma_{\chi_1}}\int_0^t\dot{\chi}_1[\dot{g}_1N(\chi_1)-1]\mathrm{e}^{2\varepsilon_1\tau}\mathrm{d}\tau \tag{4.48}
$$

再根据引理 4.1 可知，闭环系统一致最终有界，并且它的界为 $\varpi_1/(2\varepsilon_1)$，通过选择合适的参数，即取 ρ 足够小、$\wp_{i_1}$ 足够小、λ_{i_1} 足够大使得 ϖ_1 充分小，取 c_{i_1} 足够大、τ_i 与 τ_g 足够小使 ε_1 充分大，那么 V_1 就能够稳定地收敛至平衡点附近充分小的邻域内。根据式(4.48)可知，V_1 呈指数型收敛，可以通过选取 c_{i_1} 等参数为较大的合适值，来调节衰减系数 ε_1 以加快收敛速度，从而保证系统能够在有限时间内迅速收敛。证毕。

尽管式(4.46)给出了保证系统稳定性的参数选取范围，但由于受到多方面因素的约束，例如，在提高系统收敛速度的同时，需用过载往往容易超过可用过载，所以给出设计参数的具体定量选择标准是比较困难的，目前常采用的方法是综合考虑设计方法与实际物理环境，再通过大量的数学仿真来进行定量选择。

注　为了便于定理 4.3 的推导证明，V_1 并未包含 ESO(4.3)、(4.5)的观测误差，但结合定理 3.1 可知，当 V_1 涵盖这些观测误差时，定理 4.3 同样成立。

4.2.3　偏航通道设计方法

设计方法的目的是针对 IGC 偏航通道独立设计系统(4.2)，在状态变量 x_{1_2} 受约

束、x_{2_2} 测量受限、x_{5_2} 控制饱和受限、干扰项 $d_{i_2}\,(i=2,3,4,5)$ 未知有界的情况下，产生合适的控制量 u_2，使系统状态 x_{1_2}、x_{2_2} 在有限时间内收敛至零，保证闭环系统一致最终有界，并且能够迅速稳定地收敛至平衡点附近充分小的邻域内。

设计方法主要由 ESO、NTSM、DSSM、自适应 Nussbaum 函数与 AFS 等构成，其中，由于 IGC 的偏航通道独立设计模型与俯仰通道具有相同的结构，所以可以参照设计方法 4.3，给出偏航通道的独立设计方法如下。

设计方法 4.4

$$
\begin{cases}
\dot{z}_{x_{1_2}} = z_{x_{2_2}} - \mu_{21_2} e_{z21_2} \\
\dot{z}_{x_{2_2}} = -\dfrac{2\dot{R}}{R} z_{x_{2_2}} + a_{2_2} x_{3_2} + z_{d_{2_2}} - \mu_{22_2} \mathrm{fal}(e_{z21_2}, \sigma_{21_2}, \eta_{21_2}) \\
\dot{z}_{x_{3_2}} = f_{3_2} + x_{4_2} + z_{d_{3_2}} - \mu_{31_2} e_{z31_2} \\
\dot{z}_{x_{4_2}} = f_{4_2} + a_{4_2} g_2 + z_{d_{4_2}} - \mu_{41_2} e_{z41_2} \\
\dot{z}_{x_{5_2}} = f_{5_2} + b_2 u_2 + z_{d_{5_2}} - \mu_{51_2} e_{z51_2} \\
\dot{z}_{d_{2_2}} = -\mu_{23_2} \mathrm{fal}(e_{z21_2}, \sigma_{22_2}, \eta_{22_2}) \\
\dot{z}_{d_{i_2}} = -\mu_{i2_2} \mathrm{fal}(e_{zi1_2}, \sigma_{i_2}, \eta_{i_2}), \quad i=3,4,5 \\
s_{2_2} = x_{1_2} + \beta_2 |x_{2_2}|^{\phi_2} \mathrm{sign}(x_{2_2}), \quad s_{3_2} = x_{3_2} - x_{3d_2} \\
s_{4_2} = x_{4_2} - x_{4d_2}, \quad s_{5_2} = g_2 - g_{d_2} \\
\tau_3 \dot{x}_{3d_2} + x_{3d_2} = x_{3c_2}, \quad \tau_4 \dot{x}_{4d_2} + x_{4d_2} = x_{4c_2}, \quad \tau_g \dot{g}_{d_2} + g_{d_2} = g_{c_2} \\
x_{3c_2} = -a_{2_2}^{-1} \left[\dfrac{|x_{2_2}|^{(2-\phi_2)}}{\beta_2 \phi_2} \mathrm{sign}(x_{2_2}) + f_{2_2} + z_{d_{2_2}} + k_{2_2} \mathrm{sign}(s_{2_2}) + \dfrac{|\dot{R}|}{R} c_{2_2} s_{2_2} \right] \\
x_{4c_2} = -[f_{3_2} + z_{d_{3_2}} - \dot{x}_{3d_2} + \Xi_{3_2}(\boldsymbol{w}_{3_2} \,|\, \boldsymbol{\kappa}_{3_2}) + c_{3_2} s_{3_2}] \\
g_{c_2} = -a_{4_2}^{-1} [f_{4_2} + z_{d_{4_2}} - \dot{x}_{4d_2} + \Xi_{4_2}(\boldsymbol{w}_{4_2} \,|\, \boldsymbol{\kappa}_{4_2}) + c_{4_2} s_{4_2}] \\
u_2 = b_2^{-1} [N_2(\chi_2) \bar{u}_2 - z_{d_{5_2}}] \\
\bar{u}_2 = -\dot{g}_2 f_{5_2} + \dot{g}_{d_2} - \Xi_{5_2}(\boldsymbol{w}_{5_2} \,|\, \boldsymbol{\kappa}_{5_2}) - c_{5_2} s_{5_2}
\end{cases}
\tag{4.49}
$$

式中，各参数的取值范围、函数形式、模糊参数自适应律以及稳定性分析同理于设计方法 4.3。为了便于后面的叙述，现将设计方法 4.3 与设计方法 4.4 简记为 AFDSSMN(adaptive fuzzy dynamic surface sliding mode Nussbaum)方法。

4.2.4 仿真结果与分析

本节的主要目的是在目标做圆弧机动的工况下，通过数学仿真与半实物仿真对 AFDSSMN 方法进行分析和验证，用以表明设计方法的可行性与有效性。AFDSSMN 方法仿真环境参数、AFDSSMN 方法参数分别如表 4.5、表 4.6 所示。

表 4.5　AFDSSMN 方法仿真环境参数

参数	数值	参数	数值
$x_{P_0 0}$ /m	0	$x_{T_0 0}$ /m	3000
$y_{P_0 0}$ /m	4000	$y_{T_0 0}$ /m	0
$z_{P_0 0}$ /m	0	$z_{T_0 0}$ /m	0
θ_{P0} /(°)	−5	θ_{T0} /(°)	0
ψ_{P0} /(°)	0	ψ_{T0} /(°)	0
v_P /(m/s)	357	v_T /(m/s)	30
Δ_F /%	10	Δ_M /%	10
τ_{Ty_8}	0.01	$d_{F_{Py_2}}$ /N	$\sin t$
τ_{Tz_8}	0.01	$d_{F_{Pz_2}}$ /N	$\cos t$
θ_{Qf} /(°)	−65	$d_{M_{z_4}}$ /(N · m)	$\sin(t/2)$
ψ_{Qf} /(°)	10	$d_{M_{y_4}}$ /(N · m)	$\cos(t/2)$
w_{x_0} /(m/s)	−3	$d_{\delta_{zeq}}$ /(rad/s)	$\sin(t/3)$
w_{y_0} /(m/s)	5	$d_{\delta_{yeq}}$ /(rad/s)	$\cos(t/3)$
w_{z_0} /(m/s)	3	τ_c	0.01

注：给出干扰数值的考虑与设计方法 ADSSMN 对应的注相同。

表 4.6　AFDSSMN 方法参数

参数	数值	参数	数值
β_1	10	β_2	10
ϕ_1	1.5	ϕ_2	1.5
k_{2_1}	0.2	k_{2_2}	0.2
c_{2_1}	1	c_{2_2}	1

续表

参数	数值	参数	数值
k_{3_1}	1	k_{3_2}	1
c_{3_1}	2	c_{3_2}	2
k_{4_1}	1	k_{4_2}	1
c_{4_1}	2	c_{4_2}	2
k_{5_1}	1	k_{5_2}	1
c_{5_1}	2	c_{5_2}	2
γ_{χ_1}	0.5	γ_{χ_2}	0.5
τ_3	0.01	τ_4	0.01
τ_g	0.01		

为了体现 AFDSSMN 方法能够使系统满足 $\dot{\theta}_Q$ 、 $\dot{\psi}_Q$ 测量受限的约束，在式(4.6)、式(4.7)、式(4.49)中均使用 $z_{x_{2_1}}$ 、 $z_{x_{2_2}}$ 信息。

模糊自适应参数向量 $\boldsymbol{\kappa}_{i_j}\ (i=3,4,5;\ j=1,2)$ 的初始值为零，选取高斯隶属度函数为

$$\begin{cases} \ell_{A_{i_j}^{l_{i_j}}}(s_{i_j})=\mathrm{e}^{-\left(10s_{i_j}+1-\frac{l_{i_j}-1}{2}\right)^2}, & l_{i_j}=1,2,\cdots,5 \\ \ell_{A_{i_j}^{l_{i_j}}}(\dot{s}_{i_j})=\mathrm{e}^{-\left(5\dot{s}_{i_j}+2-\frac{l_{i_j}-1}{2}\right)^2}, & l_{i_j}=1,2,\cdots,9 \end{cases} \tag{4.50}$$

设定目标做圆弧机动的加速度控制指令为

$$\begin{aligned} a_{Ty_8}^c &= 3\ (\mathrm{m/s^2}) \\ a_{Tz_8}^c &= -2\ (\mathrm{m/s^2}) \end{aligned} \tag{4.51}$$

为了体现 AFDSSMN 方法的优越性，引入一种考虑攻击角约束的 IGC 通道独立设计方法[113]，将其简记为 ADRCIGC(auto disturbance rejection control integrated guidance and control)方法，仿真结果与仿真曲线分别如表 4.7 和图 4.5 所示。为了便于叙述，将 AFDSSMN 方法进行半实物仿真得到的仿真结果简记为 AFDSSMN-H。

表 4.7　AFDSSMN 方法在目标做圆弧机动工况下的仿真结果

方法	脱靶量/m	命中时间/s	θ_{Qf} 误差/(°)	ψ_{Qf} 误差/(°)
AFDSSMN	0.248	14.640	0.032	0.028
AFDSSMN-H	0.253	14.650	0.033	0.029
ADRCIGC	0.576	14.770	0.082	0.079

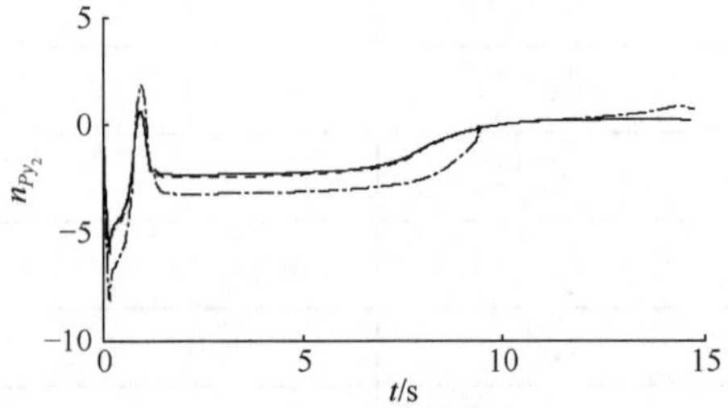

(a) 法向过载

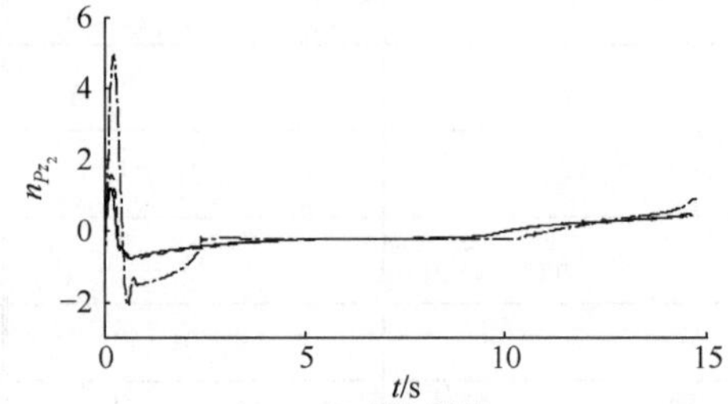

(b) 侧向过载

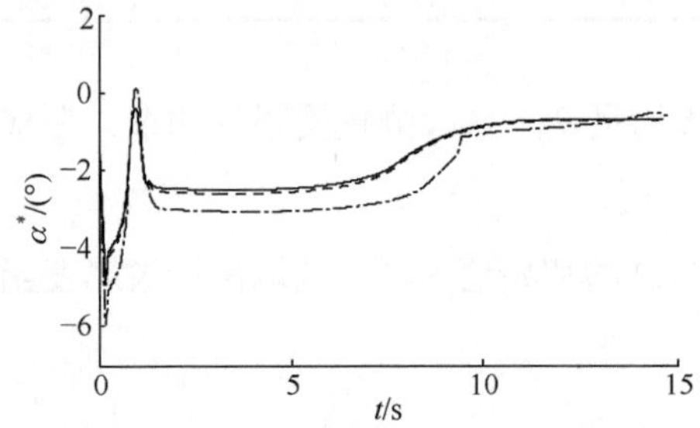

(c) 准攻角

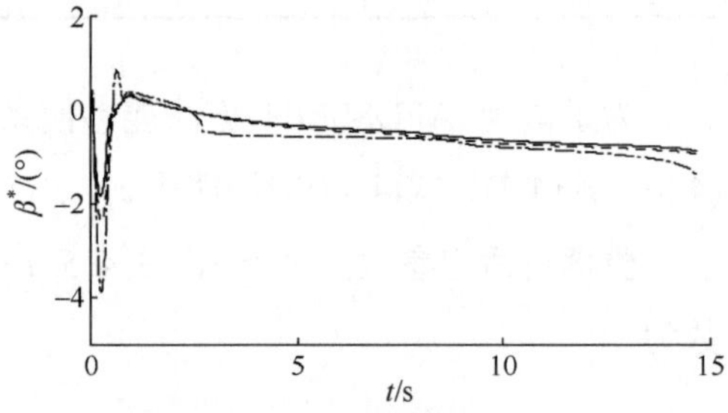

(d) 准侧滑角

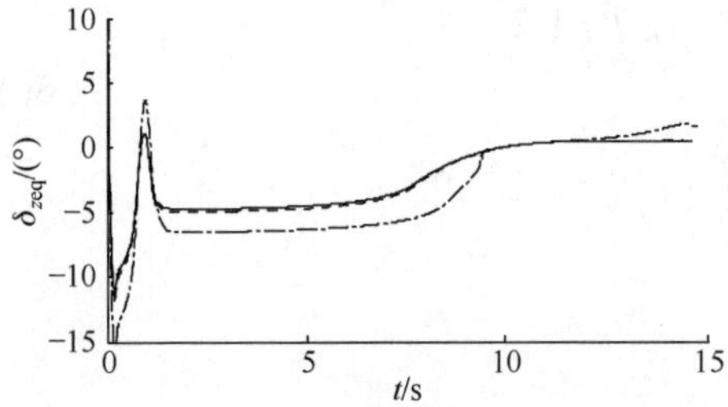

(e) 等效俯仰舵偏角

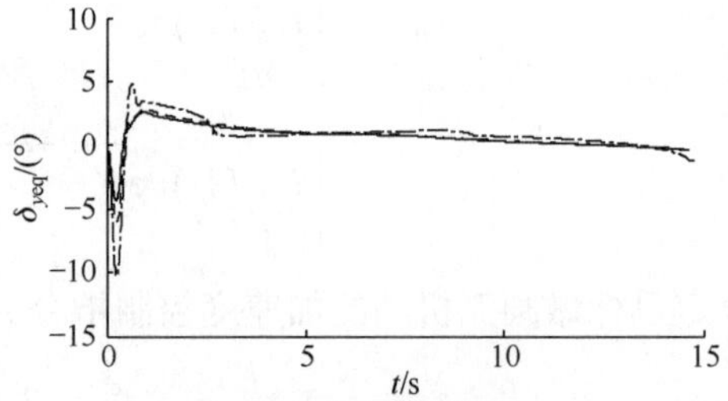

(f) 等效偏航舵偏角

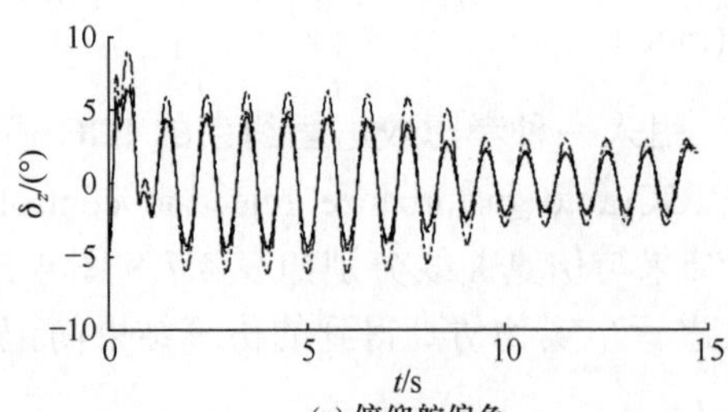

(g) 俯仰舵偏角

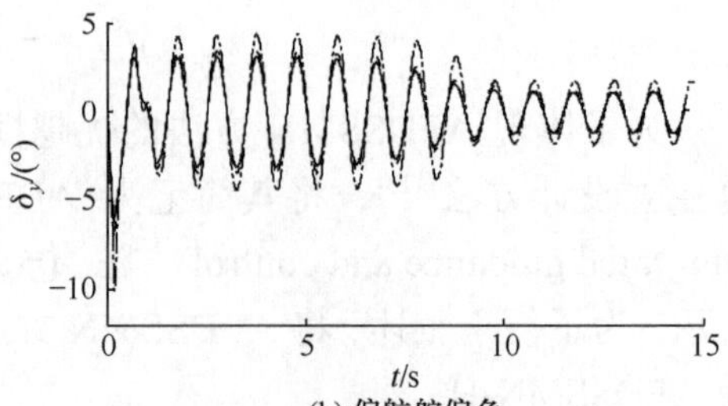

(h) 偏航舵偏角

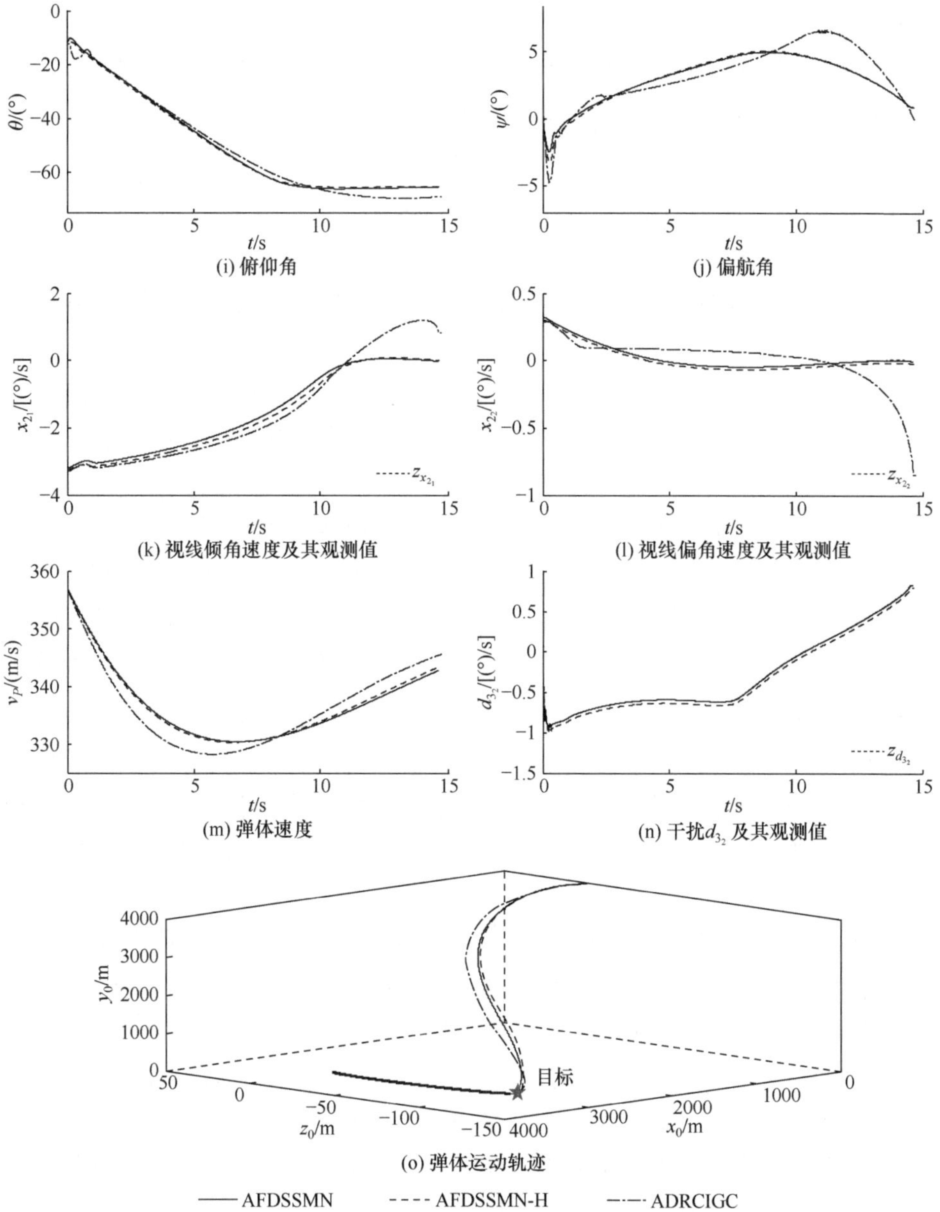

(i) 俯仰角　(j) 偏航角

(k) 视线倾角速度及其观测值　(l) 视线偏角速度及其观测值

(m) 弹体速度　(n) 干扰d_{3_2}及其观测值

(o) 弹体运动轨迹

图 4.5　AFDSSMN 方法在目标做圆弧机动工况下的仿真曲线

n_{Py_2} 与 n_{Pz_2} 的仿真曲线分别在图 4.5(a)和(b)中进行绘制，ADRCIGC 方法仅依靠具有固定切换项增益的动态面滑模来镇定系统，致使控制量发生抖振，进而导致其过载变化较为剧烈，且收敛速度较慢；而 AFDSSMN 方法通过模糊系统的自适应调整，有效地消除了控制量抖振，加快了收敛速度，降低了过载峰值。

图 4.5(c)和(d)分别展示了α^*与β^*的变化情况，它们与过载的变化趋势基本相同，充分地说明了n_{Py_2}与n_{Pz_2}主要分别由α^*与β^*诱导产生。

δ_{zeq}、δ_{yeq}与δ_z、δ_y的仿真曲线分别在图 4.5(e)～(h)中描述，可以看出等效舵偏角的变化十分接近弹体过载，而且 AFDSSMN 方法在一定程度上降低了舵机指令的峰值，能够尽量避免出现控制饱和，从而更好地保护了舵机，这得益于 AFS 与 Nussbaum 函数的有效调控，同时，某型号舵机偏航通道的幅频特性能够满足半实物仿真的需求。

图 4.5(i)和(j)分别展示了θ与ψ的变化趋势，与 ADRCIGC 方法相比较，在 AFDSSMN 方法的调控下，弹体的姿态变化在整个末制导过程中显得更为平滑连续，而且收敛速度较快，为在空中高速运动的旋转弹体提供了稳定飞行的有利条件，同时验证了转台良好的动态特性以及半实物仿真系统的高实时性。

$\dot{\theta}_Q$、$\dot{\psi}_Q$及其观测值的实验曲线分别在图 4.5(k)～(l)中进行描述，在 AFDSSMN 方法的调控下，ESO 能够快速而又准确地对$\dot{\theta}_Q$、$\dot{\psi}_Q$进行观测，状态变量x_{1_1}、x_{1_2}、x_{2_1}、x_{2_2}自 10s 后能够稳定地收敛至零，表明了所设计 NTSM 具备有限时间收敛特性，也在一定程度上降低了弹载传感器的硬件设计要求。

弹体速度的变化曲线在图 4.5(m)中描绘，整个末制导过程中弹体速度的变化是连续的，并没有发生突变的情况，AFDSSMN 方法的控制品质优于 ADRCIGC 方法。

从图 4.5(n)中可以看出干扰d_{3_2}及其观测值的变化情况，在干扰变化较快、范围较大的工况下，所设计的 ESO 也能够对视线角速度以及干扰进行快速准确的观测，为精确打击圆弧机动目标提供了必需的反馈信息。

图 4.5(o)为弹体运动轨迹，结合表 4.7 可知，两种设计方法均可以精确地命中圆弧机动目标，由于 AFDSSMN 方法采用了自适应模糊系统替代滑模切换项，既达到了消除控制量高频抖振的效果，又保证了系统一致最终有界，在脱靶量、命中时间等重要指标上做出了进一步优化。

为了进一步考察 AFDSSMN 方法的鲁棒性，在上述工况中，仅使气动力系数与气动力矩系数相对于标称值发生±20%的摄动，在不同Δ_F、Δ_M组合的条件下进行数学仿真。AFDSSMN 方法在气动参数摄动条件下攻击圆弧机动目标的仿真结果与仿真曲线分别如表 4.8 与图 4.6 所示。

表 4.8　AFDSSMN 方法在气动参数摄动条件下攻击圆弧机动目标的仿真结果

序号	Δ_F /%	Δ_M /%	脱靶量/m	命中时间/s	θ_{Qf} 误差/(°)	ψ_{Qf} 误差/(°)
①	+20	+20	0.372	14.750	0.051	0.045
②	+20	−20	0.347	14.690	0.046	0.040
③	−20	+20	0.334	14.700	0.045	0.039
④	−20	−20	0.363	14.730	0.049	0.043
⑤	+20	0	0.326	14.710	0.044	0.040
⑥	0	+20	0.287	14.670	0.039	0.032

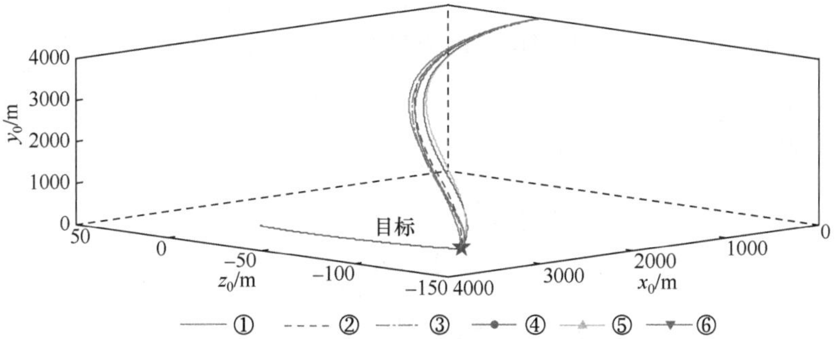

图 4.6　AFDSSMN 方法在气动参数摄动条件下攻击圆弧机动目标的仿真曲线

通过分析可知，在不同Δ_F、Δ_M组合的条件下，受 ESO、自适应 Nussbaum 函数以及自适应模糊系统的调控，AFDSSMN 方法能够较好地补偿$d_{F_{Py_2A}}$、$d_{M_{z_4A}}$等干扰以及舵机控制饱和因素对弹体制导飞行的负面影响，使弹体具备足够可用的过载余量。同时，所设计的 NTSM 确保了 IGC 系统能够在有限时间内满足终端角度θ_{Qf}与ψ_{Qf}的约束。此外，通过分析⑤、⑥以及工况设定值的仿真结果可知，在摄动范围相同时，气动力系数摄动对 IGC 系统的影响程度比气动力矩系数更大，这就需要研究人员更加注意气动力系数的测量与校正工作。综上所述，所设计的 AFDSSMN 方法具有良好的鲁棒性，能够较好地适应气动力系数在一定范围内摄动时的工况。

4.3　考虑舵机齿隙的动态面滑模设计方法

4.3.1　问题描述

电动舵机作为舰炮制导炮弹进行姿态控制、弹道控制的执行机构，其性能直接影响着制导系统的品质，而齿隙是制约舵机性能的重要非线性因素之一[170]，因此在 IGC 设计方法的研究中将舵机环节考虑为含齿隙的机电模型具有重要的意义。

齿隙具有非连续、不可微等非线性特性[171]，且相关参数难以精确测量，这给建立齿隙模型与补偿控制带来较大困难，国内外学者建立了诸多描述齿隙非线性特性的模型，其中具有代表性的是，吴帅帅等[172]提出了一种可以高精度地逼近死区模型的可微近似死区模型，Wu 等[173]进一步阐明了采用该模型描述齿隙的合理性与可行性，并分析论证了参数选取与逼近精度的关系，但并未考虑外界干扰。

弹载电动舵机选用永磁无刷直流电机，为了便于分析，忽略电动机铁芯饱和、涡流、磁滞损耗、齿槽效应和电枢反应等的影响，电枢绕组在电枢内表面均匀连续分布，气隙磁场分布近似为平顶宽度为 120°(电角度)的梯形波，驱动电路功率开关管和续流二极管具备理想开关特性[174]。以俯仰通道舵机为例，电动机通过传动比为 N_δ 、最大齿隙宽度为 $2j_\delta$ 的减速齿轮驱动舵片跟踪舵偏角指令，在电机的每一相导通时，化简为等效电路可以得到舵机的含齿隙双惯量模型，如图 4.7 所示。

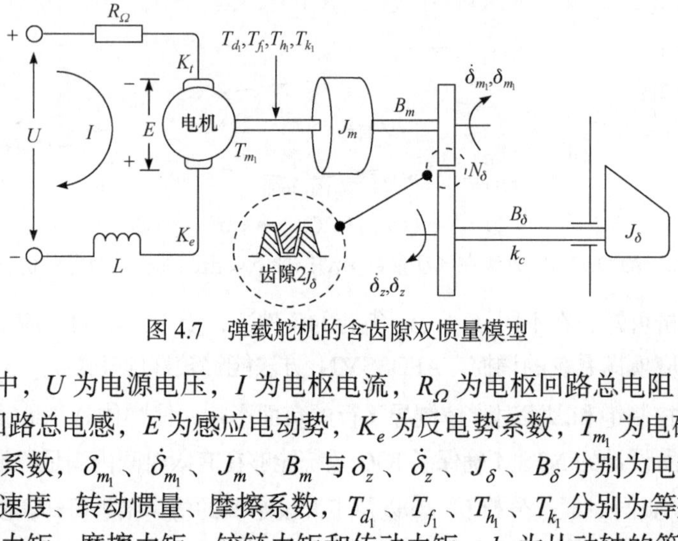

图 4.7　弹载舵机的含齿隙双惯量模型

图 4.7 中，U 为电源电压，I 为电枢电流，R_Ω 为电枢回路总电阻，L ($L \approx 0$ ，可忽略)为回路总电感，E 为感应电动势，K_e 为反电势系数，T_{m_1} 为电磁转矩，K_t 为电磁转矩系数，δ_{m_1} 、$\dot{\delta}_{m_1}$ 、J_m 、B_m 与 δ_z 、$\dot{\delta}_z$ 、J_δ 、B_δ 分别为电动机与舵片的转角、角速度、转动惯量、摩擦系数，T_{d_1} 、T_{f_1} 、T_{h_1} 、T_{k_1} 分别为等效至驱动轴的外部干扰力矩、摩擦力矩、铰链力矩和传动力矩，k_c 为从动轴的等效刚度。

上述模型可由电枢回路电压平衡方程、电磁转矩方程、驱动轴转矩平衡方程、传动力矩方程来描述：

$$\begin{cases} U = R_\Omega I + L\dfrac{\mathrm{d}I}{\mathrm{d}t} + K_e\delta_m \\ T_{m_1} = K_t I \\ T_{m_1} = J_m\dfrac{\mathrm{d}\dot{\delta}_{m_1}}{\mathrm{d}t} + T_{d_1} + T_{f_1} + T_{h_1} + T_{k_1} \\ T_{k_1} = k_c f(z_1) \end{cases} \tag{4.52}$$

式中，$T_{h_1} = h_\delta \delta_z$ 为铰链力矩，$h_\delta = T_{h\max} / \delta_{\max}$ 为铰链力矩系数，$T_{h\max}$ 为单片舵片的最大力矩；$z_1 = \delta_{m_1} - \delta_z N_\delta$ 为驱动轴与从动轴之间的相对转角，即齿隙宽度，易

知其满足 $-2j_\delta \leqslant z_1 \leqslant 2j_\delta$；$f(z_1)$ 为死区函数：

$$f(z_1)=\begin{cases} z_1+j_\delta, & z_1<-j_\delta \\ 0, & |z_1|\leqslant j_\delta \\ z_1-j_\delta, & z_1>j_\delta \end{cases} \tag{4.53}$$

由于式(4.53)连续不可微，为了便于设计，引入连续可微的近似死区函数：

$$f_\Theta(z_1)=z_1-j_\delta\left(\frac{2}{1+\mathrm{e}^{-\sigma_z z_1}}-1\right) \tag{4.54}$$

$f_\Theta(z_1)$ 与 $f(z_1)$ 的逼近误差为

$$\Delta f(z_1)=\begin{cases} j_\delta\left(\dfrac{2}{1+\mathrm{e}^{-\sigma_z z_1}}-1\right)+j_\delta, & z_1<-j_\delta \\ j_\delta\left(\dfrac{2}{1+\mathrm{e}^{-\sigma_z z_1}}-1\right)-z_1, & |z_1|\leqslant j_\delta \\ j_\delta\left(\dfrac{2}{1+\mathrm{e}^{-\sigma_z z_1}}-1\right)-j_\delta, & z_1>j_\delta \end{cases} \tag{4.55}$$

引理 4.3[170]　对于由式(4.53)～式(4.55)描述的死区、近似死区函数，有以下结论成立：① $\lim\limits_{z_1\to\infty}\Delta f(z_1)=0$；② $|\Delta f(z_1)|\leqslant\dfrac{2j_\delta\mathrm{e}^{-\sigma_z z_1}}{1+\mathrm{e}^{-\sigma_z z_1}}$；③当 $\sigma_z=\dfrac{2}{j_\delta}$ 时，逼近误差最小。那么，式(4.52)中的第 4 个等式可以表示为

$$T_{k_1}=k_c f_\Theta(z_1)+k_c\Delta f(z_1) \tag{4.56}$$

弹载舵机的伺服系统采用三闭环控制结构(电流环、速度环、位置环)，将舵机的含齿隙双惯量模型引入伺服系统中(图 4.8)，其中，电流控制器采用系数为 K_{ip} 的比例控制，PWM 逆变器可等效为比例环节 K_{pwm}，u_1 为所设计位置控制器的控制信号，K_v 为速度环的反馈系数，速度控制器采用系数为 K_{vp} 的比例控制。

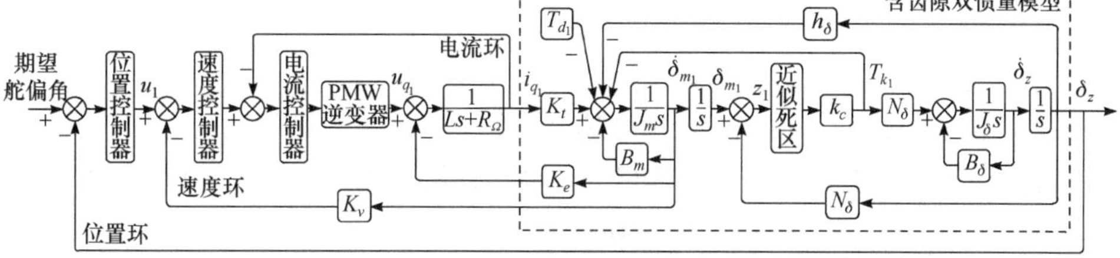

图 4.8　弹载舵机伺服系统的三闭环控制结构

为了突出所研究问题的重点，即舵机齿隙对 IGC 通道独立设计的影响，同时避免使研究过程过于复杂，将上述三闭环控制结构用于 $\delta_{z\mathrm{eq}}$、$\delta_{y\mathrm{eq}}$，而且暂不考虑由舵

机偏转受限引入的控制饱和问题。定义新的状态变量 x_{6_1}、x_{7_1}、x_{8_1} 分别为

$$\begin{cases} x_{6_1} = \dot{\delta}_{z\mathrm{eq}} \\ x_{7_1} = z_1 - j_\delta\left(\dfrac{2}{1+\mathrm{e}^{-\sigma_z z_1}} - 1\right) \\ x_{8_1} = \dot{z}_1\left[1 - 2\sigma_z j_\delta \dfrac{\mathrm{e}^{-\sigma_z z_1}}{(1+\mathrm{e}^{-\sigma_z z_1})^2}\right] \end{cases} \tag{4.57}$$

结合系统(2.76)可得含舵机齿隙双惯量模型的 IGC 俯仰通道独立设计的串级闭环系统状态空间为

$$\begin{cases} \dot{x}_{1_1} = x_{2_1},\ \dot{x}_{2_1} = f_{2_1} + a_{2_1} x_{3_1} + d_{2_1} \\ \dot{x}_{3_1} = f_{3_1} + x_{4_1} + d_{3_1},\ \dot{x}_{4_1} = f_{4_1} + a_{4_1} x_{5_1} + d_{40_1},\ \dot{x}_{5_1} = x_{6_1} \\ \dot{x}_{6_1} = \underbrace{\dfrac{k_c N_\delta}{J_\delta}}_{a_{6_1}} x_{7_1} \underbrace{- \dfrac{B_\delta}{J_\delta} x_{8_1}}_{f_{6_1}} + \underbrace{\dfrac{k_c N_\delta}{J_\delta} \Delta f(z_1)}_{d_{6_1}},\ \dot{x}_{7_1} = x_{8_1} \\ \dot{x}_{8_1} = \underbrace{-\dfrac{\zeta_1 h_\delta}{J_m} x_{5_1} + \left(\dfrac{B_\delta}{J_\delta} - \dfrac{K_v \Lambda_1 + \Lambda_2 + B_m}{J_m}\right) x_{6_1} - \left(\dfrac{1}{J_m} + \dfrac{N_\delta^2}{J_\delta}\right)\zeta_1 k_c x_{7_1}}_{f_{8_1}} \\ \qquad - \dfrac{K_v \Lambda_1 + \Lambda_2 + B_m}{J_m} x_{8_1} + \underbrace{\dfrac{\zeta_1 \Lambda_1}{J_m}}_{b_1} u_1 \\ \qquad \underbrace{+ 2\sigma_z^2 j_\delta \dot{z}_1^2 \iota_1 - \dfrac{\zeta_1}{J_m} T_{d_1} - \left(\dfrac{1}{J_m} + \dfrac{N_\delta^2}{J_\delta}\right)\zeta_1 k_c \Delta f(z_1)}_{d_{8_1}} \end{cases} \tag{4.58}$$

式中，$\Lambda_1 = \dfrac{K_{vp} K_{ip} K_{\mathrm{pwm}} K_t}{R_\Omega + K_{ip} K_{\mathrm{pwm}}}$；$\Lambda_2 = \dfrac{K_t K_e}{R_\Omega + K_{ip} K_{\mathrm{pwm}}}$；$\iota_1 = \dfrac{\mathrm{e}^{-\sigma_z z_1}(1-\mathrm{e}^{-\sigma_z z_1})}{(1+\mathrm{e}^{-\sigma_z z_1})^3}$；$\zeta_1 = 1 - 2\sigma_z j_\delta \dfrac{\mathrm{e}^{-\sigma_z z_1}}{(1+\mathrm{e}^{-\sigma_z z_1})^2}$。

为了便于进行方法设计，给出合理假设如下。

假设 4.2　干扰 $d_{i_1}\,(i=6,8)$ 未知有界，且其导数 $\dot{d}_{i_1}$ 有界，总存在正常数 D_{i_1}、$\bar{D}_{i_1}$ 分别使不等式 $|d_{i_1}| \leqslant D_{i_1}$、$|\dot{d}_{i_1}| \leqslant \bar{D}_{i_1}$ 始终成立。

注　根据 $\Delta f(z_1)$ 的定义可知，它在定义域上不存在断续的点，属于连续函数，当 $z_1 = \pm j_\delta$ 时 $\Delta f(z_1)$ 的左导数与右导数不相等而导致其在这两点不可导，但 $\Delta f(z_1)$ 在除这两点外的定义域上均可导，而且导数显然是有界的。

4.3.2 俯仰通道设计方法与稳定性分析

设计方法的目的是针对含舵机齿隙双惯量模型的 IGC 俯仰通道独立设计系统(4.58)，在状态变量 x_{1_1} 受约束、x_{2_1} 测量受限、干扰 $d_{i_1}(i=2,3,6,8)$、d_{40_1} 未知有界的情况下，产生合适的控制量 u_1，使系统状态 x_{1_1}、x_{2_1} 在有限时间内收敛至零，保证闭环系统一致最终有界，并且能够迅速稳定地收敛至平衡点附近充分小的邻域内。

设计方法主要由 ESO、NTSM 与 DSSM 等构成，它们的设计原理与设计方法 4.1 相同，由于系统(4.58)的阶次相对于系统(4.2)要高，ESO、DSSM 的形式有所区别，所以本节仅简略给出它们的设计方程，随后进行闭环系统的稳定性分析。

1. 设计方法

1) ESO 设计

为了降低不确定干扰 d_{2_1} 对系统的影响，并向设计方法提供必要的视线倾角速度信息 $\dot{\theta}_Q$，要设计 ESO 对其进行迅速而准确的观测。定义观测变量为 $z_{x_{1_1}}$、$z_{x_{2_1}}$、$z_{d_{2_1}}$，观测误差为 $e_{z21_1}=z_{x_{1_1}}-x_{1_1}$、$e_{z22_1}=z_{x_{2_1}}-x_{2_1}$、$e_{z23_1}=z_{d_{2_1}}-d_{2_1}$，设计三阶 ESO 为

$$\begin{cases}\dot{z}_{x_{1_1}}=z_{x_{2_1}}-\mu_{21_1}e_{z21_1}\\ \dot{z}_{x_{2_1}}=-\dfrac{2\dot{R}}{R}z_{x_{2_1}}+\dfrac{g\cos\theta_P}{R}+a_{2_1}x_{3_1}+z_{d_{2_1}}-\mu_{22_1}\mathrm{fal}(e_{z21_1},\sigma_{21_1},\eta_{21_1})\\ \dot{z}_{d_{2_1}}=-\mu_{23_1}\mathrm{fal}(e_{z21_1},\sigma_{22_1},\eta_{22_1})\end{cases} \tag{4.59}$$

式中，$\mu_{2i_1}>0(i=1,2,3)$；$0<\sigma_{2i_1}<1\,(i=1,2)$；$0<\eta_{2i_1}<1\,(i=1,2)$。非线性函数形式同理于 ESO(4.3)。

为了迅速准确地观测出不确定干扰 $d_{i_1}(i=3,6,8)$、d_{40_1}，定义观测变量为 $z_{x_{i_1}}(i=3,4,6,8)$、$z_{d_{i_1}}(i=3,6,8)$、$z_{d_{40_1}}$，对应地定义观测误差为 $e_{zi1_1}=z_{x_{i_1}}-x_{i_1}$、$e_{zi2_1}=z_{d_{i_1}}-d_{i_1}$、$e_{z42_1}=z_{d_{40_1}}-d_{40_1}$，分别设计二阶 ESO 为

$$\begin{cases}\dot{z}_{x_{3_1}}=f_{3_1}+x_{4_1}+z_{d_{3_1}}-\mu_{31_1}e_{z31_1}\\ \dot{z}_{x_{4_1}}=f_{4_1}+a_{4_1}x_{5_1}+z_{d_{40_1}}-\mu_{41_1}e_{z41_1}\\ \dot{z}_{x_{6_1}}=f_{6_1}+a_{6_1}x_{6_1}+z_{d_{6_1}}-\mu_{61_1}e_{z61_1}\\ \dot{z}_{x_{8_1}}=f_{8_1}-\dfrac{K_v\Lambda_1+\Lambda_2+B_m}{J_m}z_{x_{8_1}}+b_1u_1+z_{d_{8_1}}-\mu_{81_1}e_{z81_1}\\ \dot{z}_{d_{i_1}}=-\mu_{i2_1}\mathrm{fal}(e_{zi1_1},\sigma_{i_1},\eta_{i_1}),\quad i=3,6,8\\ \dot{z}_{d_{40_1}}=-\mu_{42_1}\mathrm{fal}(e_{z41_1},\sigma_{4_1},\eta_{4_1})\end{cases} \tag{4.60}$$

式中，各参数的定义、取值范围以及函数形式参照 ESO(4.3)。根据定理 3.1 可知，通过选择合适的参数，能够使 ESO(4.59)、(4.60)的观测误差在有限时间内收敛至平衡点附近任意小的邻域内。

2) NTSM 设计

同理于设计方法 4.1，设计 NTSM 与虚拟控制量 x_{3c_1} 分别为

$$s_{2_1}=x_{1_1}+\beta_1|x_{2_1}|^{\phi_1}\operatorname{sign}(x_{2_1}),\quad \beta_1>0,\quad 1<\phi_1<2 \tag{4.61}$$

$$x_{3c_1}=-a_{2_1}^{-1}\left[\frac{|x_{2_1}|^{(2-\phi_1)}}{\beta_1\phi_1}\operatorname{sign}(x_{2_1})+f_{2_1}+z_{d_{2_1}}+k_{2_1}\operatorname{sign}(s_{2_1})+\frac{|\dot{R}|}{R}c_{2_1}s_{2_1}\right] \tag{4.62}$$

式中，$|e_{z21_1}|\leqslant k_{2_1}$，$c_{2_1}>0$。结合上述设计，并参照定理 3.2 可以推导出如下定理。

定理 4.4　针对由系统(4.58)前两个等式构成的子系统，采用 ESO(4.59)、(4.60)与 NTSM(4.61)、(4.62)，通过选择合适的参数，能使系统状态 x_{1_1}、x_{2_1} 在有限时间内收敛至零。

3) DSSM 设计

同理于设计方法 4.1，设计动态面滑模 3～8 分别为

$$s_{i_1}=x_{i_1}-x_{id_1},\quad i=3,4,\cdots,8 \tag{4.63}$$

式中，x_{id_1} 为虚拟控制量 x_{ic_1} 的滤波值，设计 x_{ic_1} 与控制量分别为

$$\begin{cases}x_{4c_1}=-[f_{3_1}+z_{d_{3_1}}-\dot{x}_{3d_1}+k_{3_1}\operatorname{sign}(s_{3_1})+c_{3_1}s_{3_1}]\\ x_{5c_1}=-a_{4_1}^{-1}[f_{4_1}+z_{d_{40_1}}-\dot{x}_{4d_1}+k_{4_1}\operatorname{sign}(s_{4_1})+c_{4_1}s_{4_1}]\\ x_{6c_1}=\dot{x}_{5d_1}-k_{5_1}\operatorname{sign}(s_{5_1})-c_{5_1}s_{5_1}\\ x_{7c_1}=-a_{6_1}^{-1}[f_{6_1}+z_{d_{6_1}}-\dot{x}_{6d_1}+k_{6_1}\operatorname{sign}(s_{6_1})+c_{6_1}s_{6_1}]\\ x_{8c_1}=\dot{x}_{7d_1}-k_{7_1}\operatorname{sign}(s_{7_1})-c_{7_1}s_{7_1}\\ u_1=-b_1^{-1}[f_{8_1}-(K_v\Lambda_1+\Lambda_2+B_m)x_{8_1}/J_m\\ \qquad +z_{d_{8_1}}-\dot{x}_{8d_1}+k_{8_1}\operatorname{sign}(s_{8_1})+c_{8_1}s_{8_1}]\end{cases} \tag{4.64}$$

式中，$|e_{zi1_1}|\leqslant k_{i_1}(i=3,4,6,8)$，$k_{5_1}\geqslant 0$，$k_{7_1}\geqslant 0$，$c_{i_1}>0(i=3,4,\cdots,8)$。

为了避免对虚拟控制量 $x_{ic_1}(i=3,4,\cdots,8)$ 直接求导，设计一阶滤波器为

$$\tau_i\dot{x}_{id_1}+x_{id_1}=x_{ic_1},\quad x_{id_1}(0)=x_{ic_1}(0),\quad \tau_i>0 \tag{4.65}$$

至此，俯仰通道上含舵机齿隙的 IGC 独立设计完毕，总结如下。

设计方法 4.5　由 ESO(4.59)、(4.60)，NTSM(4.61)、(4.62)，以及 DSSM(4.63)～

(4.65)等组成。

2. 稳定性分析

定义虚拟控制量误差为

$$y_{i_1} = x_{id_1} - x_{ic_1}, \quad i = 3, 4, \cdots, 8 \tag{4.66}$$

对式(4.66)进行求导，可得

$$\dot{x}_{id_1} = -\tau_i^{-1} y_{i_1} \tag{4.67}$$

通过进一步推导，可得

$$\dot{y}_{i_1} = -\tau_i^{-1} y_{i_1} - \dot{x}_{ic_1} \tag{4.68}$$

由文献[168]可知，存在正实数 M_{i_1} 使得 $\dot{x}_{ic_1} \leqslant M_{i_1}$ 成立，再经过推导可得

$$x_{i_1} = s_{i_1} + y_{i_1} + x_{ic_1} \tag{4.69}$$

选取闭环系统 Lyapunov 函数 V_1 为

$$V_1 = \frac{1}{2}\sum_{i=2}^{8} s_{i_1}^2 + \frac{1}{2}\sum_{i=3}^{8} y_{i_1}^2 \tag{4.70}$$

结合上述设计，并参照定理 4.1 可以推导出如下定理。

定理 4.5　对于系统(4.58)，采用设计方法 4.5，通过选择合适的参数，能够使闭环系统一致最终有界，并且能够迅速稳定地收敛至平衡点附近充分小的邻域内。

证明　对式(4.70)进行求导，可得

$$\begin{aligned}
\dot{V}_1 &= \sum_{i=2}^{8} s_{i_1}\dot{s}_{i_1} + \sum_{i=3}^{8} y_{i_1}\dot{y}_{i_1} \\
&= s_{2_1}\{x_{2_1} + \beta_1\phi_1 |x_{2_1}|^{(\phi_1-1)}[f_{2_1} + a_{2_1}(s_{3_1} + y_{3_1} + x_{3c_1}) + d_{2_1}]\} \\
&\quad + s_{3_1}[f_{3_1} + (s_{4_1} + y_{4_1} + x_{4c_1}) + d_{3_1} - \dot{x}_{3d_1}] + s_{4_1}[f_{4_1} + a_{4_1}(s_{5_1} + y_{5_1} + x_{5c_1}) \\
&\quad + d_{40_1} - \dot{x}_{4d_1}] + s_{5_1}(s_{6_1} + y_{6_1} + x_{6c_1} - \dot{x}_{5d_1}) + s_{6_1}[f_{6_1} + a_{6_1}(s_{7_1} + y_{7_1} + x_{7c_1}) \\
&\quad + d_{6_1} - \dot{x}_{6d_1}] + s_{7_1}(s_{8_1} + y_{8_1} + x_{8c_1} - \dot{x}_{7d_1}) + s_{8_1}(f_{8_1} + b_1 u_1 + d_{8_1} - \dot{x}_{8d_1}) \\
&\quad + \sum_{i=3}^{8} y_{i_1}(-\dot{x}_{ic_1} - \tau_i^{-1} y_{i_1}) \\
&\leqslant \beta_1\phi_1 |x_{2_1}|^{(\phi_1-1)} a_{2_1} s_{2_1}(s_{3_1} + y_{3_1}) + \beta_1\phi_1 |x_{2_1}|^{(\phi_1-1)} s_{2_1} \\
&\quad \left[d_{2_1} - z_{d_{2_1}} - k_{2_1}\operatorname{sign}(s_{2_1}) - \frac{|\dot{R}|}{R} c_{2_1} s_{2_1}\right] + s_{3_1}(s_{4_1} + y_{4_1}) \\
&\quad + s_{3_1}[d_{3_1} - z_{d_{3_1}} - k_{3_1}\operatorname{sign}(s_{3_1}) - c_{3_1} s_{3_1}] + a_{4_1} s_{4_1}(s_{5_1} + y_{5_1})
\end{aligned}$$

$$
\begin{aligned}
&+s_{4_1}[d_{40_1}-z_{d_{40_1}}-k_{4_1}\operatorname{sign}(s_{4_1})-c_{4_1}s_{4_1}]+s_{5_1}(s_{6_1}+y_{6_1})\\
&+s_{5_1}[-k_{5_1}\operatorname{sign}(s_{5_1})-c_{5_1}s_{5_1}]+a_{6_1}s_{6_1}(s_{7_1}+y_{7_1})\\
&+s_{6_1}[d_{6_1}-z_{d_{6_1}}-k_{6_1}\operatorname{sign}(s_{6_1})-c_{6_1}s_{6_1}]+s_{7_1}(s_{8_1}+y_{8_1})\\
&+s_{7_1}[-k_{7_1}\operatorname{sign}(s_{7_1})-c_{7_1}s_{7_1}]+s_{8_1}[d_{8_1}-z_{d_{8_1}}\\
&-k_{8_1}\operatorname{sign}(s_{8_1})-c_{8_1}s_{8_1}]+\sum_{i=3}^{8}y_{i_1}(M_{i_1}-\tau_i^{-1}y_{i_1})\\
\leqslant\ &\beta_1\phi_1|x_{2_1}|^{(\phi_1-1)}a_{2_1}\left(s_{2_1}^2+\frac{s_{3_1}^2}{2}+\frac{y_{3_1}^2}{2}\right)\\
&-\beta_1\phi_1|x_{2_1}|^{(\phi_1-1)}\frac{|\dot{R}|}{R}c_{2_1}s_{2_1}^2+s_{3_1}^2+\frac{s_{4_1}^2}{2}+\frac{y_{4_1}^2}{2}-c_{3_1}s_{3_1}^2\\
&+a_{4_1}\left(s_{4_1}^2+\frac{s_{5_1}^2}{2}+\frac{y_{5_1}^2}{2}\right)-c_{4_1}s_{4_1}^2+s_{5_1}^2+\frac{s_{6_1}^2}{2}+\frac{y_{6_1}^2}{2}-c_{5_1}s_{5_1}^2\\
&+s_{6_1}^2+\frac{s_{7_1}^2}{2}+\frac{y_{7_1}^2}{2}-c_{6_1}s_{6_1}^2+s_{7_1}^2+\frac{s_{8_1}^2}{2}+\frac{y_{8_1}^2}{2}-c_{7_1}s_{7_1}^2\\
&-c_{8_1}s_{8_1}^2+\sum_{i=3}^{8}\left(\frac{M_{i_1}^2}{\rho^2}-\tau_i^{-1}\right)y_{i_1}^2+\frac{3}{2}\rho^2\\
\leqslant\ &-\underbrace{\beta_1\phi_1|x_{2_1}|^{(\phi_1-1)}\left(\frac{|\dot{R}|}{R}c_{2_1}-a_{2_1}\right)}_{m_{1_1}}s_{2_1}^2-\underbrace{\left[c_{3_1}-\frac{\beta_1\phi_1|x_{2_1}|^{(\phi_1-1)}}{2}a_{2_1}-1\right]}_{m_{2_1}}s_{3_1}^2\\
&-\underbrace{\left(c_{4_1}-a_{4_1}-\frac{1}{2}\right)}_{m_{3_1}}s_{4_1}^2-\underbrace{\left(c_{5_1}-\frac{a_{4_1}}{2}-1\right)}_{m_{4_1}}s_{5_1}^2-\underbrace{\left(c_{6_1}-\frac{3}{2}\right)}_{m_{5_1}}s_{6_1}^2-\underbrace{\left(c_{7_1}-\frac{3}{2}\right)}_{m_{6_1}}s_{7_1}^2\\
&-\underbrace{\left(c_{8_1}-\frac{1}{2}\right)}_{m_{7_1}}s_{8_1}^2-\underbrace{\left[\tau_3^{-1}-\frac{M_{3_1}^2}{\rho^2}-\frac{\beta_1\phi_1|x_{2_1}|^{(\phi_1-1)}}{2}a_{2_1}\right]}_{m_{8_1}}y_{3_1}^2\\
&-\underbrace{\left(\tau_4^{-1}-\frac{M_{4_1}^2}{\rho^2}-\frac{1}{2}\right)}_{m_{9_1}}y_{4_1}^2-\underbrace{\left(\tau_5^{-1}-\frac{M_{5_1}^2}{\rho^2}-\frac{a_{4_1}}{2}\right)}_{m_{10_1}}y_{5_1}^2-\underbrace{\left(\tau_6^{-1}-\frac{M_{6_1}^2}{\rho^2}-\frac{1}{2}\right)}_{m_{11_1}}y_{6_1}^2\\
&-\underbrace{\left(\tau_7^{-1}-\frac{M_{7_1}^2}{\rho^2}-\frac{1}{2}\right)}_{m_{12_1}}y_{7_1}^2-\underbrace{\left(\tau_8^{-1}-\frac{M_{8_1}^2}{\rho^2}-\frac{1}{2}\right)}_{m_{13_1}}y_{8_1}^2+\underbrace{\frac{3}{2}\rho^2}_{\varpi_1}
\end{aligned}
\tag{4.71}
$$

为了保证系统稳定，在选取参数时需要满足以下条件：

$$\begin{cases} c_{2_1} \geqslant \dfrac{R}{|\dot{R}|} a_{2_1},\ c_{3_1} \geqslant \dfrac{\beta_1 \phi_1 |x_{2_1}|^{(\phi_1-1)}}{2} a_{2_1} + 1 \\ c_{4_1} \geqslant a_{4_1} + \dfrac{1}{2},\ c_{5_1} \geqslant \dfrac{a_{4_1}}{2} + 1,\ c_{6_1} \geqslant \dfrac{3}{2},\ c_{7_1} \geqslant \dfrac{3}{2},\ c_{8_1} \geqslant \dfrac{1}{2} \\ \tau_3^{-1} \geqslant \dfrac{M_{3_1}^2}{\rho^2} + \dfrac{\beta_1 \phi_1 |x_{2_1}|^{(\phi_1-1)}}{2} a_{2_1},\ \tau_5^{-1} \geqslant \dfrac{M_{5_1}^2}{\rho^2} + \dfrac{a_{4_1}}{2} \\ \tau_i^{-1} \geqslant \dfrac{M_{i_1}^2}{\rho^2} + \dfrac{1}{2},\quad i = 4, 6, 7, 8 \end{cases} \tag{4.72}$$

令正常数 $\varepsilon_1 = \min\{m_{i_1}, i = 1, 2, \cdots, 13\}$，则式(4.70)可以进一步化简为

$$\dot{V}_1 \leqslant -2\varepsilon_1 V_1 + \varpi_1 \tag{4.73}$$

当 $V_1 = \Theta_1$ 且 $\varpi_1 / (2\Theta_1) < \varepsilon_1$ 时，有 $\dot{V}_1 < 0$ 成立，这就意味着 $V_1 \leqslant \Theta_1$ 时 V_1 是一个不变集，如果 $V_1(t_{s1}) \leqslant \Theta_1$，那么对 t_{s1} 之后的时刻 t 都有 $V_1(t) \leqslant \Theta_1$ 成立，将不等式两端同时积分，再结合引理 3.2 与比较原理[168]，经过推导可得

$$0 \leqslant V_1(t) \leqslant V_1(0)\mathrm{e}^{-2\varepsilon_1 t} + (1 - \mathrm{e}^{-2\varepsilon_1 t}) \frac{\varpi_1}{2\varepsilon_1} \tag{4.74}$$

由此可知，闭环系统一致最终有界，并且它的界为 $\varpi_1 / (2\varepsilon_1)$，通过选择合适的参数，即取 ρ 足够小使得 ϖ_1 充分小，取 c_{i_1} 足够大和 τ_i 足够小使 ε_1 充分大，那么 V_1 就能够稳定地收敛至平衡点附近充分小的邻域内。根据式(4.74)可知，V_1 呈指数型收敛，可以通过选取 c_{i_1} 等参数为较大的合适值，来调节衰减系数 ε_1 以加快收敛速度，从而保证系统能够在有限时间内迅速收敛。证毕。

尽管式(4.72)给出了保证系统稳定性的参数选取范围，但由于受到多方面因素的约束，例如，在提高系统收敛速度的同时，需用过载往往容易超过可用过载，所以给出设计参数的具体定量选择标准是比较困难的，目前常采用的方法是综合考虑设计方法与实际物理环境，再通过大量的数学仿真来进行定量选择。

注　为了便于定理 4.5 的推导证明，在 V_1 中并未包含 ESO(4.59)、(4.60)的观测误差，但结合定理 3.1 可知，当 V_1 中涵盖这些 ESO 观测误差时，定理 4.5 是同样成立的。

4.3.3　偏航通道设计方法

定义新的状态变量 x_{6_2}、x_{7_2}、x_{8_2} 分别为

$$
\begin{cases}
x_{6_2} = \dot{\delta}_{yeq} \\
x_{7_2} = z_2 - j_\delta\left(\dfrac{2}{1+\mathrm{e}^{-\sigma_z z_2}} - 1\right) \\
x_{8_2} = \dot{z}_2\left[1 - 2\sigma_z j_\delta \dfrac{\mathrm{e}^{-\sigma_z z_2}}{(1+\mathrm{e}^{-\sigma_z z_2})^2}\right]
\end{cases}
\tag{4.75}
$$

式中，z_2 为偏航通道的舵机齿隙。

结合系统(2.82)和(4.58)可得偏航通道串级闭环系统的状态空间为

$$
\begin{cases}
\dot{x}_{1_2} = x_{2_2} \\
\dot{x}_{2_2} = f_{2_2} + a_{2_2} x_{3_2} + d_{2_2} \\
\dot{x}_{3_2} = f_{3_2} + x_{4_2} + d_{3_2} \\
\dot{x}_{4_2} = f_{4_2} + a_{4_2} x_{5_2} + d_{40_2} \\
\dot{x}_{5_2} = x_{6_2} \\
\dot{x}_{6_2} = \underbrace{\dfrac{k_c N_\delta}{J_\delta}}_{a_{6_2}} x_{7_2} \underbrace{-\dfrac{B_\delta}{J_\delta} x_{8_2}}_{f_{6_2}} + \underbrace{\dfrac{k_c N_\delta}{J_\delta}\Delta f(z_2)}_{d_{6_2}} \\
\dot{x}_{7_2} = x_{8_2} \\
\dot{x}_{8_2} = \underbrace{-\dfrac{\zeta_2 h_\delta}{J_m} x_{5_2} + \left(\dfrac{B_\delta}{J_\delta} - \dfrac{K_v \Lambda_1 + \Lambda_2 + B_m}{J_m}\right) x_{6_2} - \left(\dfrac{1}{J_m} + \dfrac{N_\delta^2}{J_\delta}\right)\zeta_2 k_c x_{7_2}}_{f_{8_2}} \\
\qquad - \dfrac{K_v \Lambda_1 + \Lambda_2 + B_m}{J_m} x_{8_2} + \underbrace{\dfrac{\zeta_2 \Lambda_1}{J_m}}_{b_2} u_2 \\
\qquad \underbrace{+ 2\sigma_z^2 j_\delta \dot{z}_2^2 \iota_2 - \dfrac{\zeta_2}{J_m} T_{d_2} - \left(\dfrac{1}{J_m} + \dfrac{N_\delta^2}{J_\delta}\right)\zeta_2 k_c \Delta f(z_2)}_{d_{8_2}}
\end{cases}
\tag{4.76}
$$

式中，$\iota_2 = \dfrac{\mathrm{e}^{-\sigma_z z_2}(1-\mathrm{e}^{-\sigma_z z_2})}{(1+\mathrm{e}^{-\sigma_z z_2})^3}$，$\zeta_2 = 1 - 2\sigma_z j_\delta \dfrac{\mathrm{e}^{-\sigma_z z_2}}{(1+\mathrm{e}^{-\sigma_z z_2})^2}$。为了便于进行方法设计，给出合理假设如下。

假设 4.3　干扰 $d_{i_2}\,(i=6,8)$ 未知有界，且其导数 $\dot{d}_{i_2}$ 有界，总存在正常数 D_{i_2}、$\bar{D}_{i_2}$ 分别使不等式 $|d_{i_2}| \leqslant D_{i_2}$、$|\dot{d}_{i_2}| \leqslant \bar{D}_{i_2}$ 始终成立。

注　根据 $\Delta f(z_2)$ 的定义可知，它在定义域上不存在断续的点，属于连续函数，当 $z_2 = \pm j_\delta$ 时，$\Delta f(z_2)$ 的左导数与右导数不相等而导致其在这两点不可导，但

$\Delta f(z_2)$ 在除这两点外的定义域上均可导，而且导数显然是有界的。

设计方法的目的是针对含舵机齿隙双惯量模型的 IGC 偏航通道独立设计系统(4.76)，在状态变量 x_{1_2} 受约束、x_{2_2} 测量受限、干扰 $d_{i_2}(i=2,3,6,8)$、d_{40_2} 未知有界的情况下，产生合适的控制量 u_2，使 x_{1_2}、x_{2_2} 在有限时间内收敛至零，保证闭环系统一致最终有界，并且能够迅速稳定地收敛至平衡点附近充分小的邻域内。

设计方法主要由 ESO、NTSM 与 DSSM 等构成，由于 IGC 偏航通道独立设计模型与俯仰通道具有相同结构，可参照设计方法 4.5，给出偏航通道独立设计方法如下。

设计方法 4.6

$$
\begin{cases}
\dot{z}_{x_{1_2}} = z_{x_{2_2}} - \mu_{21_2} e_{z21_2} \\
\dot{z}_{x_{2_2}} = -\dfrac{2\dot{R}}{R} z_{x_{2_2}} + a_{2_2} x_{3_2} + z_{d_{2_2}} - \mu_{22_2} \mathrm{fal}(e_{z21_2}, \sigma_{21_2}, \eta_{21_2}) \\
\dot{z}_{x_{3_2}} = f_{3_2} + x_{4_2} + z_{d_{3_2}} - \mu_{31_2} e_{z31_2} \\
\dot{z}_{x_{4_2}} = f_{4_2} + a_{4_2} x_{5_2} + z_{d_{4_2}} - \mu_{41_2} e_{z41_2} \\
\dot{z}_{x_{6_2}} = f_{6_2} + a_{6_2} x_{6_2} + z_{d_{6_2}} - \mu_{61_2} e_{z61_2} \\
\dot{z}_{x_{8_2}} = f_{8_2} - \dfrac{K_v \Lambda_1 + \Lambda_2 + B_m}{J_m} z_{x_{8_2}} + b_2 u_2 + z_{d_{8_2}} - \mu_{81_2} e_{z81_2} \\
\dot{z}_{d_{2_2}} = -\mu_{23_2} \mathrm{fal}(e_{z21_2}, \sigma_{22_2}, \eta_{22_2}) \\
\dot{z}_{d_{40_2}} = -\mu_{42_2} \mathrm{fal}(e_{z41_2}, \sigma_{4_2}, \eta_{4_2}) \\
\dot{z}_{d_{i_2}} = -\mu_{i2_2} \mathrm{fal}(e_{zi1_2}, \sigma_{i_2}, \eta_{i_2}), \quad i = 3,6,8 \\
s_{2_2} = x_{1_2} + \beta_2 | x_{2_2} |^{\phi_2} \mathrm{sign}(x_{2_2}), \ s_{i_2} = x_{i_2} - x_{id_2} \\
\tau_i \dot{x}_{id_2} + x_{id_2} = x_{ic_2}, \quad i = 3,4,\cdots,8 \\
x_{3c_2} = -a_{2_2}^{-1} \left[\dfrac{| x_{2_2} |^{(2-\phi_2)}}{\beta_2 \phi_2} \mathrm{sign}(x_{2_2}) + f_{2_2} + z_{d_{2_2}} + k_{2_2} \mathrm{sign}(s_{2_2}) + \dfrac{| \dot{R} |}{R} c_{2_2} s_{2_2} \right] \\
x_{4c_2} = -[f_{3_2} + z_{d_{3_2}} - \dot{x}_{3d_2} + k_{3_2} \mathrm{sign}(s_{3_2}) + c_{3_2} s_{3_2}] \\
x_{5c_2} = -a_{4_2}^{-1} [f_{4_2} + z_{d_{40_2}} - \dot{x}_{4d_2} + k_{4_2} \mathrm{sign}(s_{4_2}) + c_{4_2} s_{4_2}] \\
x_{6c_2} = \dot{x}_{5d_2} - k_{5_2} \mathrm{sign}(s_{5_2}) - c_{5_2} s_{5_2} \\
x_{7c_2} = -a_{6_2}^{-1} [f_{6_2} + z_{d_{6_2}} - \dot{x}_{6d_2} + k_{6_2} \mathrm{sign}(s_{6_2}) + c_{6_2} s_{6_2}]
\end{cases}
$$

$$\begin{cases} x_{8c_2} = \dot{x}_{7d_2} - k_{7_2}\operatorname{sign}(s_{7_2}) - c_{7_2}s_{7_2} \\ u_2 = -b_2^{-1}[f_{8_2} - (K_v\Lambda_1 + \Lambda_2 + B_m)x_{8_2} / J_m + z_{d_{8_2}} - \dot{x}_{8d_2} + k_{8_2}\operatorname{sign}(s_{8_2}) + c_{8_2}s_{8_2}] \end{cases} \tag{4.77}$$

式中，各参数的取值范围以及稳定性分析同理于设计方法 4.5。为了便于后面的叙述，现将设计方法 4.5 与设计方法 4.6 简记为 ADSSMB(adaptive dynamic surface sliding mode backlash)方法。

注　ADSSMB 方法中的 $k_{i_j}(i=2,3,\cdots,8;\ j=1,2)$ 为滑模切换项增益，与其对应的符号函数共同组成滑模切换项，作用是抑制不确定干扰并保证系统快速稳定，而 $|x_{2_j}|^{(2-\phi_j)}/(\beta_j\phi_j)$ 虽然也带有符号项，但它仅是由 NTSM 引入的附加切换项。

4.3.4　仿真结果与分析

本节的主要目的是在目标固定的工况下，通过数学仿真对 ADSSMB 方法进行分析与验证。采用 4 阶 Runge-Kutta 法来实时解算微分方程组，仿真步长为 10ms。ADSSMB 方法仿真环境参数、ADSSMB 方法参数分别如表 4.9、表 4.10 所示。

表 4.9　ADSSMB 方法仿真环境参数

参数	数值	参数	数值
$x_{P_0 0}$ /m	0	$x_{T_0 0}$ /m	3000
$y_{P_0 0}$ /m	4000	$y_{T_0 0}$ /m	0
$z_{P_0 0}$ /m	0	$z_{T_0 0}$ /m	–200
θ_{P0} /(°)	–10	θ_{T0} /(°)	0
ψ_{P0} /(°)	0	ψ_{T0} /(°)	0
v_P /(m/s)	357	v_T /(m/s)	0
w_{x_0} /(m/s)	–2	τ_{Ty_8}	0.01
w_{y_0} /(m/s)	2	τ_{Tz_8}	0.01
w_{z_0} /(m/s)	2	θ_{Qf} /(°)	–65
K_v	0.95	ψ_{Qf} /(°)	0
J_m /(kg · m^2)	0.00067	$d_{F_{Py_2}}$ /N	sin$t$
k_c /[(N · m)/rad]	320	$d_{F_{Pz_2}}$ /N	cos$t$
h_δ /[(N · m)/rad]	0.12	$d_{M_{z_4}}$ /(N · m)	sin(t/2)
N_δ	78	$d_{M_{y_4}}$ /(N · m)	cos(t/2)

续表

参数	数值	参数	数值
R_Ω / Ω	0.5	T_{d_1} /(N · m)	sin(*t*/3)
K_e /[(V · s)/rad]	0.11	T_{d_2} /(N · m)	cos(*t*/3)
K_t /[(N · m)/A]	0.063	B_m /[(N · m · s)/rad]	0.12
K_{ip}	6.3	B_δ /[(N · m · s)/rad]	0.23
K_{pwm}	8	K_{vp}	5.5
$\varDelta_F$ /%	5	$\varDelta_M$ /%	5

注：根据在 2.5.1 节与 4.3.1 节中建立的设计模型可知，$d_{a_{Py}}$ 、d_{θ_Q} 、d_{θ_T} 、$d_{M_{z4\psi}}$ 、d_{6_1} 等是由其他已定义变量构成的，因此仅需要给出 $d_{F_{Py_2}}$ 、$\varDelta_F$ 、w_{x_0} 等项的数值，以便于定量分析干扰 $d_{i_j}\,(i=2,3,6,8;\ j=1,2)$ 、$d_{40_j}\,(j=1,2)$ 。

表 4.10　ADSSMB 方法参数

参数	数值	参数	数值
β_1	10	β_2	10
ϕ_1	1.5	ϕ_2	1.5
k_{2_1}	0.2	k_{2_2}	0.2
c_{2_1}	1	c_{2_2}	1
k_{3_1}	2	k_{3_2}	2
c_{3_1}	2	c_{3_2}	2
k_{4_1}	2	k_{4_2}	2
c_{4_1}	2	c_{4_2}	2
k_{5_1}	2	k_{5_2}	2
c_{5_1}	1	c_{5_2}	1
k_{6_1}	1	k_{6_2}	1
c_{6_1}	1	c_{6_2}	1
k_{7_1}	1	k_{7_2}	1
c_{7_1}	1	c_{7_2}	1
k_{8_1}	1	k_{8_2}	1
c_{8_1}	1	c_{8_2}	1
τ_3	0.01	τ_4	0.01
τ_5	0.01	τ_6	0.01
τ_7	0.01	τ_8	0.01

ESO(4.59)、(4.60)的参数取值可参照 ESO(3.4)、(3.14)。为了体现 ADSSMB 方法能够使系统满足 $\dot{\theta}_Q$ 、$\dot{\psi}_Q$ 测量受限的约束，在式(4.61)、式(4.62)、式(4.77)中均使用 $z_{x_{2_1}}$ 、 $z_{x_{2_2}}$ 信息。为了有效地削弱由滑模切换项诱发的控制量高频抖振，在进行仿真时采用连续饱和函数 sat(·) 代替其中的符号函数。

为了探究舵机齿隙对于 IGC 通道独立设计的影响，同时能够体现出 ADSSMB 方法抑制齿隙的有效性，引入一种基于 ADSSMN 方法的设计方法作为对比，即导引控制一体化设计方法，采用在 4.1 节中设计的 ADSSMN 方法，舵机的含齿隙双惯量模型部分采用文献[170]中的 PID 控制方法，将其简记为 ADSSMN&PID 方法。仿真结果与仿真曲线分别如表 4.11 与图 4.9 所示，为了避免图像冗杂，仅绘制了部分实验曲线。

表 4.11 ADSSMB 方法在目标固定工况下的仿真结果

序号	j_δ /(°)	脱靶量/m	命中时间/s	θ_{Qf} 误差/(°)	ψ_{Qf} 误差/(°)
①	0.100	0.407	14.750	0.052	0.051
②	0.150	0.486	14.800	0.064	0.062
③	0.200	0.632	14.890	0.082	0.077
④	0.250	0.915	15.040	0.097	0.091
⑤	0.300	1.348	15.230	0.149	0.136
ADSSMN&PID	0.200	1.136	15.110	0.128	0.122

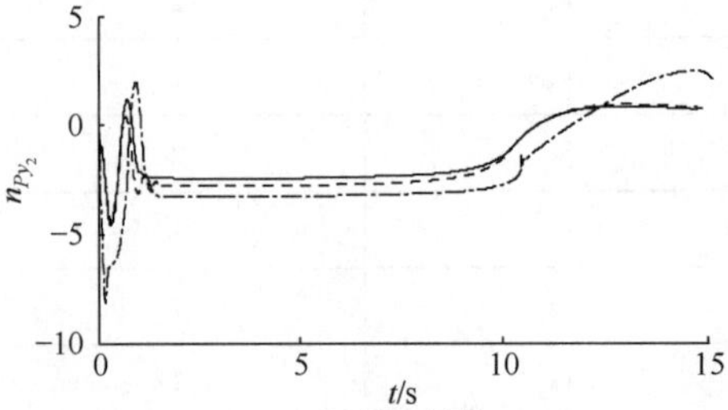

(a) 法向过载

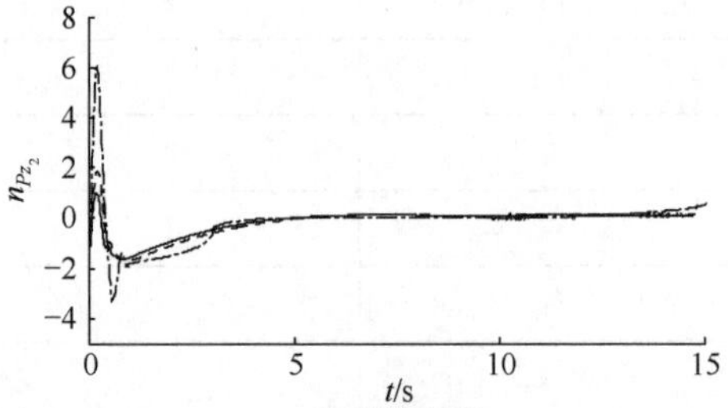

(b) 侧向过载

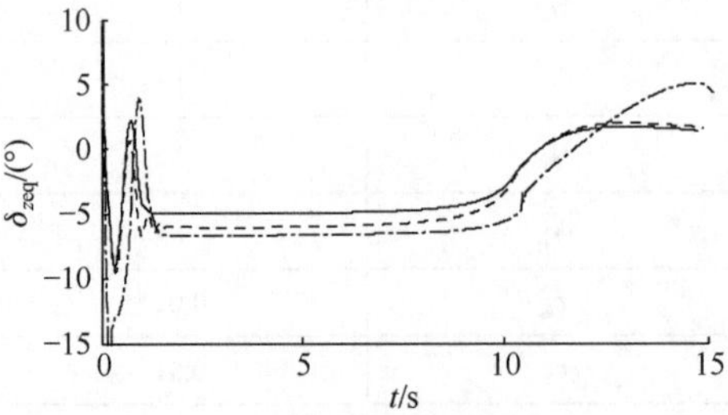

(c) 等效俯仰舵偏角

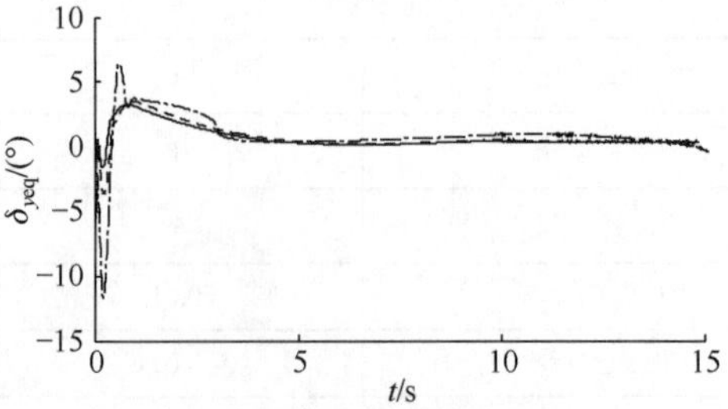

(d) 等效偏航舵偏角

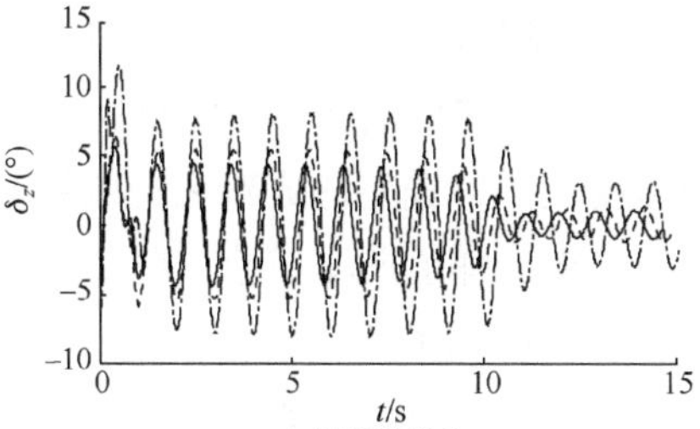

(e) 俯仰舵偏角

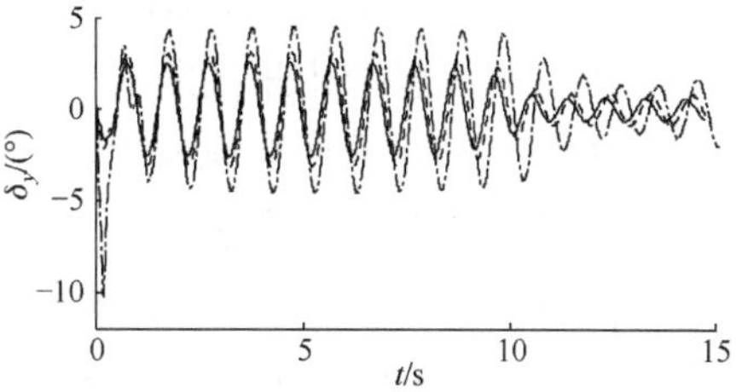

(f) 偏航舵偏角

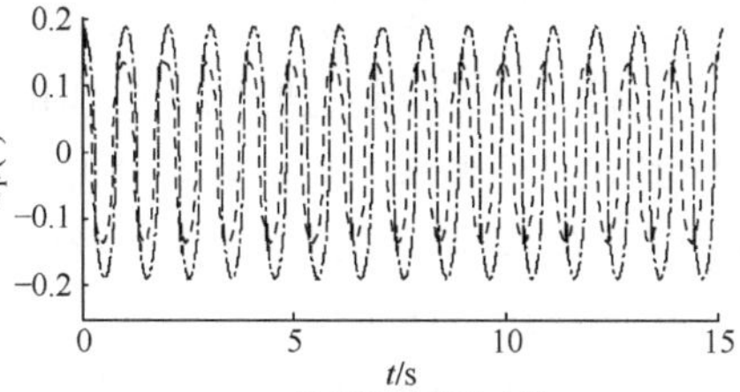

(g) 俯仰通道舵机齿隙

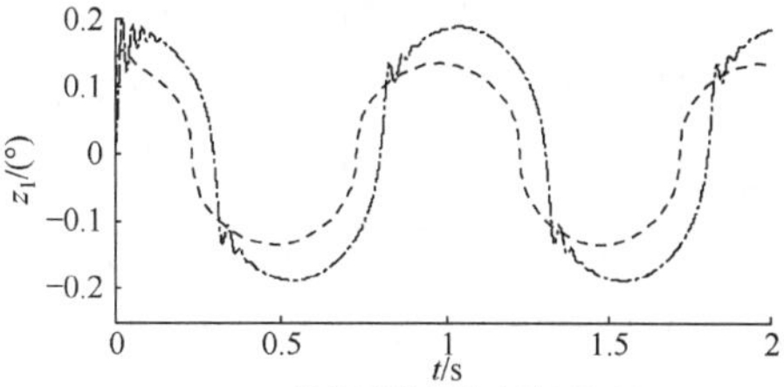

(h) 俯仰通道舵机齿隙局部图

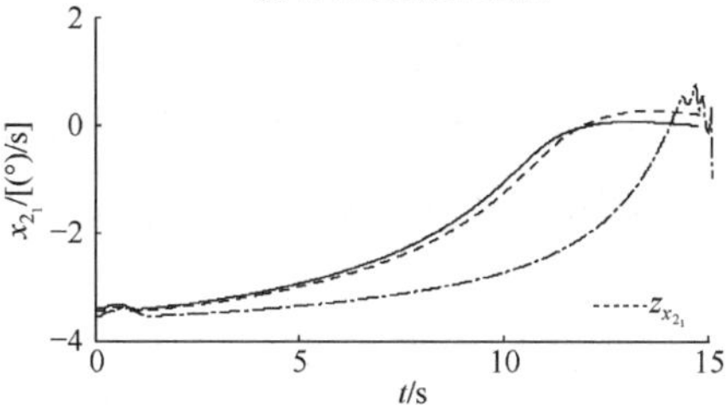

(i) 视线倾角速度及其观测值

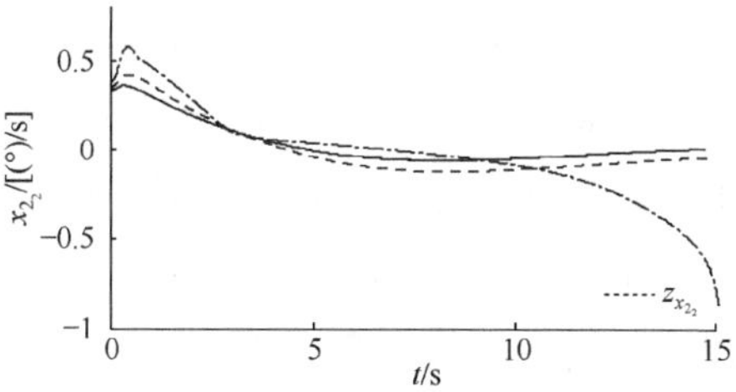

(j) 视线偏角速度及其观测值

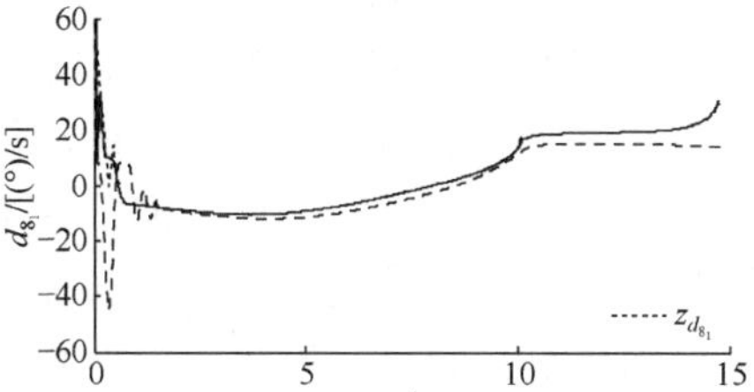

(k) 干扰d_{8_1}及其观测值

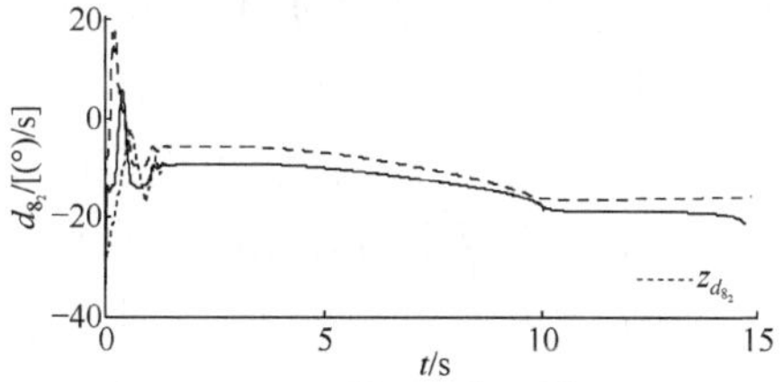

(l) 干扰d_{8_2}及其观测值

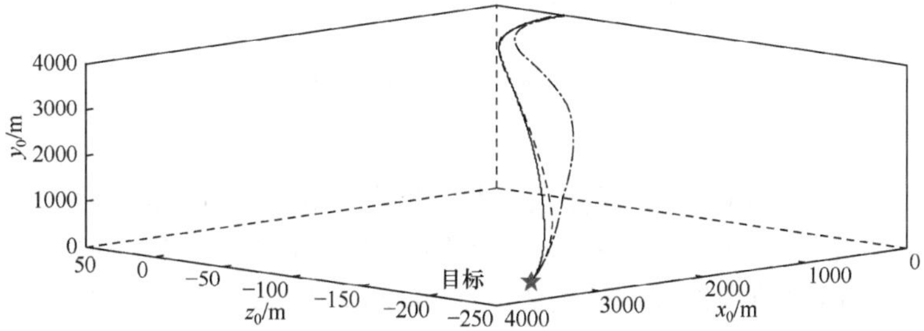

(m) 弹体运动轨迹

——① - - - ③ —·—ADSSMN&PID

图 4.9　ADSSMB 方法在目标固定工况下的仿真曲线

n_{Py_2} 与 n_{Pz_2} 的仿真曲线分别在图 4.9(a)和(b)中进行描述，由于 ADSSMN&PID 方法未能有效抑制齿隙带来的非线性干扰，其变化趋势滞后于 ADSSMB 方法，导致终端视线角跟踪误差与视线角速度收敛速度较慢，进而造成较大的脱靶量与命中时间，而 ADSSMB 方法的变化较为平稳光滑，弹道曲率较小，收敛速度较快，使弹体在舵机含有一定齿隙的情况下仍然能够稳定飞行。

从图 4.9(c)和(d)中可以看出，在舵机齿隙较小时，δ_{zeq}、δ_{yeq} 的变化趋势与过载基本保持一致，ADSSMN&PID 方法的舵机控制系数取值固定，难以抑制齿隙非线性带来的负面影响，而 ADSSMB 方法能够较好地避免舵偏角出现相位延迟或幅度畸变等情况，使舵机在含有一定齿隙情况下仍然保持良好的动态特性。

图 4.9(e)和(f)展示了俯仰通道舵机齿隙的变化情况，相对于 ADSSMN&PID 方法，ADSSMB 方法通过动态面滑模与 ESO 的调控，使得变化趋势基本上处于连续平滑的状态，有效地抑制了齿隙对系统性能的负面影响，提高了系统对齿隙非线性的鲁棒性，明显改善了传动力矩的抖振与冲击现象。

$\dot{\theta}_Q$、$\dot{\psi}_Q$ 与 d_{8_1}、d_{8_2} 干扰及其观测值的曲线分别在图 4.9(i)～(l)中进行描述，所设计的 ESO 能够迅速而准确地估计出视线角速度与不确定干扰，有效地削弱了齿隙非线性因素对制导系统的不利影响，有力地保障了弹体在末制导段的稳定飞行，$\dot{\theta}_Q$、$\dot{\psi}_Q$ 能够迅速地收敛至零点附近充分小的邻域内，验证了定理 4.4 的正确性。

弹体运动轨迹在图 4.9(m)中进行展示，在舵机齿隙较小的条件下，ADSSMN&PID 和 ADSSMB 方法都能够使舰炮制导炮弹有效地命中固定目标，结合表 4.12 可以看出，相比于 ADSSMN&PID 方法，ADSSMB 方法在舵机齿隙相同时能够使脱靶量、命中时间、终端视线角跟踪误差得到优化，而且在齿隙更大的工况下仍然可以将上述指标保持在较好的水平，从而弹体在末制导过程中具备较强的鲁棒性。但随着齿隙的不断增大，上述作战指标会迅速变差，以至于不能精确命中目标或者不满足约束，这为某型号舵机的设计制造、加工装配等工艺流程明确了可以接受的最大齿隙宽度范围。

4.4　本 章 小 结

本章主要在攻击角、视线角速度测量受限与舵机偏转饱和等因素的约束下，以第 3 章的研究工作为基础，进一步考虑导引系统与控制系统之间的耦合关系，展开了对 IGC 通道独立设计方法的研究。结合 ESO、NTSM 与自适应 Nussbaum 增益函数，提出了一种基于动态面滑模的设计方法，能够对不确定干扰与视线角速度进行迅速而又准确的观测，使终端视线角跟踪误差、视线角速度在有限时间内收敛至零，并且有效地解决了由舵机控制受限所引入的饱和非线性问题，同时保证了系统一致最终有界。针对由滑模切换项增益固定而导致的控制量高频抖振，结合具有万能逼近性的自适应模糊控制，提出了一种基于动态面滑模的设计方法，使系统仍然保持一致最终有界，通过数学仿真与半实物仿真验证了本章所提设计方法的有效性和可行性。在 IGC 通道独立设计的严反馈串级系统中，将舵机部分考虑为更符合实际工况的含齿隙双惯量子系统，基于动态面滑模设计方法初步探究了舵机齿隙对 IGC 通道独立设计的影响，为后续研究含多约束的 IGC 全状态耦合设计方法奠定了坚实的理论基础。

第 5 章　含多约束的导引控制一体化全状态耦合设计方法

舰炮制导炮弹的旋转特性显著增强了导引系统与控制系统、俯仰通道与偏航通道之间的耦合作用，在第 4 章的基础上，为了进一步提升制导系统性能，在进行 IGC 方法设计时需要充分考虑由弹体旋转所增强的耦合作用。2.5.2 节建立的 IGC 全状态耦合设计模型，在本质上归结为一类具有匹配不确定性、非匹配不确定性以及串级块严反馈形式的高阶非线性系统，基于块动态面滑模进行方法设计较为适宜。

针对视线角速度测量受限以及不确定干扰对系统的影响，需要设计 ESO 对视线角速度进行迅速而又准确的估计，以期为 IGC 全状态耦合设计提供必要的反馈信息。为了保证终端视线角跟踪误差与视线角速度能够在有限时间内收敛至零，同时避免控制过程中出现奇异现象，采用自适应指数趋近律设计 NTSM。进而考虑到由舵机控制受限引入的饱和非线性问题，需要结合自适应 Nussbaum 增益函数进行妥善处理。进一步地，针对由滑模切换项诱发的控制量高频抖振，设计模糊参数向量的自适应律，运用具有万能逼近性的自适应模糊系统来替代符号切换项。闭环系统的一致最终有界性需要通过 Lyapunov 理论进行分析，实施数学仿真与半实物仿真来测试并验证所提设计方法的有效性和可行性。

5.1　考虑全状态耦合的块动态面滑模设计方法

5.1.1　问题描述

考虑到攻击角约束已经转换为终端视线角约束，再结合 2.5.2 节建立的 IGC 全状态耦合设计模型，将系统(2.86)的状态变量 $\boldsymbol{x}_1$ 更新为 $\left[\theta_Q-\theta_{Qf},\psi_Q-\psi_{Qf}\right]^{\mathrm{T}}$。

在系统(2.86)中，由于连续饱和函数 $\mathrm{sat}_m(\delta_{z\mathrm{eq}})$ 、$\mathrm{sat}_m(\delta_{y\mathrm{eq}})$ 不可微，为了便于进行 IGC 全状态耦合设计，现引入一种连续可微的双曲正切函数向量 $g(\boldsymbol{x}_5)=[g(x_{5_1}),\ g(x_{5_2})]^{\mathrm{T}}$ 及其导函数向量 $\dot{g}(\boldsymbol{x}_5)=[\dot{g}(x_{5_1}),\ \dot{g}(x_{5_2})]^{\mathrm{T}}$，来描述舵机的偏转控制饱和现象，函数的具体形式与式(4.1)相同。

令 $\boldsymbol{d}_4=\boldsymbol{d}_{40}+\boldsymbol{a}_4[\mathrm{sat}_m(\boldsymbol{x}_5)-g(\boldsymbol{x}_5)]$，为了便于推导，将函数 $g(\boldsymbol{x}_5)$ 、$\dot{g}(\boldsymbol{x}_5)$ 分别

简记为 $\boldsymbol{g}$ 、 $\dot{\boldsymbol{g}}$ ，则 IGC 全状态耦合设计系统的块严反馈状态空间可以更新为

$$\begin{cases}\dot{\boldsymbol{x}}_1 = \boldsymbol{a}_1\boldsymbol{x}_2 \\ \dot{\boldsymbol{x}}_2 = \boldsymbol{f}_2 + \boldsymbol{a}_2\boldsymbol{x}_3 + \boldsymbol{d}_2 \\ \dot{\boldsymbol{x}}_3 = \boldsymbol{f}_3 + \boldsymbol{a}_3\boldsymbol{x}_4 + \boldsymbol{d}_3 \\ \dot{\boldsymbol{x}}_4 = \boldsymbol{f}_4 + \boldsymbol{a}_4\boldsymbol{g} + \boldsymbol{d}_4 \\ \dot{\boldsymbol{x}}_5 = \boldsymbol{f}_5 + \boldsymbol{b}\boldsymbol{u} + \boldsymbol{d}_5\end{cases} \tag{5.1}$$

为了便于进行 IGC 全状态耦合设计，做如下合理假设。

假设 5.1[175]　干扰 $d_{i_j}(i=2,3,4,5;j=1,2)$ 未知有界，且其导数 $\dot{d}_{i_j}$ 有界，总存在正常数 D_{i_j} 、 $\bar{D}_{i_j}$ 分别使不等式 $|d_{i_j}|\leqslant D_{i_j}$ 、 $|\dot{d}_{i_j}|\leqslant \bar{D}_{i_j}$ 始终成立。

注　根据 $\boldsymbol{d}_4$ 的定义可知，它在定义域上不存在断续的点，属于连续函数，当 $x_{5_j}=\pm\delta_{\max}$ 时， d_{4_j} 的左导数与右导数不相等，导致其在这两点不可导，但 d_{4_j} 在除这两点外的定义域上均可导，而且导数显然是有界的。

5.1.2　设计方法与稳定性分析

设计方法的目的是针对 IGC 全状态耦合设计系统(5.1)，在状态变量 $\boldsymbol{x}_1$ 受约束、$\boldsymbol{x}_2$ 测量受限、干扰 $\boldsymbol{d}_i(i=2,3,4,5)$ 未知有界的情况下，产生合适的控制量 $\boldsymbol{u}$ ，使系统状态 $\boldsymbol{x}_1$ 、 $\boldsymbol{x}_2$ 在有限时间内收敛至零，保证闭环系统一致最终有界并且能够迅速稳定地收敛至平衡点附近充分小的邻域内。

设计方法主要由 ESO、NTSM、BDSSM 与自适应 Nussbaum 函数等构成，现分别对它们展开设计，随后对闭环系统的稳定性进行分析。

1. 设计方法

1) ESO 设计

为了降低不确定干扰 $\boldsymbol{d}_2$ 对系统的影响，并向设计方法提供必要的视线角速度信息 $\dot{\theta}_Q$ 、 $\dot{\psi}_Q$ ，需要设计 ESO 对其进行迅速而准确的观测。定义观测变量为 $\boldsymbol{z}_{x_1}=[z_{x_{1_1}}、z_{x_{1_2}}]^{\mathrm{T}}$ 、 $\boldsymbol{z}_{x_2}=[z_{x_{2_1}}、z_{x_{2_2}}]^{\mathrm{T}}$ 、 $\boldsymbol{z}_{d_2}=[z_{d_{2_1}}、z_{d_{2_2}}]^{\mathrm{T}}$ ，设计三阶 ESO 为

$$\begin{cases}\dot{\boldsymbol{z}}_{x_1} = \boldsymbol{z}_{x_2} - \boldsymbol{\mu}_{21}\boldsymbol{e}_{z21} \\ \dot{\boldsymbol{z}}_{x_2} = -\dfrac{2\dot{R}}{R}\boldsymbol{z}_{x_2} + \begin{bmatrix}-z_{x_{2_2}}^2\sin x_{1_1}\cos x_{1_2} \\ 2z_{x_{2_1}}z_{x_{2_2}}\tan x_{1_1}\end{bmatrix} + \begin{bmatrix}\dfrac{g\cos\theta_P}{R} \\ 0\end{bmatrix} \\ \qquad +\boldsymbol{a}_2\boldsymbol{x}_3 + \boldsymbol{z}_{d_2} - \boldsymbol{\mu}_{22}\mathrm{fal}(\boldsymbol{e}_{z21},\boldsymbol{\sigma}_{21},\boldsymbol{\eta}_{21}) \\ \dot{\boldsymbol{z}}_{d_2} = -\boldsymbol{\mu}_{23}\mathrm{fal}(\boldsymbol{e}_{z21},\boldsymbol{\sigma}_{22},\boldsymbol{\eta}_{22})\end{cases} \tag{5.2}$$

式中，$\boldsymbol{e}_{z21}=\boldsymbol{z}_{x_1}-\boldsymbol{x}_1$、$\boldsymbol{e}_{z22}=\boldsymbol{z}_{x_2}-\boldsymbol{x}_2$、$\boldsymbol{e}_{z23}=\boldsymbol{z}_{d_2}-\boldsymbol{d}_2$ 为观测误差；$\boldsymbol{\mu}_{21}$=diag (μ_{21_1}, μ_{21_2})，$\boldsymbol{\sigma}_{21}=[\sigma_{21_1},\sigma_{21_2}]^{\mathrm{T}}$，$\boldsymbol{\eta}_{21}=[\eta_{21_1},\eta_{21_2}]^{\mathrm{T}}$，$\mu_{21_j}>0$，$0<\sigma_{21_j}<1$，$0<\eta_{21_j}<1$；非线性函数向量 $\mathrm{fal}(\boldsymbol{e}_{z21},\boldsymbol{\sigma}_{21},\boldsymbol{\eta}_{21})=[\mathrm{fal}(e_{z21_1},\sigma_{21_1},\eta_{21_1}),\mathrm{fal}(e_{z21_2},\sigma_{21_2},\eta_{21_2})]^{\mathrm{T}}$；其余参数定义与取值范围同理。

由定理 3.4 可知，通过选择合适的参数 μ_{21_j}、σ_{21_j}、η_{21_j}，能够使 ESO(5.2)的观测误差迅速稳定地收敛至平衡点附近充分小的邻域内。

为了迅速而准确地观测不确定干扰 $\boldsymbol{d}_i\,(i=3,4,5)$，定义观测变量为 $\boldsymbol{z}_{x_i}=[z_{x_{i_1}}, z_{x_{i_2}}]^{\mathrm{T}}$、$\boldsymbol{z}_{d_i}=[z_{d_{i_1}},z_{d_{i_2}}]^{\mathrm{T}}$，观测误差为 $\boldsymbol{e}_{zi1}=\boldsymbol{z}_{x_i}-\boldsymbol{x}_i$、$\boldsymbol{e}_{zi2}=\boldsymbol{z}_{d_i}-\boldsymbol{d}_i$，设计二阶 ESO 为

$$
\begin{cases}
\dot{\boldsymbol{z}}_{x_3}=\boldsymbol{f}_3+\boldsymbol{a}_3\boldsymbol{x}_4+\boldsymbol{z}_{d_3}-\boldsymbol{\mu}_{31}\boldsymbol{e}_{z31}\\
\dot{\boldsymbol{z}}_{x_4}=\boldsymbol{f}_4+\boldsymbol{a}_4\boldsymbol{g}+\boldsymbol{z}_{d_4}-\boldsymbol{\mu}_{41}\boldsymbol{e}_{z41}\\
\dot{\boldsymbol{z}}_{x_5}=\boldsymbol{f}_5+\boldsymbol{b}\boldsymbol{u}+\boldsymbol{z}_{d_5}-\boldsymbol{\mu}_{51}\boldsymbol{e}_{z51}\\
\dot{\boldsymbol{z}}_{d_i}=-\boldsymbol{\mu}_{i2}\mathrm{fal}(\boldsymbol{e}_{zi1},\boldsymbol{\sigma}_i,\boldsymbol{\eta}_i)\,,\quad i=3,4,5
\end{cases}
\tag{5.3}
$$

式中，各参数的定义与取值范围以及函数形式参照 ESO(5.2)。由定理 3.4 可知，通过选择合适的参数，能够使 ESO(5.3)的观测误差迅速稳定地收敛至平衡点附近充分小的邻域内。

2) NTSM 设计

同理于设计方法 3.3，设计 NTSM 与虚拟控制量 $\boldsymbol{x}_{3c}$ 分别为

$$
\boldsymbol{s}_2=\begin{bmatrix}s_{2_1}\\ s_{2_2}\end{bmatrix}=\boldsymbol{x}_1+\begin{bmatrix}\beta_1\,|x_{2_1}|^{\phi_1}\,\mathrm{sign}(x_{2_1})\\ \beta_2\,|x_{2_2}|^{\phi_2}\,\mathrm{sign}(x_{2_2})\end{bmatrix},\quad 0<\beta_j\,,\ 1<\phi_j<2
\tag{5.4}
$$

$$
\boldsymbol{x}_{3c}=-\boldsymbol{a}_2^{-1}\left\{\begin{bmatrix}\dfrac{|x_{2_1}|^{(2-\phi_1)}}{\beta_1\phi_1}\mathrm{sign}(x_{2_1})\\ \dfrac{|x_{2_2}|^{(2-\phi_2)}}{\beta_2\phi_2}\mathrm{sign}(x_{2_2})\end{bmatrix}+\boldsymbol{f}_2+\boldsymbol{z}_{d_2}+\boldsymbol{k}_2\mathrm{sign}(\boldsymbol{s}_2)+\frac{|\dot{R}|}{R}\boldsymbol{c}_2\boldsymbol{s}_2\right\}
\tag{5.5}
$$

式中，$\boldsymbol{k}_2$=diag(k_{2_1},k_{2_2})，$\boldsymbol{c}_2$=diag(c_{2_1},c_{2_2})，$|e_{z21_j}|\leqslant k_{2_j}$，$c_{2_j}>0$；符号函数 $\mathrm{sign}(\boldsymbol{s}_2)=[\mathrm{sign}(s_{2_1}),\mathrm{sign}(s_{2_2})]^{\mathrm{T}}$。结合上述设计，并参照定理 3.5 可以推导出如下定理。

定理 5.1 针对系统(5.1)前两个等式构成的子系统，采用 ESO(5.2)与 NTSM(5.4)、(5.5)，通过选择合适的参数，能够使系统状态变量 $\boldsymbol{x}_1$、$\boldsymbol{x}_2$ 在有限时间内收敛至零。

3) BDSSM 设计

系统(5.1)属于高阶非线性系统，为了对其进行简易有效的镇定，需要运用 BDSSM 方法进行设计，同时能够避免求解虚拟控制量的高阶导数而引发的微分膨胀问题。

设计动态面滑模 3～5 分别为

$$\boldsymbol{s}_3 = \boldsymbol{x}_3 - \boldsymbol{x}_{3d},\quad \boldsymbol{s}_4 = \boldsymbol{x}_4 - \boldsymbol{x}_{4d},\quad \boldsymbol{s}_5 = \boldsymbol{g} - \boldsymbol{g}_d \tag{5.6}$$

式中，$\boldsymbol{x}_{3d}$、$\boldsymbol{x}_{4d}$、$\boldsymbol{g}_d$ 分别为虚拟控制量 $\boldsymbol{x}_{3c}$、$\boldsymbol{x}_{4c}$、$\boldsymbol{g}_c$ 的滤波值。

设计 $\boldsymbol{x}_{4c}$、$\boldsymbol{g}_c$ 分别为

$$\boldsymbol{x}_{4c} = -[\boldsymbol{f}_3 + \boldsymbol{z}_{d_3} - \dot{\boldsymbol{x}}_{3d} + \boldsymbol{k}_3\mathrm{sign}(\boldsymbol{s}_3) + \boldsymbol{c}_3\boldsymbol{s}_3] \tag{5.7}$$

$$\boldsymbol{g}_c = -\boldsymbol{a}_4^{-1}[\boldsymbol{f}_4 + \boldsymbol{z}_{d_4} - \dot{\boldsymbol{x}}_{4d} + \boldsymbol{k}_4\mathrm{sign}(\boldsymbol{s}_4) + \boldsymbol{c}_4\boldsymbol{s}_4] \tag{5.8}$$

式中，各参数的定义与取值范围以及函数形式可参照式(5.5)。

为了避免对虚拟控制量 $\boldsymbol{x}_{3d}$、$\boldsymbol{x}_{4d}$、$\boldsymbol{g}_d$ 直接求导，设计一阶滤波器为

$$\begin{cases} \tau_3\dot{\boldsymbol{x}}_{3d} + \boldsymbol{x}_{3d} = \boldsymbol{x}_{3c}, & \boldsymbol{x}_{3d}(\boldsymbol{0}) = \boldsymbol{x}_{3c}(\boldsymbol{0}) \\ \tau_4\dot{\boldsymbol{x}}_{4d} + \boldsymbol{x}_{4d} = \boldsymbol{x}_{4c}, & \boldsymbol{x}_{4d}(\boldsymbol{0}) = \boldsymbol{x}_{4c}(\boldsymbol{0}) \\ \tau_g\dot{\boldsymbol{g}}_d + \boldsymbol{g}_d = \boldsymbol{g}_c, & \boldsymbol{g}_d(\boldsymbol{0}) = \boldsymbol{g}_c(\boldsymbol{0}) \end{cases} \tag{5.9}$$

为了有效地处理由舵机偏转饱和导致的控制受限问题，设计控制量为

$$\bar{\boldsymbol{u}} = -\dot{\boldsymbol{g}}\boldsymbol{f}_5 + \dot{\boldsymbol{g}}_d - \boldsymbol{k}_5\mathrm{sign}(\boldsymbol{s}_5) - \boldsymbol{c}_5\boldsymbol{s}_5 \tag{5.10}$$

$$\boldsymbol{u} = \boldsymbol{b}^{-1}[N(\boldsymbol{\chi})\bar{\boldsymbol{u}} - \boldsymbol{z}_{d_5}] \tag{5.11}$$

式中，各参数的定义与取值范围以及函数形式同理于式(4.12)、式(5.5)。

选取自适应 Nussbaum 函数，并设计其参数的自适应律为

$$N(\boldsymbol{\chi}) = \mathrm{diag}(\mathrm{e}^{\chi_1^2}\cos\chi_1, \mathrm{e}^{\chi_2^2}\cos\chi_2) \tag{5.12}$$

$$\dot{\boldsymbol{\chi}} = [\dot{\chi}_1, \dot{\chi}_2]^{\mathrm{T}} = [\gamma_{\chi_1}\bar{u}_1 s_{5_1}, \gamma_{\chi_2}\bar{u}_2 s_{5_2}]^{\mathrm{T}},\quad \gamma_{\chi_j} > 0 \tag{5.13}$$

至此，基于 BDSSM 的 IGC 全状态耦合设计完毕，总结如下。

设计方法 5.1　由 ESO(5.2)、(5.3)，NTSM(5.4)、(5.5)，BDSSM(5.6)～(5.11)，以及自适应 Nussbaum 函数(5.12)、(5.13)组成。为了便于后面的叙述，现将设计方法 5.1 简记为 BADSSMN(block adaptive dynamic surface sliding mode Nussbaum)方法，其结构原理如图 5.1 所示。

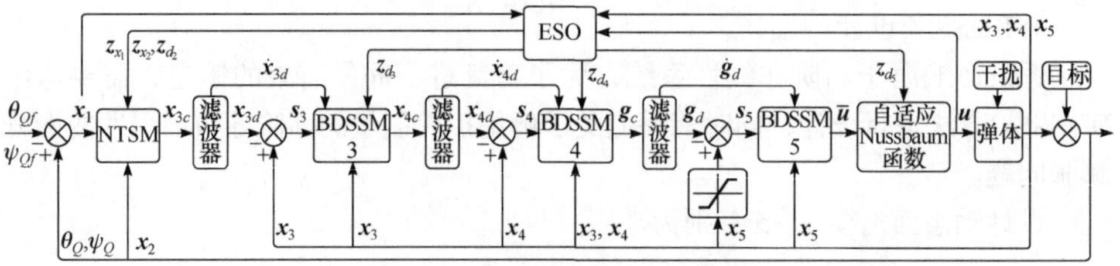

图 5.1　设计方法 5.1 的结构原理

注　BADSSMN 方法中的 $k_{i_j}\,(i=2,3,4,5;\ j=1,2)$ 为滑模切换项增益，与之相对应的符号函数共同组成滑模切换项，作用是抑制不确定干扰并保证系统快速稳定，虽然 $|x_{2_j}|^{(2-\phi_j)}/(\beta_j\phi_j)$ 也带有符号项，但它仅是由 NTSM 引入的附加切换项。为了有效削弱由滑模切换项诱发的控制量高频抖振，在进行仿真时通常采用连续饱和函数 $\mathrm{sat}(\cdot)$ 代替其中的符号函数。

2. 稳定性分析

定义虚拟控制量 $\boldsymbol{x}_{ic}\,(i=3,4)$、$\boldsymbol{g}_c$ 的跟踪误差分别为

$$\begin{cases}\boldsymbol{y}_i=\boldsymbol{x}_{id}-\boldsymbol{x}_{ic}\\ \boldsymbol{y}_g=\boldsymbol{g}_d-\boldsymbol{g}_c\end{cases}\tag{5.14}$$

经过求导，可得

$$\begin{cases}\dot{\boldsymbol{x}}_{id}=-\tau_i^{-1}\boldsymbol{y}_i\\ \dot{\boldsymbol{g}}_d=-\tau_g^{-1}\boldsymbol{y}_g\end{cases}\tag{5.15}$$

通过进一步推导，可得

$$\begin{cases}\dot{\boldsymbol{y}}_i=-\tau_i^{-1}\boldsymbol{y}_i-\dot{\boldsymbol{x}}_{ic}\\ \dot{\boldsymbol{y}}_g=-\tau_g^{-1}\boldsymbol{y}_g-\dot{\boldsymbol{g}}_c\end{cases}\tag{5.16}$$

由文献[168]可知，存在正实数 $M_{i_j}\,(i=3,4;\ j=1,2)$、$M_{g_j}\,(j=1,2)$ 使得不等式 $\dot{x}_{ic_j}\leqslant M_{i_j}$、$\dot{g}_{c_j}\leqslant M_{g_j}$ 成立，再进一步推导，可得

$$\begin{cases}\boldsymbol{x}_i=\boldsymbol{s}_i+\boldsymbol{y}_i+\boldsymbol{x}_{ic}\\ \boldsymbol{g}=\boldsymbol{s}_5+\boldsymbol{y}_g+\boldsymbol{g}_c\end{cases}\tag{5.17}$$

选取全系统 Lyapunov 函数 V 为

$$V = \frac{1}{2}\sum_{i=2}^{5}\boldsymbol{s}_i^{\mathrm{T}}\boldsymbol{s}_i + \frac{1}{2}\sum_{i=3}^{4}\boldsymbol{y}_i^{\mathrm{T}}\boldsymbol{y}_i + \frac{1}{2}\boldsymbol{y}_g^{\mathrm{T}}\boldsymbol{y}_g \tag{5.18}$$

定理 5.2　对于系统(5.1)，采用设计方法 5.1，通过选择合适的参数，能使闭环系统一致最终有界，并且能够迅速稳定地收敛至平衡点附近充分小的邻域内。

证明　对式(5.18)进行求导，可得

$$\begin{aligned}
\dot{V} &= \sum_{j=1}^{2}\left(\sum_{i=2}^{4}s_{i_j}\dot{s}_{i_j} + \sum_{i=3}^{4}y_{i_j}\dot{y}_{i_j} + y_{g_j}\dot{y}_{g_j}\right) \\
&= \sum_{j=1}^{2}\Bigg\{s_{2_j}\{x_{2_j} + \beta_j\phi_j|x_{2_j}|^{(\phi_j-1)}[f_{2_j} + a_{2_j}(s_{3_j} + y_{3_j} + x_{3c_j}) + d_{2_j}]\} \\
&\quad + s_{3_j}\left(f_{3_j} + s_{4_j} + y_{4_j} + x_{4c_j} + d_{3_j} - \dot{x}_{3d_j}\right) + s_{4_j}[f_{4_j} \\
&\quad + a_{4_j}(s_{5_j} + y_{g_j} + g_{c_j}) + d_{4_j} - \dot{x}_{4d_j}] + s_{5_j}[\dot{g}_j(f_{5_j} + b_j u_j + d_{5_j}) \\
&\quad - \dot{g}_{d_j}] + \sum_{i=3}^{4}y_{i_j}(-\dot{x}_{ic_j} - \tau_i^{-1}y_{i_j}) + y_{g_j}(-\dot{g}_{c_j} - \tau_g^{-1}y_{g_j})\Bigg\} \\
&\leqslant \sum_{j=1}^{2}\Bigg\{\beta_j\phi_j|x_{2_j}|^{(\phi_j-1)}a_{2_j}s_{2_j}(s_{3_j} + y_{3_j}) \\
&\quad + \beta_j\phi_j|x_{2_j}|^{(\phi_j-1)}s_{2_j}\left[d_{2_j} - z_{d_{2_j}} - k_{2_j}\operatorname{sign}(s_{2_j}) - \frac{|\dot{R}|}{R}c_{2_j}s_{2_j}\right] \\
&\quad + s_{3_j}(s_{4_j} + y_{4_j}) + s_{3_j}[d_{3_j} - z_{d_{3_j}} - k_{3_j}\operatorname{sign}(s_{3_j}) - c_{3_j}s_{3_j}] \\
&\quad + a_{4_j}s_{4_j}(s_{5_j} + y_{g_j}) + s_{4_j}[d_{4_j} - z_{d_{4_j}} - k_{4_j}\operatorname{sign}(s_{2_j}) - c_{4_j}s_{4_j}] \\
&\quad + s_{5_j}\{[\dot{g}_j N(\chi_j) - 1]\overline{u}_j + \dot{g}_j(d_{5_j} - z_{d_{5_j}}) - k_{5_j}\operatorname{sign}(s_{5_j}) - c_{5_j}s_{5_j}\} \\
&\quad + \sum_{i=3}^{4}y_{i_j}(M_{i_j} - \tau_i^{-1}y_{i_j}) + y_{g_j}(M_{g_j} - \tau_g^{-1}y_{g_j})\Bigg\} \\
&\leqslant \sum_{j=1}^{2}\Bigg\{\beta_j\phi_j|x_{2_j}|^{(\phi_j-1)}a_{2_j}\left(s_{2_j}^2 + \frac{s_{3_j}^2}{2} + \frac{y_{3_j}^2}{2}\right) - \beta_j\phi_j|x_{2_j}|^{(\phi_j-1)}\frac{|\dot{R}|}{R}c_{2_j}s_{2_j}^2 \\
&\quad + s_{3_j}^2 + \frac{s_{4_j}^2}{2} + \frac{y_{4_j}^2}{2} - c_{3_j}s_{3_j}^2 + a_{4_j}\left(s_{4_j}^2 + \frac{s_{5_j}^2}{2} + \frac{y_{g_j}^2}{2}\right) - c_{4_j}s_{4_j}^2 - c_{5_j}s_{5_j}^2 \\
&\quad + s_{5_j}[\dot{g}_j N(\chi_j) - 1]\overline{u}_j + \sum_{i=3}^{4}\left(\frac{M_{i_j}^2}{\rho^2} - \tau_i^{-1}\right)y_{i_j}^2 + \left(\frac{M_{g_j}^2}{\rho^2} - \tau_{g_j}^{-1}\right)y_g^2\Bigg\} + \frac{3}{2}\rho^2
\end{aligned}$$

$$
\begin{aligned}
\leqslant \sum_{j=1}^{2} \Bigg\{ & \underbrace{-\beta_j \phi_j \,|\, x_{2_j} |^{(\phi_j-1)} \left(\frac{|\dot{R}|}{R} c_{2_j} - a_{2_j} \right)}_{m_{1_j}} s_{2_j}^2 \\
& - \underbrace{\left[c_{3_j} - \frac{\beta_j \phi_j \,|\, x_{2_j} |^{(\phi_j-1)}}{2} a_{2_j} - 1 \right]}_{m_{2_j}} s_{3_j}^2 - \underbrace{\left(c_{4_j} - a_{4_j} - \frac{1}{2} \right)}_{m_{3_j}} s_{4_j}^2 \\
& - \underbrace{\left(c_{5_j} - \frac{a_{4_j}}{2} \right)}_{m_{4_j}} s_{5_j}^2 - \underbrace{\left[\tau_{3_j}^{-1} - \frac{M_{3_j}^2}{\rho^2} - \frac{\beta_j \phi_j \,|\, x_{2_j} |^{(\phi_j-1)}}{2} a_{2_j} \right]}_{m_{5_j}} y_{3_j}^2 \\
& - \underbrace{\left(\tau_4^{-1} - \frac{M_{4_j}^2}{\rho^2} - \frac{1}{2} \right)}_{m_{6_j}} y_{4_j}^2 - \underbrace{\left(\tau_g^{-1} - \frac{M_{g_j}^2}{\rho^2} - \frac{a_{4_j}}{2} \right)}_{m_{7_j}} y_{g_j}^2 \Bigg\} \\
& + \underbrace{\frac{3}{2}\rho^2}_{\varpi} + \sum_{j=1}^{2} \left\{ \frac{\dot{\chi}_j}{\gamma_{\chi_j}} [\dot{g}_j N(\chi_j) - 1] \right\}
\end{aligned}
\tag{5.19}
$$

为保证系统稳定，选取参数时需要满足以下条件：

$$
\begin{cases}
c_{2_j} \geqslant \dfrac{R}{|\dot{R}|} a_{2_j}, \quad c_{3_j} \geqslant \dfrac{\beta_j \phi_j \,|\, x_{2_j} |^{(\phi_j-1)}}{2} a_{2_j} + 1 \\
c_{4_j} \geqslant a_{4_j} + \dfrac{1}{2}, \quad c_{5_j} \geqslant \dfrac{a_{4_j}}{2}, \quad \tau_3^{-1} \geqslant \dfrac{M_{3_j}^2}{\rho^2} + \dfrac{\beta_j \phi_j \,|\, x_{2_j} |^{(\phi_j-1)}}{2} a_{2_j}, \quad j = 1, 2 \\
\tau_4^{-1} \geqslant \dfrac{M_{4_j}^2}{\rho^2} + \dfrac{1}{2}, \quad \tau_g^{-1} \geqslant \dfrac{M_{g_j}^2}{\rho^2} - \dfrac{a_{4_j}}{2}
\end{cases}
\tag{5.20}
$$

令正常数 $\varepsilon = \min\{m_{i_j}, i = 1, 2, \cdots, 7;\ j = 1, 2\}$，则式(5.19)可以进一步化简为

$$
\dot{V} \leqslant -2\varepsilon V + \varpi + \sum_{j=1}^{2} \frac{\dot{\chi}_j}{\gamma_{\chi_j}} [\dot{g}_j N(\chi_j) - 1] \tag{5.21}
$$

当 $V=\Theta$ 且 $\left\{ \varpi + \sum_{j=1}^{2} \dot{\chi}_j [\dot{g}_j N(\chi_j) - 1] / \gamma_{\chi_j} \right\} (2\Theta) < \varepsilon$ 时，有 $\dot{V} < 0$ 成立，这代表 $V \leqslant \Theta$ 时 V 是一个不变集，如果 $V(t_s) \leqslant \Theta$，那么对 t_s 之后的时刻 t，都有 $V(t) \leqslant \Theta$

成立，根据引理 4.1 与比较原理可得

$$
\begin{aligned}
0 \leqslant V(t) \leqslant & V(0)\mathrm{e}^{-2\varepsilon t} + \frac{\varpi}{2\varepsilon}(1-\mathrm{e}^{-2\varepsilon t}) \\
& + \mathrm{e}^{-2\varepsilon t}\sum_{j=1}^{2}\left\{\frac{1}{\gamma_{\chi_j}}\int_0^t \dot{\chi}_j[\dot{g}_j N(\chi_j)-1]\mathrm{e}^{2\varepsilon\tau}\mathrm{d}\tau\right\}
\end{aligned} \tag{5.22}
$$

再根据引理 4.1 可知，闭环系统一致最终有界，且它的界为 $\varpi/(2\varepsilon)$，通过选择合适的参数，即取 ρ 足够小使得 ϖ 充分小，取 c_{i_j} 足够大、τ_i 与 τ_g 足够小使 ε 充分大，那么 V 就能够稳定地收敛至平衡点附近充分小的邻域内。根据式(5.22)可知，V 呈指数型收敛，可以通过选取 c_{i_j} 等参数为较大的合适值，来调节衰减系数 ε 以加快收敛速度，从而保证系统能够在有限时间内迅速收敛。证毕。

尽管式(5.20)给出了保证系统稳定性的参数选取范围，但由于受到多方面因素的约束，例如，在提高系统收敛速度的同时，需用过载往往容易超过可用过载，所以给出设计参数的具体定量选择标准是比较困难的，目前常采用的方法是综合考虑设计方法与实际物理环境，再通过大量的数学仿真来进行定量选择。

注　为了便于定理 5.2 的推导证明，V 并未包含 ESO(5.2)、(5.3)的观测误差，但结合定理 3.4 可知，当 V 涵盖这些观测误差时，定理 5.2 同样成立。

5.1.3　仿真结果与分析

本节的主要目的是在目标做匀速运动的工况下，通过数学仿真与半实物仿真对 BADSSMN 方法进行分析和验证，用以表明设计方法的可行性与有效性。BADSSMN 方法仿真环境参数、BADSSMN 方法参数分别如表 5.1、表 5.2 所示。

表 5.1　BADSSMN 方法仿真环境参数

参数	数值	参数	数值
$x_{P_0 0}$ /m	0	$x_{T_0 0}$ /m	3000
$y_{P_0 0}$ /m	4000	$y_{T_0 0}$ /m	0
$z_{P_0 0}$ /m	0	$z_{T_0 0}$ /m	100
θ_{P0} /(°)	−10	θ_{T0} /(°)	0
ψ_{P0} /(°)	0	ψ_{T0} /(°)	−30
v_P /(m/s)	357	v_T /(m/s)	30
Δ_F /%	10	Δ_M /%	−10

续表

参数	数值	参数	数值
τ_{Ty_8}	0.01	$d_{F_{Py_2}}$ /N	sin$t$
τ_{Tz_8}	0.01	$d_{F_{Pz_2}}$ /N	cos$t$
θ_{Qf} /(°)	−65	$d_{M_{z_4}}$ /(N · m)	sin(t/2)
ψ_{Qf} /(°)	−10	$d_{M_{y_4}}$ /(N · m)	cos(t/2)
w_{x_0} /(m/s)	−3	$d_{\delta_{zeq}}$ /(rad/s)	sin(t/3)
w_{y_0} /(m/s)	3	$d_{\delta_{yeq}}$ /(rad/s)	cos(t/3)
w_{z_0} /(m/s)	−3	τ_c	0.01

注：根据在 2.5.2 节与 5.1.1 节中建立的设计模型可知，$d_{a_{Py}}$ 、d_{θ_T} 、$d_{F_{Py_2A}}$ 、$d_{M_{z_4A}}$ 等是由其他已定义变量构成的，因此仅给出 $d_{F_{Py_2}}$ 、Δ_F 、w_{x_0} 等项的数值，以便于定量分析干扰 $\boldsymbol{d}_i\,(i=2,3,4,5)$ 。

表 5.2　BADSSMN 方法参数

参数	数值	参数	数值
β_1	10	β_2	10
ϕ_1	1.5	ϕ_2	1.5
k_{2_1}	0.2	k_{2_2}	0.2
c_{2_1}	1	c_{2_2}	1
k_{3_1}	1	k_{3_2}	1
c_{3_1}	2	c_{3_2}	2
k_{4_1}	1	k_{4_2}	1
c_{4_1}	2	c_{4_2}	2
k_{5_1}	1	k_{5_2}	1
c_{5_1}	2	c_{5_2}	2
γ_{χ_1}	0.5	γ_{χ_2}	0.5
τ_3	0.01	τ_4	0.01
τ_g	0.01		

ESO(5.2)、(5.3)的参数取值可参照 ESO(3.4)、(3.14)。

为了体现 BADSSMN 方法能够使系统满足 $\dot{\theta}_Q$ 、$\dot{\psi}_Q$ 测量受限的约束，在式(5.4)、式(5.5)中均使用 z_{x_2} 信息。为了有效地削弱由滑模切换项诱发的控制量高频抖振，在进行仿真时通常采用连续饱和函数 $\mathrm{sat}(\cdot)$ 代替其中的符号函数。

为了体现 BADSSMN 方法的优越性，引入文献[129]提出的 NTDSC(nonsingular terminal dynamic surface control)方法作为对比。仿真结果与仿真曲线分别如表 5.3 和图 5.2 所示。为了便于叙述，将 BADSSMN 方法进行半实物仿真得到的仿真结果简记为 BADSSMN-H。

表 5.3　BADSSMN 方法在目标做匀速运动工况下的仿真结果

方法	脱靶量/m	命中时间/s	θ_{Qf}误差/(°)	ψ_{Qf}误差/(°)
BADSSMN	0.229	14.600	0.022	0.019
BADSSMN-H	0.234	14.610	0.023	0.020
NTDSC	0.365	14.710	0.042	0.035

n_{Py_2} 与 n_{Pz_2} 的仿真曲线分别在图 5.2(a)和(b)中绘制，NTDSC 方法未有效处理滑模切换项抖振，导致其过载变化范围相对于 BADSSMN 方法较大、收敛速度也较为滞后，而 BADSSMN 方法充分开发运用了通道耦合作用，过载变化较为平缓，并能够以较快的速度稳定在平衡点附近任意小的邻域内，表明其具有良好的鲁棒性。

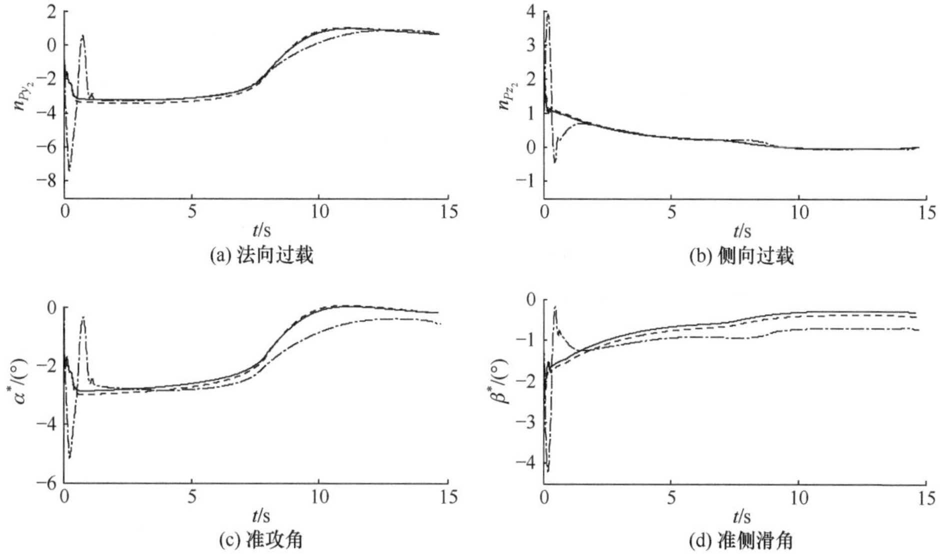

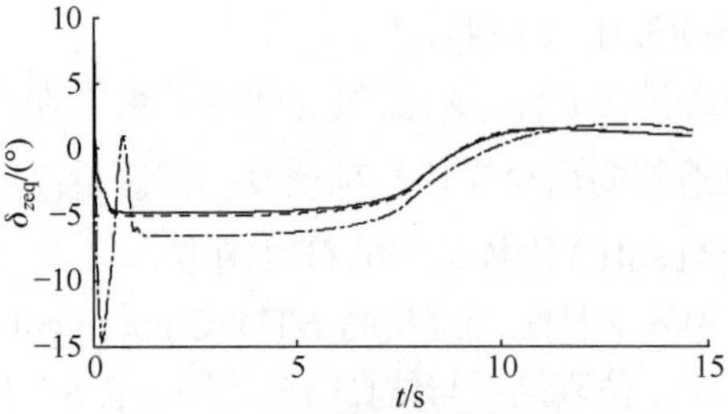

(e) 等效俯仰舵偏角

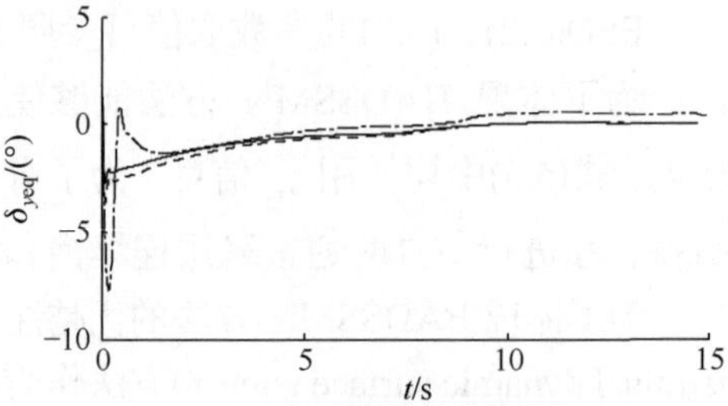

(f) 等效偏航舵偏角

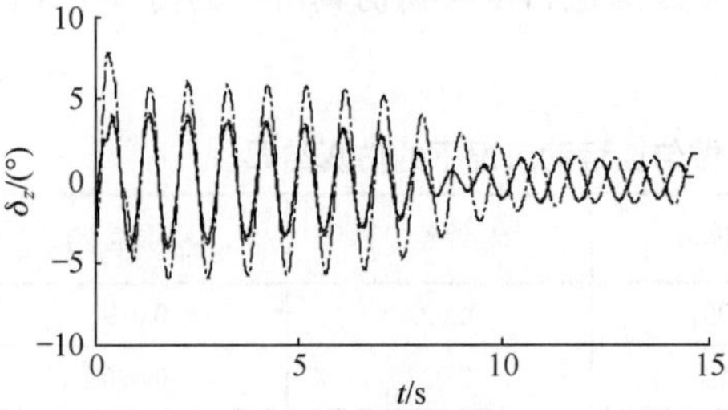

(g) 俯仰舵偏角

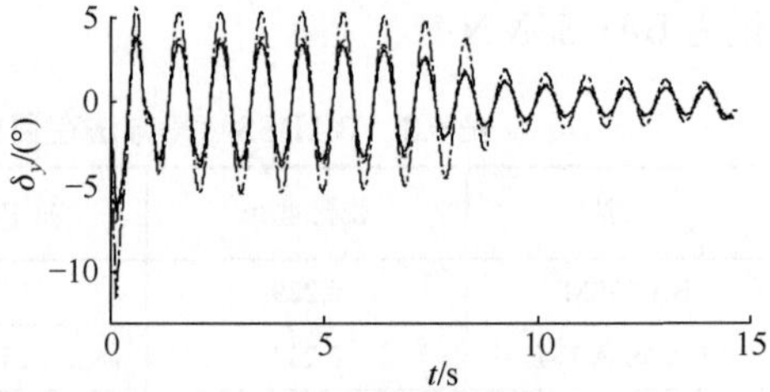

(h) 偏航舵偏角

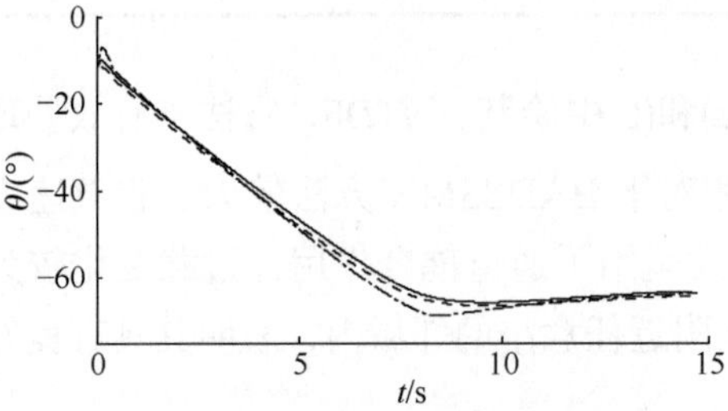

(i) 俯仰角

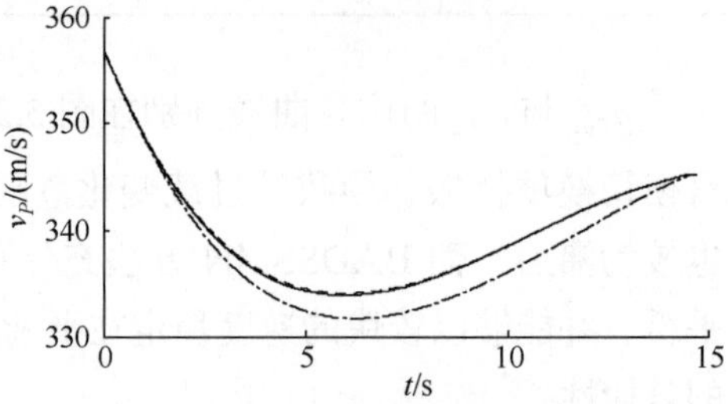

(j) 弹体速度

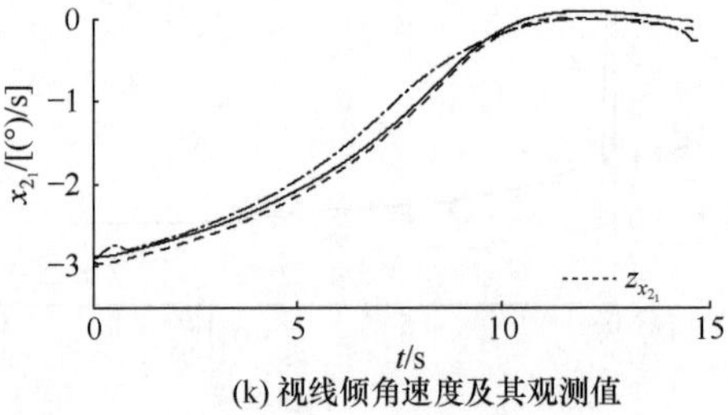

(k) 视线倾角速度及其观测值

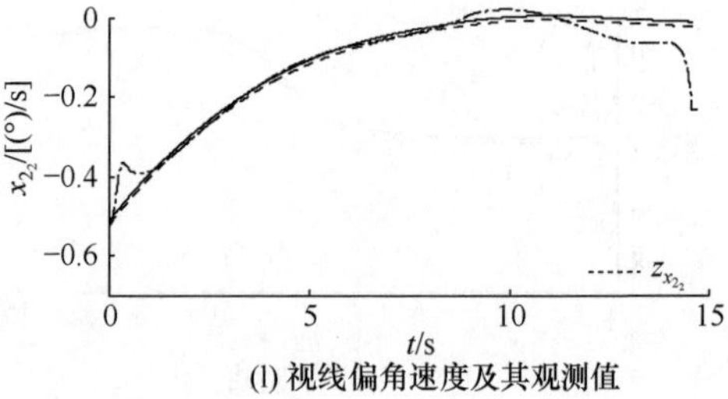

(l) 视线偏角速度及其观测值

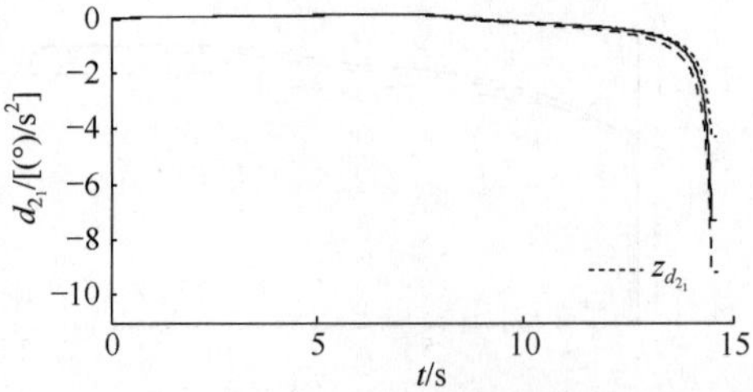

(m) 干扰d_{2_1}及其观测值

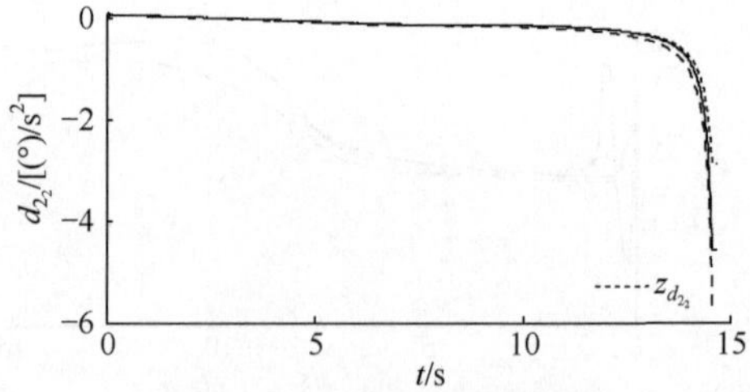

(n) 干扰d_{2_2}及其观测值

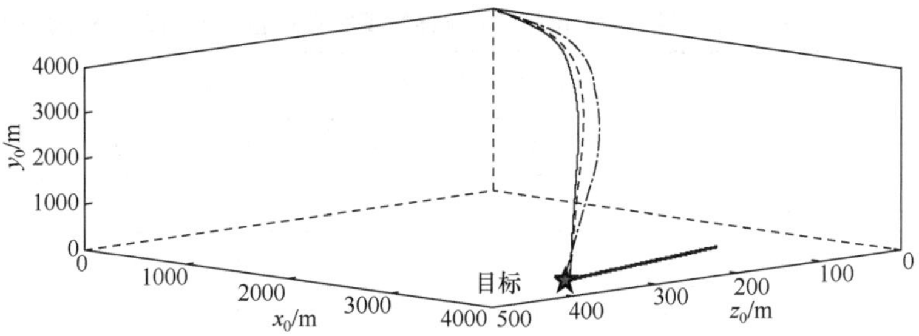

(o) 弹体运动轨迹

—— BADSSMN　- - - - BADSSMN-H　—·—· NTDSC

图 5.2　BADSSMN 方法在目标做匀速运动工况下的仿真曲线

从图 5.2(c)和(d)中可以看出，α^* 与 β^* 的变化趋势与过载基本一致，充分说明了 n_{Pz_2} 与 n_{Py_2} 分别主要由 α^* 与 β^* 诱导产生。

δ_{zeq}、δ_{yeq} 与 δ_z、δ_y 的变化趋势分别在图 5.2(e)～(h)中表明，NTDSC 方法未能有效处理由舵偏受限诱发的饱和非线性，导致其等效舵偏角的峰值与变化范围较大，浪费有限的可用过载；而 BADSSMN 方法运用自适应 Nussbaum 函数能够成功地降低舵偏幅度，有效地避免了舵机控制饱和。

图 5.2(i)展示了 θ 的变化情况，表明弹体姿态角变化是平滑连续的，BADSSMN 方法的收敛速度快于 NTDSC 方法，且超调较小。

弹体速度的变化曲线在图 5.2(j)中描绘，整个末制导过程中弹体速度的变化是连续的，并没有发生突变的情况，BADSSMN 方法的控制品质优于 NTDSC 方法。

$\dot{\theta}_Q$、$\dot{\psi}_Q$ 与干扰 d_{2_1}、d_{2_2} 及其观测值的变化趋势分别在图 5.2(k)～(n)中展示，所设计 ESO 能够快速而准确地估计视线角速度与不确定干扰，使弹体具备足够的可用过载以补偿不确定干扰对制导飞行的负面影响，而且 $\dot{\theta}_Q$ 与 $\dot{\psi}_Q$ 能够在有限时间内稳定地收敛至零。

图 5.2(o)为弹体运动轨迹，两种设计方法均能够使得弹体对匀速运动目标实施精确打击，再结合表 5.3 可以看出，BADSSMN 方法进一步优化了脱靶量、命中时间与终端视线角跟踪误差等重要战技指标，且其弹道较为平直，表明在它的调控下，舰炮制导炮弹的抗干扰能力较强，更加有利于弹体在末制导过程中的稳定飞行。

为了更加全面地考察 BADSSMN 方法，在上述工况中仅改变 θ_{P0}、ψ_{P0} 或 θ_{Qf}、ψ_{Qf}，经过中制导滑翔段的控制，在俯仰纵平面上弹体基本处于水平姿态，在偏航水平面上弹体基本朝向目标飞行，并且主要以大着角顶端攻击。其仿真结果与仿真曲线分别如表 5.4 和图 5.3 所示。

表 5.4 BADSSMN 方法以不同初始弹道角或终端视线角攻击匀速运动目标的仿真结果

序号	θ_{P0}/(°)	ψ_{P0}/(°)	θ_{Qf}/(°)	ψ_{Qf}/(°)	脱靶量/m	命中时间/s	θ_{Qf}误差/(°)	ψ_{Qf}误差/(°)
①	0	10	–65	–10	0.251	14.75	0.032	0.021
②	0	–10	–65	–10	0.277	14.69	0.031	0.023
③	–20	–10	–65	–10	0.265	14.67	0.043	0.031
④	–10	0	–55	0	0.286	15.54	0.034	0.029
⑤	–10	0	–55	–20	0.259	15.61	0.041	0.037
⑥	–10	0	–75	–20	0.243	15.83	0.027	0.027

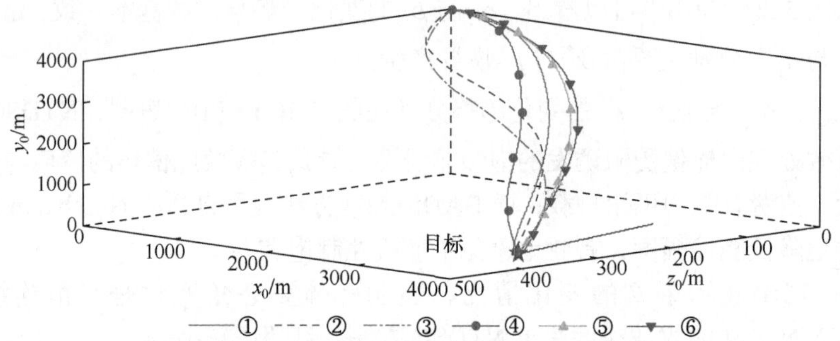

图 5.3 BADSSMN 方法以不同初始弹道角或终端视线角攻击匀速运动目标的仿真曲线

通过分析可知，在改变初始弹道角或终端视线角的工况下，BADSSMN 方法均可以使得舰炮制导炮弹精确命中匀速运动目标，同时确保了终端视线角跟踪误差在有限时间内收敛至零点附近充分小的邻域内，表明 BADSSMN 方法具有一定的适用范围。此外，在上述角参量进行小范围调整时，脱靶量以及终端视线角跟踪误差的变化并不明显，由于弹道轨迹的形状会随ψ_{Qf}的调整而改变，进而延长或缩短了弹体飞行距离，所以相对于初始弹道角，ψ_{Qf}对命中时间具有更大的影响，并且ψ_{Qf}偏离工况设定值的幅度与命中时间呈正相关。

5.2 基于自适应模糊与块动态面滑模的全状态耦合设计方法

5.2.1 问题描述

设计方法 5.1 是基于 BDSSM 方法完成的，滑模切换项的增益固定且需要满足一定条件，很容易导致控制量产生高频抖振，尽管采用连续饱和函数替代滑模切换项的方法简单易行，但代价是牺牲了滑模控制的不变性，从而使系统难以满足稳定性的必要条件。而自适应模糊系统由于具有万能逼近性能，恰好能够兼顾削弱抖振与稳定系统这两个重要的方面。

5.2.2 设计方法与稳定性分析

设计方法的目的是针对 IGC 全状态耦合设计系统(5.1)，在状态变量 $\boldsymbol{x}_1$ 受约束、$\boldsymbol{x}_2$ 测量受限、干扰 $\boldsymbol{d}_i(i=2,3,4,5)$ 未知有界的情况下，产生合适的控制量 $\boldsymbol{u}$，使系统状态 $\boldsymbol{x}_1$、$\boldsymbol{x}_2$ 在有限时间内收敛至零，保证闭环系统一致最终有界并且能够迅速稳定地收敛至平衡点附近充分小的邻域内。

设计方法主要由 ESO、NTSM、自适应 Nussbaum 函数、BDSSM 与 AFS 等构成，其中，前三项的设计与设计方法 5.1 相同，不同之处在于将 AFS 引入了 BDSSM 的设计中，因此本节主要对 BDSSM 与 AFS 展开设计，随后进行闭环系统的稳定性分析。

1. 设计方法

为了保证系统状态 $\boldsymbol{x}_1$、$\boldsymbol{x}_2$ 的有限时间收敛性，仅在虚拟控制量 $\boldsymbol{x}_{4c}$、$\boldsymbol{g}_c$ 与控制量 $\bar{\boldsymbol{u}}$ 中引入自适应模糊系统 $\Xi(\boldsymbol{w}\,|\,\boldsymbol{\kappa})$，以替代符号切换项，其采用乘积推理机、单值模糊器、中心解模糊器和高斯隶属度函数，本质上是从 $\boldsymbol{\Omega}\subseteq\mathbf{R}^n$ 到 $\boldsymbol{Y}\subseteq\mathbf{R}$ 的映射，定义最优逼近向量为

$$\boldsymbol{\kappa}_{i_j}^{*}=\arg\min[\sup_{\boldsymbol{w}_{i_j}\in\boldsymbol{\Omega}}|-e_{zi2_j}-\boldsymbol{\kappa}_{i_j}^{\mathrm{T}}\xi_{i_j}(\boldsymbol{w}_{i_j})|],\quad i=3,4;\ j=1,2 \tag{5.23}$$

$$\boldsymbol{\kappa}_{5_j}^{*}=\arg\min[\sup_{\boldsymbol{w}_{5_j}\in\boldsymbol{\Omega}}|-\dot{g}_j e_{z52_j}-\boldsymbol{\kappa}_{5_j}^{\mathrm{T}}\xi_{5_j}(\boldsymbol{w}_{5_j})|] \tag{5.24}$$

式中，$\boldsymbol{w}_{i_j}=[s_{i_j},\dot{s}_{i_j}]^{\mathrm{T}}$。

根据引理 4.3 可知，对给定任意小的常数 $0<\wp_{i_j}(i=3,4,5;\ j=1,2)$，有如下不等式成立：

$$\sup_{\boldsymbol{w}_{i_j}\in\boldsymbol{\Omega}}|-e_{zi2_j}-\boldsymbol{\kappa}_{i_j}^{*\mathrm{T}}\xi_{i_j}(\boldsymbol{w}_{i_j})|\leqslant\wp_{i_j},\quad i=3,4;\ j=1,2 \tag{5.25}$$

$$\sup_{\boldsymbol{w}_{5_j}\in\boldsymbol{\Omega}}|-\dot{g}_j e_{z52_j}-\boldsymbol{\kappa}_{5_j}^{*\mathrm{T}}\xi_{5_j}(\boldsymbol{w}_{5_j})|\leqslant\wp_{5_j} \tag{5.26}$$

定义自适应模糊参数向量的逼近误差为 $\tilde{\boldsymbol{\kappa}}_{i_j}=\boldsymbol{\kappa}_{i_j}^{*}-\boldsymbol{\kappa}_{i_j}$，并设计自适应律为

$$\dot{\boldsymbol{\kappa}}_{i_j}=\lambda_{i_j}\xi_{i_j}(\boldsymbol{w}_{i_j})s_{i_j}-\boldsymbol{\kappa}_{i_j},\quad i=3,4,5;\ j=1,2,\quad \lambda_{i_j}>0 \tag{5.27}$$

此时，$\boldsymbol{x}_{4c}$、$\boldsymbol{g}_c$、$\bar{\boldsymbol{u}}$ 分别更新为

$$\boldsymbol{x}_{4c} = -[\boldsymbol{f}_3 + \boldsymbol{z}_{d_3} - \dot{\boldsymbol{x}}_{3d} + \varXi_3(\boldsymbol{w}_3 \mid \boldsymbol{\kappa}_3) + \boldsymbol{c}_3\boldsymbol{s}_3] \tag{5.28}$$

$$\boldsymbol{g}_c = -\boldsymbol{a}_4^{-1}[\boldsymbol{f}_4 - \dot{\boldsymbol{x}}_{4d} + \boldsymbol{z}_{d_4} + \varXi_4(\boldsymbol{w}_4 \mid \boldsymbol{\kappa}_4) + \boldsymbol{c}_4\boldsymbol{s}_4] \tag{5.29}$$

$$\bar{\boldsymbol{u}} = -\dot{\boldsymbol{g}}\,\boldsymbol{f}_5 + \dot{\boldsymbol{g}}_d - \varXi_5(\boldsymbol{w}_5 \mid \boldsymbol{\kappa}_5) - \boldsymbol{c}_5\boldsymbol{s}_5 \tag{5.30}$$

式中，$\varXi_i(\boldsymbol{w}_i \mid \boldsymbol{\kappa}_i)=[\varXi_{i_1}(\boldsymbol{w}_{i_1} \mid \boldsymbol{\kappa}_{i_1}), \varXi_{i_2}(\boldsymbol{w}_{i_2} \mid \boldsymbol{\kappa}_{i_2})]^{\mathrm{T}}\ (i=3,4,5)$。

至此，IGC 全状态耦合设计完毕，总结如下。

设计方法 5.2　由 ESO(5.3)、(5.3)，NTSM(5.4)、(5.5)，BDSSM(5.6)、(5.9)、(5.11)、(5.28)～(5.30)，自适应 Nussbaum 函数(5.12)、(5.13)，以及 AFS(5.23)～(5.27)等组成。为了便于后面的叙述，现将设计方法 5.2 简记为 BAFDSSMN(block adaptive fuzzy dynamic surface sliding mode Nussbaum)方法，其结构原理如图 5.4 所示。

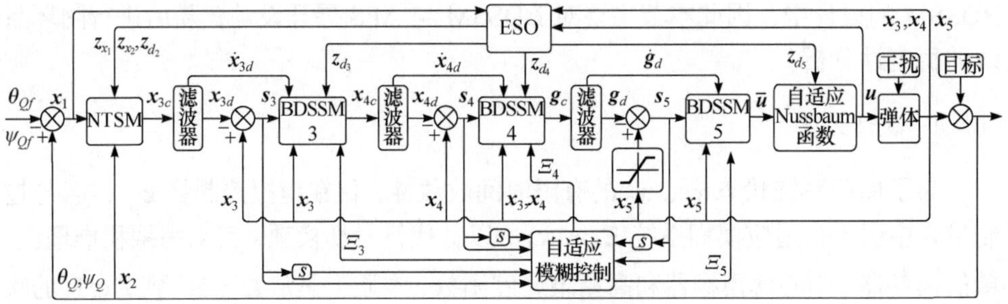

图 5.4　设计方法 5.2 的结构原理

2. 稳定性分析

定义虚拟控制量 $\boldsymbol{x}_{ic}(i=3,4)$、$\boldsymbol{g}_c$ 的跟踪误差分别为

$$\begin{cases} \boldsymbol{y}_i = \boldsymbol{x}_{id} - \boldsymbol{x}_{ic} \\ \boldsymbol{y}_g = \boldsymbol{g}_d - \boldsymbol{g}_c \end{cases} \tag{5.31}$$

对式(5.31)进行求导，可得

$$\begin{cases} \dot{\boldsymbol{x}}_{id} = -\tau_i^{-1}\boldsymbol{y}_i \\ \dot{\boldsymbol{g}}_d = -\tau_g^{-1}\boldsymbol{y}_g \end{cases} \tag{5.32}$$

通过进一步推导，可得

$$\begin{cases} \dot{\boldsymbol{y}}_i = -\tau_i^{-1}\boldsymbol{y}_i - \dot{\boldsymbol{x}}_{ic} \\ \dot{\boldsymbol{y}}_g = -\tau_g^{-1}\boldsymbol{y}_g - \dot{\boldsymbol{g}}_c \end{cases} \tag{5.33}$$

由文献[168]可知，存在正实数 $M_{i_j}\,(i=3,4;\ j=1,2)$ 、 $M_{g_j}\,(j=1,2)$ 使得不等式 $\dot{x}_{ic_j}\leqslant M_{i_j}$ 、 $\dot{g}_{c_j}\leqslant M_{g_j}$ 成立，再经过推导，可得

$$\begin{cases}\boldsymbol{x}_i=\boldsymbol{s}_i+\boldsymbol{y}_i+\boldsymbol{x}_{ic}\\ \boldsymbol{g}=\boldsymbol{s}_5+\boldsymbol{y}_g+\boldsymbol{g}_c\end{cases}\tag{5.34}$$

选取全系统 Lyapunov 函数 V 为

$$V=\frac{1}{2}\sum_{i=2}^{5}\boldsymbol{s}_i^{\mathrm{T}}\boldsymbol{s}_i+\frac{1}{2}\sum_{i=3}^{4}\boldsymbol{y}_i^{\mathrm{T}}\boldsymbol{y}_i+\frac{1}{2}\boldsymbol{y}_g^{\mathrm{T}}\boldsymbol{y}_g+\frac{1}{2}\sum_{j=1}^{2}\sum_{i=3}^{5}\frac{1}{\lambda_{i_j}}\tilde{\boldsymbol{\kappa}}_{i_j}^{\mathrm{T}}\tilde{\boldsymbol{\kappa}}_{i_j}\tag{5.35}$$

定理 5.3　对于系统(5.1)，采用 BAFDSSMN 方法，通过选择合适的参数，能使闭环系统一致最终有界，且能够迅速稳定地收敛至平衡点附近充分小的邻域内。

证明　对式(5.35)进行求导，可得

$$\begin{aligned}\dot{V}=&\sum_{j=1}^{2}\left(\sum_{i=2}^{4}s_{i_j}\dot{s}_{i_j}+\sum_{i=3}^{4}y_{i_j}\dot{y}_{i_j}+y_{g_j}\dot{y}_{g_j}+\sum_{i=3}^{5}\frac{1}{\lambda_{i_j}}\tilde{\boldsymbol{\kappa}}_{i_j}^{\mathrm{T}}\dot{\tilde{\boldsymbol{\kappa}}}_{i_j}\right)\\
=&\sum_{j=1}^{2}\Big\{s_{2_j}\{x_{2_j}+\beta_j\phi_j\,|\,x_{2_j}|^{(\phi_j-1)}[f_{2_j}+a_{2_j}(s_{3_j}+y_{3_j}+x_{3c_j})+d_{2_j}]\}\\
&+s_{3_j}[f_{3_j}+a_{3_j}(s_{4_j}+y_{4_j}+x_{4c_j})+d_{3_j}-\dot{x}_{3d_j}]\\
&+s_{4_j}[f_{4_j}+a_{4_j}(s_{5_j}+y_{g_j}+g_{c_j})+d_{4_j}-\dot{x}_{4d_j}]\\
&+s_{5_j}[\dot{g}_j(f_{5_j}+b_ju_j+d_{5_j})-\dot{g}_{d_j}]+\sum_{i=3}^{4}y_{i_j}(-\dot{x}_{ic_j}-\tau_i^{-1}y_{i_j})\\
&+y_{g_j}(-\dot{g}_{c_j}-\tau_g^{-1}y_{g_j})-\sum_{i=3}^{5}\tilde{\boldsymbol{\kappa}}_{i_j}^{\mathrm{T}}\boldsymbol{\xi}_{i_j}(\boldsymbol{w}_{i_j})s_{i_j}+\sum_{i=3}^{5}\frac{1}{\lambda_{i_j}}\tilde{\boldsymbol{\kappa}}_{i_j}^{\mathrm{T}}(\boldsymbol{\kappa}_{i_j}^{*}-\tilde{\boldsymbol{\kappa}}_{i_j})\Big\}\\
\leqslant&\sum_{j=1}^{2}\Big\{\beta_j\phi_j\,|\,x_{2_j}|^{(\phi_j-1)}a_{2_j}s_{2_j}(s_{3_j}+y_{3_j})\\
&+\beta_j\phi_j\,|\,x_{2_j}|^{(\phi_j-1)}s_{2_j}\left[d_{2_j}-z_{d_{2_j}}-k_{2_j}\mathrm{sign}(s_{2_j})-\frac{|\dot{R}|}{R}c_{2_j}s_{2_j}\right]\\
&+s_{3_j}(s_{4_j}+y_{4_j})+s_{3_j}[d_{3_j}-z_{d_{3_j}}-\boldsymbol{\kappa}_{3_j}^{\mathrm{T}}\boldsymbol{\xi}_{3_j}(\boldsymbol{w}_{3_j})-c_{3_j}s_{3_j}]\\
&+a_{4_j}s_{4_j}(s_{5_j}+y_{g_j})+s_{4_j}\left[d_{4_j}-z_{d_{4_j}}-\boldsymbol{\kappa}_{4_j}^{\mathrm{T}}\boldsymbol{\xi}_{4_j}(\boldsymbol{w}_{4_j})-c_{4_j}s_{4_j}\right]\\
&+s_{5_j}\{[\dot{g}_jN_j(\chi_j)-1]\overline{u}_j+\dot{g}_j(d_{5_j}-z_{d_{5_j}})-\boldsymbol{\kappa}_j^{\mathrm{T}}\boldsymbol{\xi}_{5_j}(\boldsymbol{w}_{5_j})-c_{5_{jj}}s_{5_j}\}\\
&+\sum_{i=3}^{4}y_{i_j}(M_{i_j}-\tau_i^{-1}y_{i_j})+y_{g_j}(M_{g_j}-\tau_g^{-1}y_{g_j})-\sum_{i=3}^{5}\tilde{\boldsymbol{\kappa}}_{i_j}^{\mathrm{T}}\boldsymbol{\xi}_{i_j}(\boldsymbol{w}_{i_j})s_{i_j}\end{aligned}$$

$$
\begin{aligned}
&-\frac{1}{2}\sum_{i=3}^{5}\frac{1}{\lambda_{i_j}}\tilde{\boldsymbol{\kappa}}_{i_j}^{\mathrm{T}}\tilde{\boldsymbol{\kappa}}_{i_j}+\frac{1}{2}\sum_{i=3}^{5}\frac{1}{\lambda_{i_j}}\boldsymbol{\kappa}_{i_j}^{*\mathrm{T}}\boldsymbol{\kappa}_{i_j}^{*}\Bigg\} \\
&\leqslant\sum_{j=1}^{2}\Bigg\{\beta_j\phi_j|x_{2_j}|^{(\phi_j-1)}a_{2_j}\left(s_{2_j}^2+\frac{s_{3_j}^2}{2}+\frac{y_{3_j}^2}{2}\right)-\beta_j\phi_j|x_{2_j}|^{(\phi_j-1)}\frac{|\dot{R}|}{R}c_{2_j}s_{2_j}^2 \\
&+s_{3_j}^2+\frac{s_{4_j}^2}{2}+\frac{y_{4_j}^2}{2}-c_{3_j}s_{3_j}^2+\frac{s_{3_j}^2}{2}+\frac{\varepsilon_{3_j}^2}{2}+a_{4_j}\left(s_{4_j}^2+\frac{s_{5_j}^2}{2}+\frac{y_{g_j}^2}{2}\right)-c_{4_j}s_{4_j}^2 \\
&+\frac{s_{4_j}^2}{2}+\frac{\varepsilon_{4_j}^2}{2}-c_{5_j}s_{5_j}^2+\frac{s_{5_j}^2}{2}+\frac{\varepsilon_{5_j}^2}{2}+s_{5_j}[\dot{g}_jN_j(\chi_j)-1]\overline{u}_j+\sum_{i=3}^{4}\left(\frac{M_{i_j}^2}{\rho^2}-\tau_i^{-1}\right)y_{i_j}^2 \\
&+\left(\frac{M_{g_j}^2}{\rho^2}-\tau_g^{-1}\right)y_{g_j}^2-\frac{1}{2}\sum_{i=3}^{5}\frac{1}{\lambda_{i_j}}\tilde{\boldsymbol{\kappa}}_{i_j}^{\mathrm{T}}\tilde{\boldsymbol{\kappa}}_{i_j}\Bigg\}+\frac{3}{2}\rho^2+\frac{1}{2}\sum_{j=1}^{2}\sum_{i=3}^{5}\frac{1}{\lambda_{i_j}}\boldsymbol{\kappa}_{i_j}^{*\mathrm{T}}\boldsymbol{\kappa}_{i_j}^{*} \\
&\leqslant\sum_{j=1}^{2}\Bigg\{\underbrace{-\beta_j\phi_j|x_{2_j}|^{(\phi_j-1)}\left(\frac{|\dot{R}|}{R}c_{2_j}-a_{2_j}\right)}_{m_{1_j}}s_{2_j}^2 \\
&-\underbrace{\left[c_{3_j}-\frac{\beta_j\phi_j|x_{2_j}|^{(\phi_j-1)}}{2}a_{2_j}-\frac{3}{2}\right]}_{m_{2_j}}s_{3_j}^2-\underbrace{(c_{4_j}-a_{4_j}-1)}_{m_{3_j}}s_{4_j}^2 \\
&-\underbrace{\left(c_{5_j}-\frac{a_{4_j}}{2}-\frac{1}{2}\right)}_{m_{4_j}}s_{5_j}^2-\underbrace{\left[\tau_{3_j}^{-1}-\frac{M_{3_j}^2}{\rho^2}-\frac{\beta_j\phi_j|x_{2_j}|^{(\phi_j-1)}}{2}a_{2_j}\right]}_{m_{5_j}}y_{3_j}^2 \\
&-\underbrace{\left(\tau_4^{-1}-\frac{M_{4_j}^2}{\rho^2}-\frac{1}{2}\right)}_{m_{6_j}}y_{4_j}^2-\underbrace{\frac{1}{2}\sum_{i=3}^{5}\frac{1}{\lambda_{i_j}}}_{m_{8_j}}\tilde{\boldsymbol{\kappa}}_{i_j}^{\mathrm{T}}\tilde{\boldsymbol{\kappa}}_{i_j}\Bigg\}+\sum_{j=1}^{2}\frac{\dot{\chi}_j}{\gamma_{\chi_j}}[\dot{g}_jN_j(\chi_j)-1] \\
&+\underbrace{\frac{3}{2}\rho^2+\frac{1}{2}\sum_{j=1}^{2}\sum_{i=3}^{5}\varepsilon_{i_j}^2+\frac{1}{2}\sum_{j=1}^{2}\sum_{i=3}^{5}\frac{1}{\lambda_{i_j}}\boldsymbol{\kappa}_{i_j}^{*\mathrm{T}}\boldsymbol{\kappa}_{i_j}^{*}}_{\varpi}
\end{aligned}
\tag{5.36}
$$

为保证系统稳定，选取参数时需要满足以下条件：

$$
\begin{cases}
c_{2_j} \geqslant \dfrac{R}{|\dot{R}|}a_{2_j},\ c_{3_j} \geqslant \dfrac{\beta_j \phi_j |x_{2_j}|^{(\phi_j-1)}}{2}a_{2_j} + \dfrac{3}{2}, \quad j=1,2 \\
c_{4_j} \geqslant a_{4_j}+1,\ c_{5_j} \geqslant \dfrac{a_{4_j}}{2}+\dfrac{1}{2},\ \tau_3^{-1} \geqslant \dfrac{M_{3_j}^2}{\rho^2} + \dfrac{\beta_j \phi_j |x_{2_j}|^{(\phi_j-1)}}{2}a_{2_j} \\
\tau_4^{-1} \geqslant \dfrac{M_{4_j}^2}{\rho^2}+\dfrac{1}{2},\ \tau_g^{-1} \geqslant \dfrac{M_{g_j}^2}{\rho^2}+\dfrac{1}{2}
\end{cases}
\tag{5.37}
$$

令正常数 $\varepsilon = \min\{m_{i_j}, i=1,2,\cdots,8; j=1,2\}$ ，则式(5.36)可以进一步化简为 $\dot{V} \leqslant -2\varepsilon V + \varpi$ 。当 $V=\Theta$ 且 $\varpi/(2\Theta) < \varepsilon$ 时，有 $\dot{V} < 0$ 成立，这代表 $V \leqslant \Theta$ 时 V 是一个不变集，如果 $V(t_s) \leqslant \Theta$ ，那么对 t_s 之后的时刻 t ，都有 $V(t) \leqslant \Theta$ 成立，两端同时积分，再根据引理 3.2 与比较原理，推导可得

$$
0 \leqslant V(t) \leqslant V(0)\mathrm{e}^{-2\varepsilon t} + (1-\mathrm{e}^{-2\varepsilon t})\frac{\varpi}{2\varepsilon}
\tag{5.38}
$$

根据引理 4.1 可知，闭环系统一致最终有界，并且它的界为 $\varpi/(2\varepsilon)$ ，通过选择合适的参数，即取 ρ 足够小使得 ϖ 充分小，取 c_{i_j} 足够大、τ_i 与 τ_g 足够小使 ε 充分大，那么 V 就能够稳定地收敛至平衡点附近充分小的邻域内。根据式(5.38)可知，V 呈指数型收敛，可以通过选取 c_{i_j} 等参数为较大的合适值，来调节衰减系数 ε 以加快收敛速度，从而保证系统能够在有限时间内迅速收敛。证毕。

尽管式(5.37)给出了保证系统稳定性的参数选取范围，但由于受到多方面因素的约束，例如，在提高系统收敛速度的同时，需用过载往往容易超过可用过载，所以给出设计参数的具体定量选择标准是比较困难的，目前常采用的方法是综合考虑设计方法与实际物理环境，再通过大量的数学仿真来进行定量选择。

注　为了便于定理 5.3 的推导证明，V 并未包含 ESO(5.2)、(5.3)的观测误差，但结合定理 3.4 可知，当 V 涵盖这些观测误差时，定理 5.3 同样成立。

5.2.3　仿真结果与分析

本节的主要目的是在目标做蛇形机动的工况下，通过数学仿真与半实物仿真对 BAFDSSMN 进行分析和验证，用以表明设计方法的可行性与有效性。BAFDSSMN 方法仿真环境参数、BAFDSSMN 方法参数分别如表 5.5 和表 5.6 所示。

表 5.5　BAFDSSMN 方法仿真环境参数

参数	数值	参数	数值
$x_{P_0 0}$ /m	0	$x_{T_0 0}$ /m	3000
$y_{P_0 0}$ /m	4000	$y_{T_0 0}$ /m	0
$z_{P_0 0}$ /m	0	$z_{T_0 0}$ /m	−100

续表

参数	数值	参数	数值
θ_{P0} /(°)	−5	θ_{T0} /(°)	0
ψ_{P0} /(°)	0	ψ_{T0} /(°)	0
v_P /(m/s)	357	v_T /(m/s)	30
Δ_F /%	−10	Δ_M /%	−10
τ_{Ty_8}	0.01	$d_{F_{Py_2}}$ /N	sin$t$
τ_{Tz_8}	0.01	$d_{F_{Pz_2}}$ /N	cos$t$
θ_{Qf} /(°)	−70	$d_{M_{z_4}}$ /(N · m)	sin(t/2)
ψ_{Qf} /(°)	10	$d_{M_{y_4}}$ /(N · m)	cos(t/2)
w_{x_0} /(m/s)	3	$d_{\delta_{zeq}}$ /(rad/s)	sin$t$
w_{y_0} /(m/s)	−3	$d_{\delta_{yeq}}$ /(rad/s)	cos$t$
w_{z_0} /(m/s)	3	τ_c	0.01

注：给出干扰数值的考虑与 BADSSMN 方法中对应的注相同。

表 5.6　BAFDSSMN 方法参数

参数	数值	参数	数值
β_1	10	β_2	10
ϕ_1	1.5	ϕ_2	1.5
k_{2_1}	0.2	k_{2_2}	0.2
c_{2_1}	1	c_{2_2}	1
k_{3_1}	1	k_{3_2}	1
c_{3_1}	2	c_{3_2}	2
k_{4_1}	1	k_{4_2}	1
c_{4_1}	2	c_{4_2}	2
k_{5_1}	1	k_{5_2}	1
c_{5_1}	2	c_{5_2}	2
γ_{χ_1}	0.5	γ_{χ_2}	0.5
τ_3	0.01	τ_4	0.01
τ_g	0.01		

为了体现 BAFDSSMN 方法能够使系统满足 $\dot{\theta}_Q$ 、$\dot{\psi}_Q$ 测量受限的约束，在式(5.4)、式(5.5)中均使用 z_{x_2} 信息。

模糊自适应参数向量 $\boldsymbol{\kappa}_{i_j}\ (i=3,4,5;\ j=1,2)$ 的初始值为零，选取高斯隶属度函数为

$$\begin{cases} \ell_{A_{i_j}^{l_{i_j}}}(s_{i_j}) = \mathrm{e}^{-\left(10s_{i_j}+1-\frac{l_{i_j}-1}{2}\right)^2}, & l_{i_j}=1,2,\cdots,5 \\ \ell_{A_{i_j}^{l_{i_j}}}(\dot{s}_{i_j}) = \mathrm{e}^{-\left(5\dot{s}_{i_j}+2-\frac{l_{i_j}-1}{2}\right)^2}, & l_{i_j}=1,2,\cdots,9 \end{cases} \tag{5.39}$$

设定目标做蛇形机动的加速度控制指令为

$$\begin{cases} a_{Ty_8}^c = 3\sin t\ (\mathrm{m/s^2}) \\ a_{Tz_8}^c = 2\sin t\ (\mathrm{m/s^2}) \end{cases} \tag{5.40}$$

为了体现 BAFDSSMN 方法的优越性，引入文献[129]提出的 NTDSC 方法作为对比。其仿真结果与仿真曲线分别如表 5.7 和图 5.5 所示。为便于叙述，将 BAFDSSMN 方法进行半实物仿真得到的仿真结果简记为 BAFDSSMN-H。

表 5.7　BAFDSSMN 方法在目标作蛇形机动工况下的仿真结果

方法	脱靶量/m	命中时间/s	θ_{Qf} 误差/(°)	ψ_{Qf} 误差/(°)
BAFDSSMN	0.168	14.570	0.017	0.014
BAFDSSMN-H	0.173	14.580	0.018	0.015
NTDSC	0.388	14.680	0.044	0.041

n_{Py_2} 与 n_{Pz_2} 的变化情况分别在图 5.5(a)和(b)中进行描述，NTDSC 方法仅依靠动态面滑模来镇定系统，并未解决控制指令的高频抖振问题，导致过载在初始段变化较为剧烈，且收敛速度较慢；而 BAFDSSMN 方法通过模糊系统的自适应调整，有效削弱了块动态面滑模切换项抖振，提高了系统的飞行稳定性。

通过观察图 5.5(c)和(d)可知，α^* 与 β^* 的变化趋势基本与过载保持一致，假设 2.4、假设 2.5 的合理性也得到了充分验证。

弹体速度的变化曲线在图 5.5(e)中描绘，整个末制导过程中弹体速度的变化是连续的，并没有发生突变的情况，BAFDSSMN 方法的控制品质优于 NTDSC 方法。

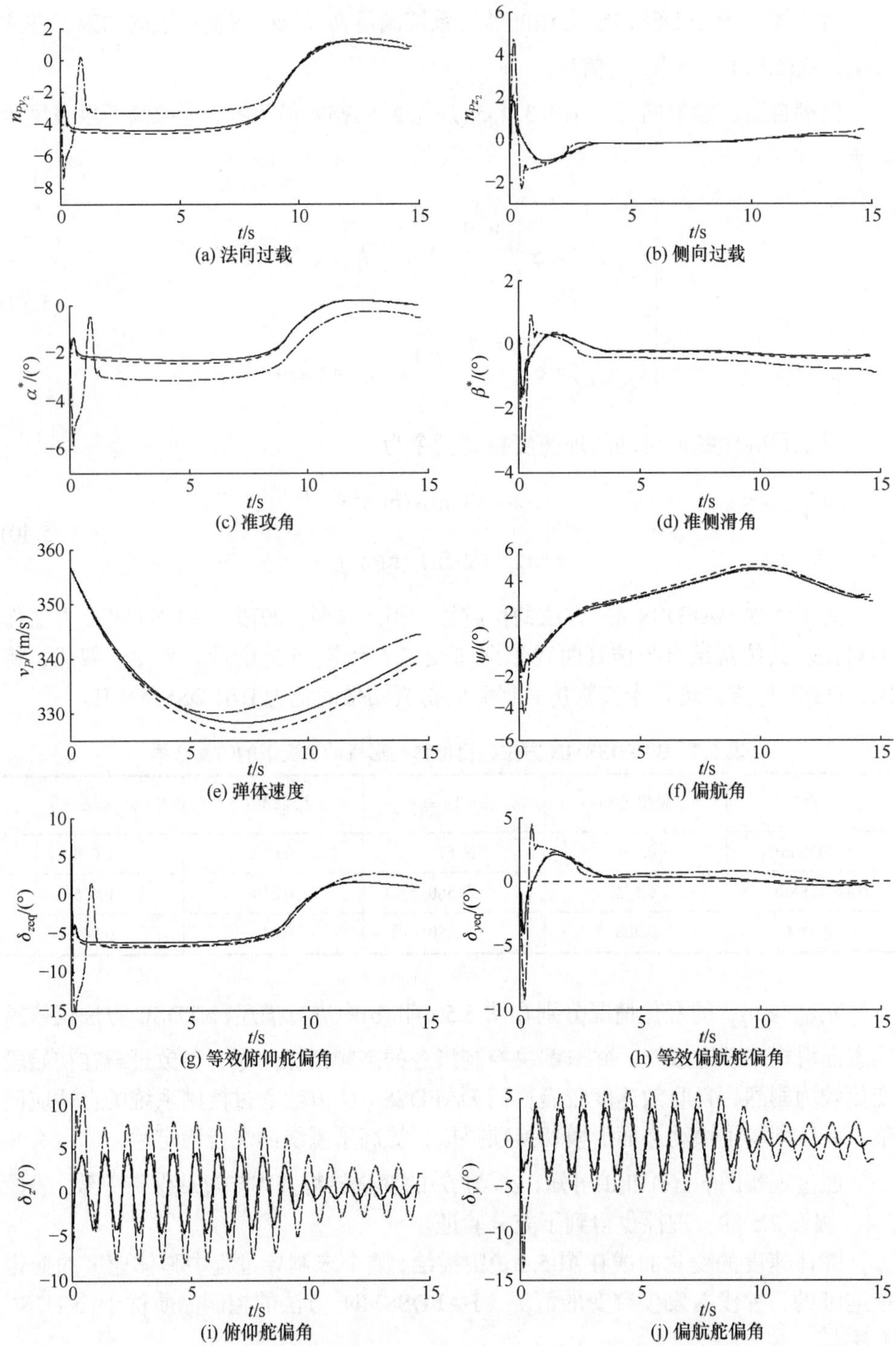

(a) 法向过载　(b) 侧向过载

(c) 准攻角　(d) 准侧滑角

(e) 弹体速度　(f) 偏航角

(g) 等效俯仰舵偏角　(h) 等效偏航舵偏角

(i) 俯仰舵偏角　(j) 偏航舵偏角

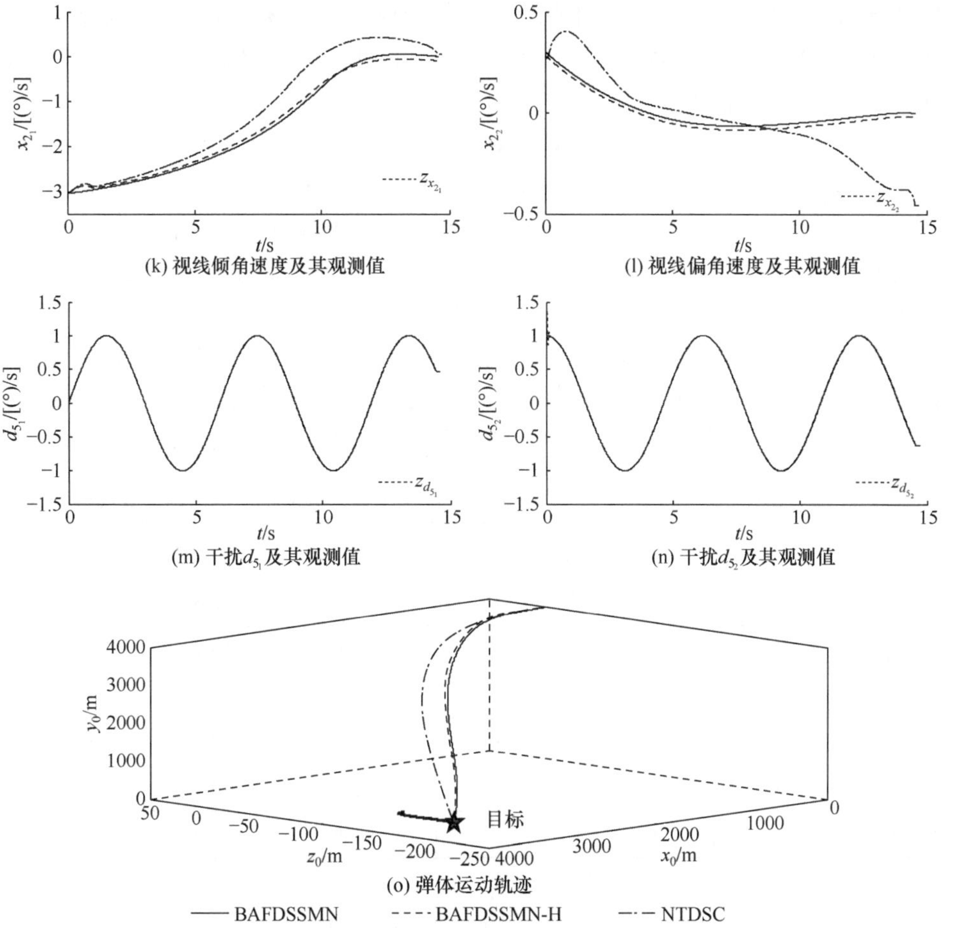

图 5.5　BAFDSSMN 方法在目标做蛇形机动工况下的仿真曲线

图 5.5(f)展示了ψ的仿真曲线，表明在整个末制导过程中弹体姿态角的变化较为平滑，BAFDSSMN 方法的收敛速度与超调均优于 NTDSC 方法，表明转台随动性能良好，弹载 MCU 与转台之间进行控制反馈的实时性较高。

δ_{zeq}、δ_{yeq}与δ_z、δ_y的变化趋势分别在图 5.5(g)～(j)中表明，舵偏控制饱和受限导致 NTDSC 等效舵偏角的峰值较大、舵偏速度较快，这就很容易使舵机卡滞在机械极限角度，浪费有限的可用过载，甚至对舵机造成不可逆损害，而 BAFDSSMN方法通过引入自适应Nussbaum增益函数可以有效地降低舵偏指令的幅度，确保了型号舵机的顺畅运行。

$\dot{\theta}_Q$、$\dot{\psi}_Q$与干扰d_{5_1}、d_{5_2}及其观测值的曲线分别在图 5.5(k)～(n)中进行描述，表明了 ESO 具有良好的观测性与鲁棒性，能够快速地为精确命中蛇形机动目标提供准确的视线角速度与不确定干扰信息，使弹体具备足够的可用过载以补偿不确定干扰对制导飞行的负面影响，而且 $\dot{\theta}_Q$ 与 $\dot{\psi}_Q$ 自 12s 后能够稳定地收敛至零，验证了定理 5.1 的正确性。

图 5.5(o)为弹体运动轨迹，NTDSC 方法与 BAFDSSMN 方法均可用于舰炮制导炮弹攻击蛇形机动目标的末制导段，但后者的弹道更为平直，结合表 5.7 可以看出，由于设计了自适应模糊系统替代滑模切换项，所以 BAFDSSMN 方法相对于 NTDSC 方法，进一步优化了脱靶量、命中时间和终端视线角跟踪误差等重要指标。

为了进一步考察 BAFDSSMN 方法的鲁棒性，在上述工况中，仅使气动力系数与气动力矩系数相对于标称值发生±20%的摄动，在不同 Δ_F 、Δ_M 组合的条件下进行了数学仿真，仿真结果与仿真曲线分别如表 5.8 和图 5.6 所示。

表 5.8　BAFDSSMN 方法在气动参数摄动条件下攻击蛇形机动目标的仿真结果

序号	Δ_F /%	Δ_M /%	脱靶量/m	命中时间/s	θ_{Qf} 误差/(°)	ψ_{Qf} 误差/(°)
①	+20	+20	0.295	14.680	0.035	0.045
②	+20	−20	0.268	14.630	0.030	0.040
③	−20	+20	0.257	14.650	0.032	0.039
④	−20	−20	0.284	14.660	0.033	0.043
⑤	+20	0	0.249	14.640	0.029	0.026
⑥	0	+20	0.205	14.610	0.024	0.019

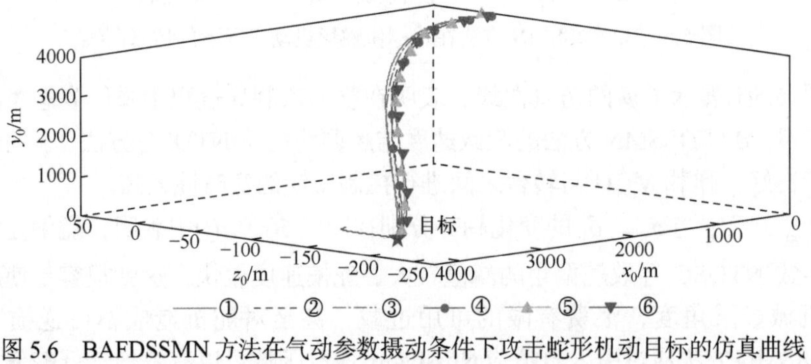

图 5.6　BAFDSSMN 方法在气动参数摄动条件下攻击蛇形机动目标的仿真曲线

通过分析可知，在不同 Δ_F 、Δ_M 组合的工况下，由于 BAFDSSMN 方法充分考虑了通道耦合作用，并且针对不确定干扰、舵机控制饱和、控制量高频抖振等问题，引入并设计了 ESO、自适应 Nussbaum 函数和自适应模糊系统等有效环节，上述因素使弹体制导飞行的不利影响得到了较好的补偿，使得弹体能够为稳定飞行提供足够的可用过载。同时，所设计的 NTSM 确保了 IGC 系统能够在有限时间内满足终端角度 θ_{Qf} 与 ψ_{Qf} 的约束。此外，通过分析⑤、⑥以及工况设定值的仿真结果可知，在摄动范围相同时，气动力系数摄动对 IGC 系统的影响程度比气动力矩系数更大。综上所述，BAFDSSMN 方法具有良好的鲁棒性，能使弹体较好地适应气动参数在一定范围内的摄动。

5.3　本 章 小 结

本章主要在攻击角、执行器饱和与视线角速度测量受限的约束下，进一步开发运用了由弹体旋转所增强的耦合作用，研究了 IGC 全状态耦合设计方法。首先，有机结合了 ESO、NTSM 与自适应 Nussbaum 增益函数的优势，提出了一种基于块动态面滑模的设计方法，确保了视线角速度与不确定干扰的观测误差能够迅速稳定地收敛至平衡点附近充分小的邻域内，并且通过 Lyapunov 理论严格地证明了系统一致最终有界。进而，结合自适应模糊系统提出了一种基于块动态面滑模的设计方法，使得终端视线角跟踪误差与视线角速度能够在有限时间内收敛至零，更为重要的是，通过模糊参数向量的自适应调整，不仅使系统仍然具备上述稳定性能，而且成功地削弱了控制量高频抖振。数学仿真与半实物仿真的结果表明，本章所提出的设计方法更加有益于弹体在末制导段飞行中进行精细调节，进一步增强了系统的稳定性与鲁棒性。

第 6 章　导引控制一体化设计的半实物仿真研究

在第 3～5 章中，所提出设计方法的可行性与有效性，以及所设计模型的合理性与正确性不仅得到了充分的数学仿真验证，还进行了更加贴近实际工况的半实物仿真测试。为了详细地说明所运用半实物仿真系统的设计思路、搭建过程与测试步骤，本章将综合考虑研究成本、周期与技术能力等因素，以对 IGC 与 AIGC 设计方法进行置信水平更高的深层次验证作为半实物仿真的研究目的，从半实物仿真研究需求、系统相似关系、系统总体方案等方面对半实物仿真系统进行详细分析，进而以在 5.2 节中提出的基于自适应模糊与块动态面滑模的全状态耦合设计方法为例，阐述实施半实物仿真测试的步骤，结合对半实物仿真结果的分析来表明半实物仿真系统的实时性与可用性。

6.1　仿真研究需求与系统相似关系

结合舰炮制导炮弹的结构原理与主要特征，围绕研究目的，明确仿真研究需求，并进一步确定系统中的相似关系及其实现方案，这是设计半实物仿真系统总体方案的基础。

1. 明确仿真研究需求

下面主要从实时性、功能性、兼容性、保障性与扩展性等方面，明确设计与搭建半实物仿真系统的仿真研究需求。

1) 实时性需求

(1) 通过合理配置中断的数量与优先级，以实时地响应控制指令与触发任务事件；

(2) 在单个仿真步长内，实时地完成对弹体六自由度等仿真模型、滤波算法和 IGC 设计方法的解算以及数据高速交互等任务；

(3) 以直接操作内存的方式完成数据传输、类型转换等通信任务，提高弹载 MCU 的并行计算能力。

2) 功能性需求

(1) 完成设备自检、弹载 MCU 程序编译装定、参数装定、通信连接与关闭、仿真步骤控制，以及仿真数据的采集、存储、分析处理等功能；

(2) 实现弹载计算机的主要功能，包括模型构建、算法编写，以及仿真环境、外设、中断等基本功能的配置；

(3) 准确地模拟弹体在空中飞行时的姿态及舵机打舵。

3) 兼容性需求

(1) 支持 Microsoft Visual C++ 6.0、Keil、Labview 与 MATLAB 等软件，能够方便快捷地实现模型与算法从系统管理机到弹载 MCU 的代码转换；

(2) 支持各种通信总线、外设以及硬件 I/O 接口，拥有丰富的应用程序编程接口。

4) 保障性需求

(1) 设计可靠的多重保护机制，如硬件和软件中的角度限位及过压保护、过流保护、过温保护等。

(2) 采用层级化系统架构，使设备之间的关系更加清晰，便于维护管理。

(3) 采用模块化理念设计硬件、软件，对硬件设备的子部件进行封装，制作防反接制式接口，便于快速实现部件的引入、隔离与替换；对软件及其子程序进行封装，制定含有参量输入输出接口的库函数，便于快速完成仿真模型、滤波算法与 IGC 设计方法的重构。

5) 扩展性需求

(1) 支持增加新的仿真设备节点，通过配置弹载 MCU 相关的预留功能，来增加新的通信接口、I/O 接口；

(2) 完成局部硬件设备在环的半实物仿真测试，实现对单个硬件设备性能的独立测试；

(3) 支持装定不同研究对象的仿真模型，根据研究测试需要设定多种仿真环境参数，为多种飞行器的制导设计方法提供综合测试平台。

2. 确定系统相似关系

作为测试与验证舰炮制导炮弹多约束 IGC 设计方法的半实物仿真系统，关键是要在实验室环境下尽量精确地模拟出与实际飞行过程中相似的关系[176]。因此，需要紧贴研究目的与需求，并考虑研究成本、周期等因素，对系统中的相似关系及其实现方案进行明确，如表 6.1 所示。

表 6.1　系统相似关系及其实现方案

相似关系	仿真对象	实现方案
时间相似	飞行时间	合理配置中断，实时响应控制指令与触发任务事件； 弹载 MCU 运行 4 阶 Runge-Kutta 法、卡尔曼滤波等算法，实时解算由模型与 IGC 设计方法组成的微分方程组； 运用直接内存存取(direct memory access, DMA)方式传输数据，运用共用体变量转换数据类型

续表

相似关系	仿真对象	实现方案
几何比例相似	弹载计算机	弹载 MCU 实现实际弹载计算机的基本功能与工作原理
	飞行姿态	弹载 MCU 发送姿态角控制指令； 通过立式三轴转台模拟飞行姿态
	飞行打舵	弹载 MCU 发送舵偏角控制指令； 通过双通道舵机模拟飞行打舵
数学相似	弹体质心运动与绕质心转动	弹体六自由度模型
	目标质心运动	目标三自由度模型
	弹目相对运动	弹目相对运动模型
感觉信息相似	三轴转台角度	对转台各轴的正交编码器数值进行比例转换
	双通道舵偏角	对模数转换器(analog-to-digital converter，ADC)采集的舵机电位器电压模拟量值进行比例转换

系统的相似关系主要体现在时间相似、几何比例相似、数学相似、感觉信息相似等方面。其中，最重要的是时间相似，时间相似主要是按照时间来准确复现系统在真实环境中的运行状态与规律；而几何比例相似是半实物仿真系统中最常用到的，几何比例相似主要是使半实物仿真系统与实物成放大或缩小比例，从而较为真实地反映系统的实际状态；数学相似是通过数学模型来描述系统的主要本质特征；感觉信息相似是根据测量部件所感觉的物理量所确定的[156]。

6.2 系统总体方案

为了达到半实物仿真的研究目的，实现弹载 MCU、双通道舵机与三轴转台等硬件和软件在环路的实时半实物仿真，就必然需要根据研究需求与系统相似关系合理地设计总体方案，其主要包括系统架构设计、硬件方案设计、软件方案设计三项，它们是半实物仿真研究目的、研究需求、系统相似关系的具体实现方式。

6.2.1 系统架构设计

为了能够更加合理地布局仿真资源，便捷地管理与维护系统，采用三层级系统架构(仿真管理层、实时仿真层、测试设备层)，进而明确各层级功能及层级之间的相互关系，对各在环硬件、软件以及仿真数据进行统一有效的管理，使其聚合成一个高效的有机整体，如图 6.1 所示，图中的实线表示控制指令与仿真数据的主要传输链路(①～⑨)，虚线表示以机械方式连接。

仿真管理层由系统管理机等构成，其主要功能是对半实物仿真系统进行仿真进程的管理。系统管理机完成弹载 MCU 程序的编译，并装定至 MCU 中(①)，通过系统管理软件向 MCU 发送控制指令，实现对通信连接与关闭等仿真进程的管理(②)，同时对 MCU 回传的参量(③)进行实时采集/存储与离线分析。

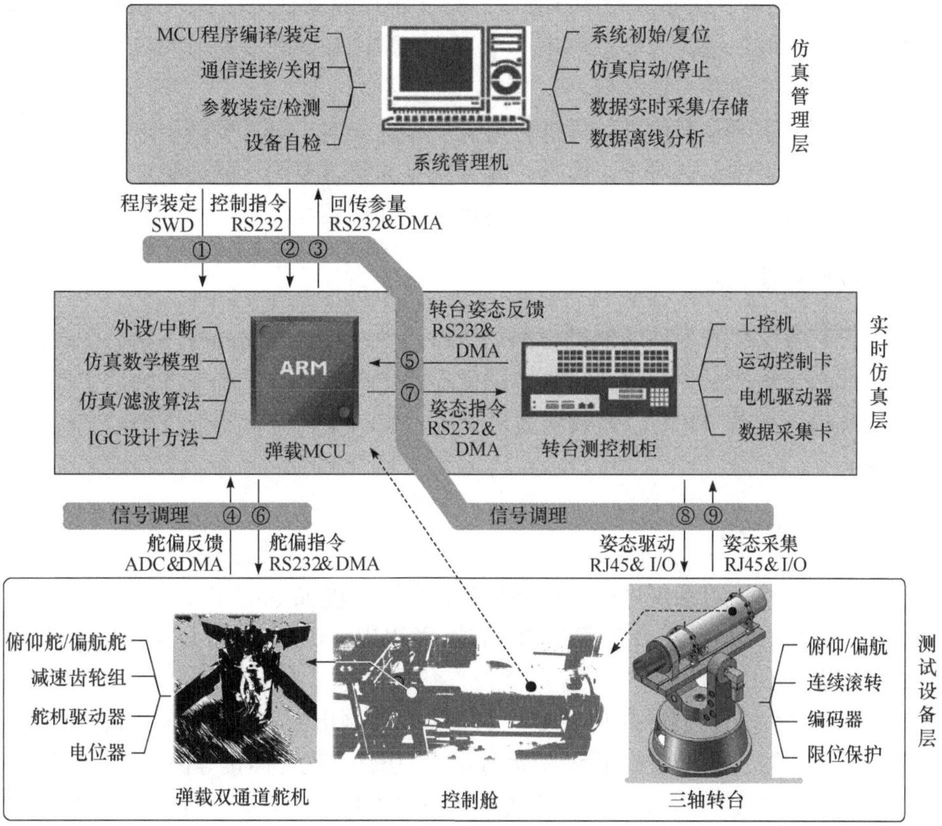

图 6.1　三层级系统架构

实时仿真层由弹载 MCU 与转台测控机柜等构成，主要负责配置外设/中断与运动控制卡等，并执行高实时性的仿真任务事件。MCU 对当前时刻的舵偏反馈(④)、转台姿态反馈(⑤)进行在线滤波，进而代入由仿真数学模型、IGC 设计方法等组成的微分方程组，通过 4 阶 Runge-Kutta 法解算出下一时刻参量，并将其回传至系统管理机，同时将参量中的舵偏指令发送至弹载双通道舵机(⑥)，将姿态指令发送至转台测控机柜(⑦)。转台测控机柜中的工控机根据姿态指令通过运动控制卡、电机驱动器来驱动三轴转台(⑧)，三轴转台各轴上的编码器实时测量与姿态角等效的绝对编码值，工控机通过数据采集卡将其获取(⑨)，进而解析成姿态信息并反馈至弹载 MCU。

测试设备层由弹载双通道舵机、控制舱与三轴转台等构成，主要功能是通过在环路的弹载双通道舵机与三轴转台来模拟相似关系。舵机驱动器根据舵偏指令(⑥)操纵俯仰舵/偏航舵，模拟实际飞行打舵，双电位器反馈与舵偏角等效的电压值(④)。三轴转台在多重限位的保护下，受工控机驱动来模拟实际飞行姿态(⑧)，工控机实时获取三轴转台姿态信息(⑨)。弹载 MCU 和弹载双通道舵机安装在控制舱内，控制舱安装在三轴转台上。

信号调理主要是对仿真信号进行放大、光电隔离、电磁屏蔽、电平转换、通道扩展等调理工作，这对于半实物仿真系统是非常重要的，能显著地提升设备之间进行控制指令与仿真数据高速交互的稳定性和可靠性。

6.2.2　硬件方案设计

系统与各层级的各项功能最终都是依靠硬件、软件之间的有序精密配合来实现的，那么合理地设计硬件、软件方案就显得十分重要。系统中的硬件主要包含系统管理机、弹载 MCU、弹载双通道舵机、控制舱、转台测控机柜与三轴转台等设备。

1. 系统管理机

系统管理机是对系统进行管理的设备，主要功能如下：

(1) 采用Keil软件编译弹载MCU程序，并以串行调试(serial wire debug，SWD)方式装定至 MCU；

(2) 运行系统管理软件向 MCU 发送一系列控制指令，实现通信连接与关闭、参数装定与检测、设备自检、系统初始与复位、仿真启动与停止等仿真进程的管理；

(3) 对 MCU 以 DMA 方式回传的仿真数据进行实时采集、存储与离线分析，主要包括弹体属性参数、目标属性参数、相对运动参数、IGC 设计方法参数、舵偏角、转台姿态等重要参量。

系统管理机选用湖南梯阵科技有限公司的 TZN133D 型加固便携式计算机，其主要参数与实物分别如表 6.2 和图 6.2 所示。

表 6.2　系统管理机主要参数

参数	数值
CPU 型号/主频	i7-7750H/2.6GHz
内存型号/容量	DDR4/16GB
固态硬盘容量	512GB

续表

参数	数值
核心/线程数	六核/十二线程
操作系统	Windows 7(64 位)
外设接口	USB3.0×2
	USB2.0×2
	RJ45×1

2. 弹载 MCU

弹载 MCU 是整个半实物仿真系统的核心设备，其主要功能如下：

(1) 配置基本环境与功能，基本环境主要包括仿真时间、步长、全局变量等，功能主要包括外设、DMA、定时器、中断等，与系统管理机、弹载双通道舵机、工控机进行控制指令与仿真数据的高速交互，主要分别向系统管理机传输仿真参量数据、向弹载双通道舵机发送舵偏指令、向转台测控机柜发送姿态指令，分别接收系统管理机发送的控制指令、采集电位器反馈的弹载双通道舵偏角、采集工控机反馈的三轴转台姿态；

图 6.2　系统管理机实物

(2) 构建仿真模型的微分方程组(由弹体六自由度模型、目标三自由度模型、弹目相对运动模型与 IGC 设计方法等组成)，能够完整地反映旋转舰炮制导炮弹在末制导段运动状态以及 IGC 本质关系；

(3) 编写模型解算算法，对采集的舵偏角、三轴转台姿态进行在线卡尔曼滤波，并使用滤波值参与以 4 阶 Runge-Kutta 法解算上述微分方程组的过程。

弹载 MCU 选用广东东莞野火电子技术有限公司的 STM32F429IGT6 型核心板，其主要参数如表 6.3 所示。

表 6.3　弹载 MCU 主要参数

参数	数值
最大保护电流/mA	500
最大输入电压/V	6
扩展 Flash 存储器/MB	16
内部 Flash 存储器/MB	1

续表

参数	数值
扩展 SRAM/MB	8
内部 SRAM/KB	256
主频/MHz	180
尺寸/mm	84.4×47.5
USART	4

注：SRAM 为静态随机存取存储器，USART 为通用同步/异步串行接收/发送器。

弹载 MCU 相对于可以搭载操作系统的计算机，其各方面性能都是有限的，那么就需要提高并行计算能力，通过直接操作内存的方式来进行数据的高速交互与类型转换，具体实现方式是对数据量较大的链路采用 DMA 方式传输，采用共用体来转换数据类型，而非通过库函数进行数学运算，能够降低此类任务对内存的过多占用，有效地保证了半实物仿真的实时性。

3. 弹载双通道舵机

弹载双通道舵机是模拟弹体在飞行过程中打舵的设备，主要由俯仰舵/偏航舵、减速齿轮组、舵机驱动器与电位器等构成，主要功能如下：

(1) 舵机驱动器根据弹载 MCU 发送的舵偏指令，操纵俯仰舵(y)与偏航舵(z)偏转到指定的角度；

(2) 电位器能可靠地提供与舵偏角等效的电压模拟量值。

舵机选用淮海工业集团有限公司研发的某型弹载双通道舵机，其主要参数与实物分别如表 6.4 和图 6.3 所示。

表 6.4　弹载双通道舵机主要参数

参数	数值
最大偏转角度/(°)	±18
舵偏角极误差/(°)	±0.2
串口波特率/(bit/s)	115200
输出扭矩/(N · m)	≥3
抗过载能力/g	≥10000
响应频率/Hz	≥6
工作电压/V	24～28
工作电流/A	≤6

为了增强发送舵偏指令的可靠性与实时性，弹载双通道舵机与弹载 MCU 之间采用带光电隔离的 TTL-RS232 接口实现信息交互，弹载 MCU 以 DMA 方式将通过 ADC 采集到的电位器的大量模拟数据传输给弹载 MCU 内存中设定的浮点型数组，取平均值后再进行卡尔曼滤波，随后按比例转换即可得到弹载双通道舵机 y、z 的偏角。

图 6.3　弹载双通道舵机实物

弹载 MCU 向舵机驱动器发送舵偏指令的周期为 10ms，每帧信息共包括 6 个字节，其中包括起始码与校验码，字节的数据格式为“1 个起始位+8 个数据位+1 个停止位”，通信协议详见表 6.5。

表 6.5　弹载 MCU 与弹载双通道舵机的通信协议

字节	1	2	3	4	5	6
内容	0xEB	舵机 y 符号	舵机 y 角度	舵机 z 符号	舵机 z 角度	校验和

其中，舵机的符号定义是 0x11 为正角度，0x22 为负角度，0x33 为零角度，舵机角度定义为舵机实际角度的绝对值×10(°)，上电后按照标定状态主动回零，若舵机在指令周期内未到位，则按接收到的新指令进行工作。

需要说明的是，该型舵机已经通过了结构抗高过载检测、地面加载实验检测、炮射实验验证、飞行实验等多轮多方位的验证环节，攻克了提高响应频率、输出扭矩、舵偏角精度与抗高过载等技术难题，因此在半实物仿真系统中并未考虑设置力矩负载模拟器。

4. 控制舱

控制舱是弹载 MCU 与弹载双通道舵机的物理载体，其主要功能包括：模拟弹载 MCU 与弹载双通道舵机在实际控制舱内的安装情况，为它们提供安装的机械匹配接口；为穿引出弹载 MCU 与系统管理机、转台测控机柜等设备通信的线缆提供合适的通道空间。需要注意的是，在三轴转台上安装控制舱负载时，控制舱轴线应与三轴转台滚转轴的轴线尽量重合，并将三轴转台导轨上支撑部件移动到合适的位置。

控制舱选用淮海工业集团有限公司研发的某型制导炮弹控制舱，其主要参数与实物分别如表 6.6 和图 6.4 所示。

表 6.6　控制舱主要参数

参数	性能指标
最大直径/mm	140
工作温度/℃	－65～150
存储温度/℃	－45～100
高度/mm	500
质量/kg	5.5
材料	铝质合金

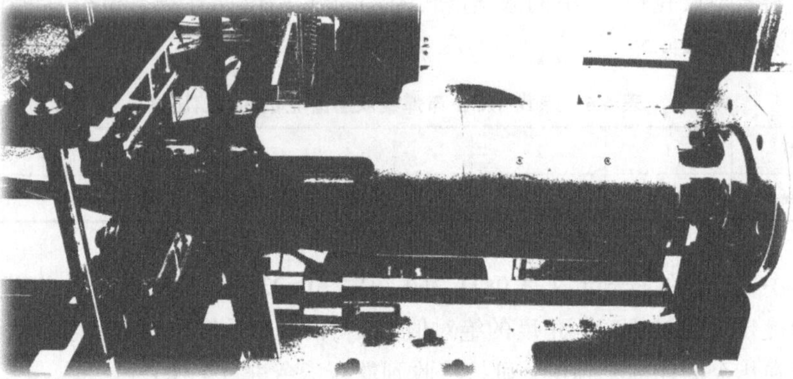

图 6.4　控制舱实物

5. 转台测控机柜

转台测控机柜是用来精确控制三轴转台，模拟弹体俯仰轴、偏航轴、滚转轴独立自由运动的控制设备，因此转台测控机柜的性能将直接影响到转台的动态性能。转台测控机柜主要由工控机、运动控制卡、数据采集卡与电机驱动器等器件构成。

1) 工控机

工控机主要通过运行转台控制软件完成以下功能：

(1) 控制三轴转台的工作状态(使能、回零等)与运动模式(仿真指令等)；

(2) 配置运动控制卡、电机驱动器、数据采集卡等；

(3) 对三轴转台进行多重限位保护；

(4) 将本地生成的或从弹载 MCU 接收到的仿真指令下达至运动控制卡；

(5) 将数据采集卡采集到的编码器值转换为三轴转台姿态数据，进行界面显示，并反馈至弹载 MCU。

工控机与弹载 MCU 之间通过 RS232 串行总线进行全双工通信，工控机与三轴转台之间通过 RJ45 网线和 I/O 线缆连接。工控机采用了多级控制系统，拥有可靠成熟的运动控制技术，确保可靠性。当三轴转台在运动过程中出现紧急情况时，可按下轴台测控机柜前面板上的急停按钮。

工控机选用研华科技有限公司研发的 IPC-610 型工控机，其主要参数与实物分别如表 6.7 和图 6.5 所示。

表 6.7　工控机主要参数

参数	性能指标
CPU 型号/主频	i7-4700HQ/2.6GHz
内存型号/容量	DDR3/8GB
机械硬盘容量	256GB
核心/线程数	四核/八线程
操作系统	Windows 7(64 位)
外设接口	USB3.0 × 2
	USB2.0 × 2
	RS232 × 2
	RJ45 × 1

图 6.5　工控机实物

2) 运动控制卡

运动控制卡的主要功能是根据工控机发送的姿态驱动指令，向电机驱动器提供三轴转台的运动控制；采用成熟复合的控制方法以及智能控制算法，以提高三轴转台的响应速度，改善三轴转台的动态性能与精度。

运动控制卡选用美国伽利略运动控制公司研发的 DMC-2143 型运动控制卡，这是一款基于微处理技术的高性能数字运动控制器，能够轻松地实现多种运动形式，其主要参数与实物分别如表 6.8 和图 6.6 所示。

表 6.8　运动控制卡主要参数

参数	性能指标
伺服更新率/μs	250
内存/MB	32
通信总线	32 位 33MHz PCI 总线
位置解析	32 位位置计数器
可控轴数	4
速度解析	32 位，运动可叠加，速度、加速度、减速度可随时调整
控制输入	正向、反向限位输入，原点信号输入，进给保持输入
脉冲输出	4 轴脉冲+方向信号，集电极开路输出，最大频率为 2MHz

图 6.6　运动控制卡实物

3) 数据采集卡

数据采集卡具备以下功能：①实时采集安装在三轴转台三条主轴上正交编码器的绝对编码值，应用多种有效措施保证采集的数据精准可靠；②监控三轴转台各类开关状态量与控制量。

数据采集卡选用阿尔泰科技发展有限公司研发的 PCI2394 型数据采集卡，灵活的中断源使它非常适用于运动控制或位置监控,其主要参数与实物分别如表 6.9 和图 6.7 所示。

表 6.9　数据采集卡主要参数

参数	性能指标
光电隔离响应时间/ns	< 100
独立编码器采集轴数	3
数字量隔离输入路数	4
数字量隔离输出路数	4
采样率/MHz	8/4/2/1
编码器分辨率	32 位

图 6.7　数据采集卡实物

6. 三轴转台

三轴转台是模拟弹体实际飞行姿态的设备，主要由底座方位部件、俯仰部件、滚转部件、可调支撑部件与编码器部件等构成，负责实现以下功能：①受转台测控机柜中电机驱动器的驱动，准确地将俯仰、偏航、滚转三个部分运动到指定的角度或角速度；②三轴转台三轴上的正交编码器能够可靠地提供与姿态角等效的编码值；③俯仰部件与可调支撑部件能够适用于安装控制舱，并带动其进行稳定的旋转运动；④滚转部件能够穿引出弹载 MCU 与系统管理机、工控机通信的制式线缆。

三轴转台选用成都纵横科宇自动化技术有限公司研发的 JVKY1607 型立式电动转台，其主要参数与实物分别如表 6.10 和图 6.8 所示。

表 6.10　三轴转台主要参数

参数	性能指标
角速度范围/[(°)/s]	偏航 5，俯仰 10，滚转 600 转/分钟
转角范围/(°)	偏航±20，俯仰±70，滚转连续
负载直径/mm	≤200
负载长度/mm	≤1000
角度精度/(°)	0.05
负载质量/kg	≤15
维护性/min	平均修复时间≤30
可靠性/h	平均故障间隔时间≥500

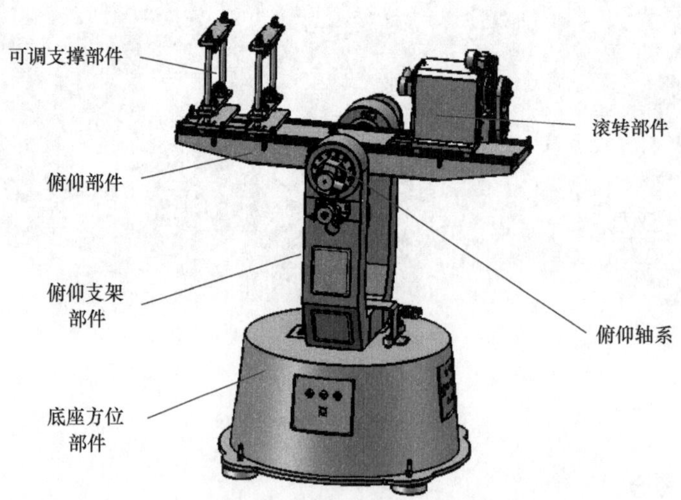

图 6.8　三轴转台实物

三轴转台结构采用弧形导轨远端支撑，保证了整个机构具有足够的刚度和良好的运动稳定性，驱动环节采用大惯量直流伺服电机带高精度减速器，满足了系统大传动比、高动态精度要求。三轴转台的俯仰部件与滚转部件机构分别如图 6.9 和图 6.10 所示。

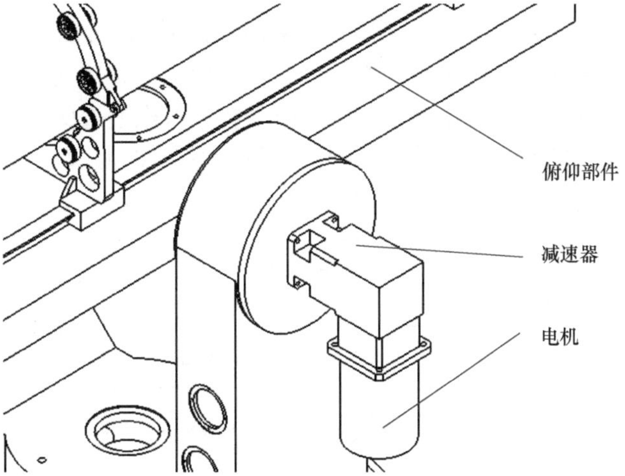

图 6.9　俯仰部件机构

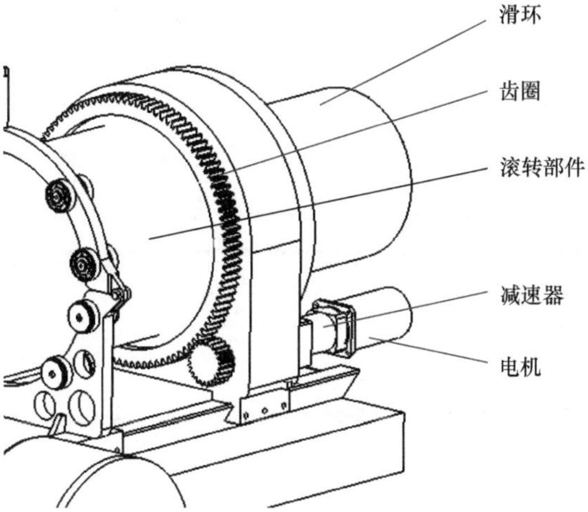

图 6.10　滚转部件机构

为了防止三轴转台发生超限运动，共设计了三级保护措施：

(1) 软件限位，三轴转台控制软件实时计算当前角度，当达到角度上、下限时仅允许反向运动；

(2) 硬件限位，在各轴的极限位置处安装限位开关，当机构运动触及到限位开关时，强行终止三轴转台运行；

(3) 机械限位，当各轴运动到极限角度位置时，机械挡块确保三轴转台不进行超限运动。

6.2.3　软件方案设计

1. 系统管理软件

系统管理软件在系统管理机上运行，采用 Microsoft Visual C++ 6.0 编写，通过 RS232 总线与弹载 MCU 进行控制指令和仿真数据的高速交互，以实现对半实物仿真系统的管理，即整个半实物仿真系统的控制权限通过此软件集中在系统管理机端。系统管理软件的主要功能有模式选择、指令控制、数据接收、数据存储等，其功能架构与编译界面分别如图 6.11 和图 6.12 所示。

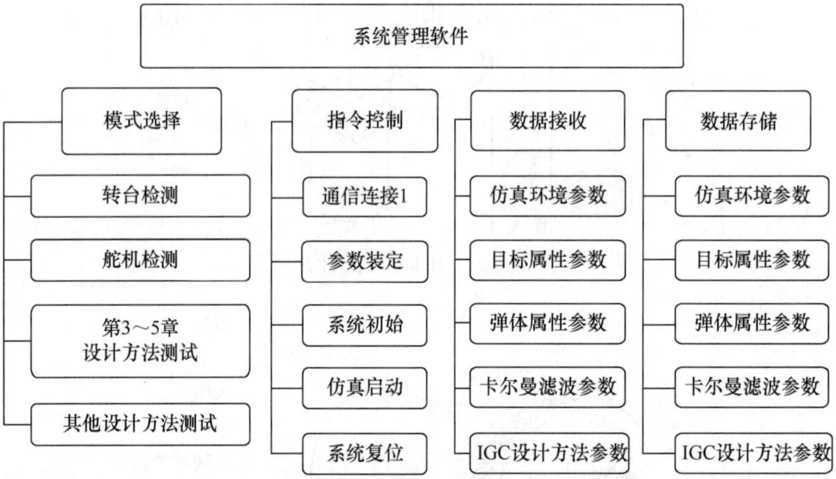

图 6.11　系统管理软件功能架构

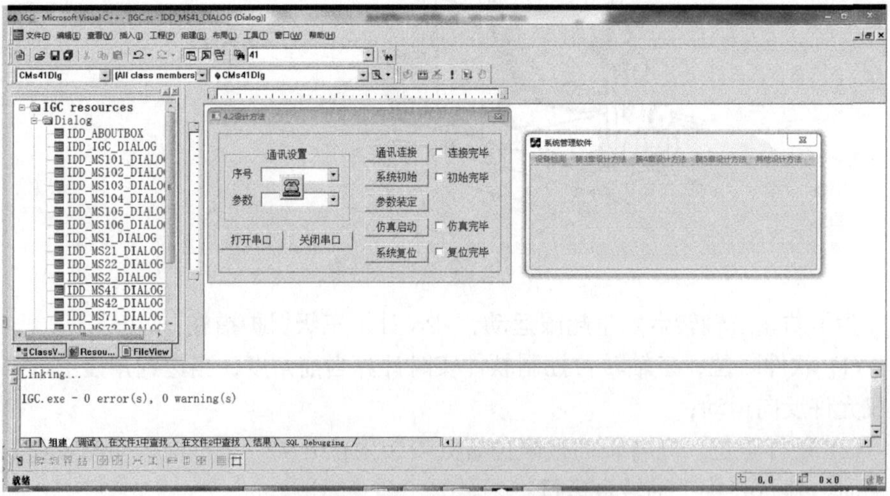

图 6.12　系统管理软件编译界面

由于此软件主要以实现核心功能为主，所以仅设计了简单实用的交互界面。

1) 模式选择

系统管理机向弹载 MCU 发送“模式选择”控制指令，能够选择多种工作模式，主要包括转台检测、舵机检测、第 3～5 章设计方法测试等。

2) 指令控制

系统管理机可以向弹载 MCU 发送“通信连接 1”、“参数装定”、“系统初始”、“仿真启动”与“系统复位”等控制指令，其中，参数主要包括仿真环境参数、目标属性参数、弹体属性参数、卡尔曼滤波参数、IGC 设计方法参数等。指令控制的通信协议如表 6.11 所示。

表 6.11　指令控制的通信协议

类型	帧长	协议内容	说明
通信连接 1	3	0x21 0xff 校验和	触发“通信连接 1”后，系统管理机主发
	3	0x21 0xff 校验和	接收“通信连接 1”后，弹载 MCU 回发
参数装定	2+4*n*	0x22 仿真步长 仿真时间 校验和	装定某类参数 *n* 个，系统管理机主发
	2+4*n*	0x23 目标横坐标 目标纵坐标 校验和	
	2+4*n*	0x24 质量 参考面积 校验和	
	2+4*n*	0x25 卡尔曼增益 预测初值 校验和	
	2+4*n*	0x26 滑模系数 反馈系数 校验和	
	3	0x26 0xff 校验和	“参数装定”后，弹载 MCU 回发
系统初始	3	0x27 0xff 校验和	触发“系统初始”后，系统管理机主发
	3	0x27 0xff 校验和	接收“系统初始”后，弹载 MCU 回发
仿真启动	3	0x28 0xff 校验和	触发“驱动反馈”，系统管理机主发
系统复位	3	0x29 0xff 校验和	触发“系统复位”后，系统管理机主发
	3	0x29 0xff 校验和	接收“系统复位”后，弹载 MCU 回发

3) 数据接收

系统管理机实时接收弹载 MCU 以 DMA 方式回传的仿真数据，主要包括仿真环境参数、目标属性参数、弹体属性参数、卡尔曼滤波参数、IGC 设计方法参数等，数据接收的通信协议详见表 6.12。

表 6.12　数据接收的通信协议

类型	帧长	协议内容	说明
仿真环境参数	2+4*n*	0x31 仿真时间 风速 校验和	接收某类参数 *n* 个 弹载 MCU 主发(100Hz)
目标属性参数	2+4*n*	0x32 目标横坐标 目标纵坐标 校验和	
弹体属性参数	2+4*n*	0x33 准攻角 准侧滑角 校验和	
卡尔曼滤波参数	2+4*n*	0x34 卡尔曼增益 预测值 校验和	
IGC 设计方法参数	2+4*n*	0x35 滑模系数 反馈系数 校验和	

4) 数据存储

系统管理机将上述仿真数据实时存储在主程序所在的目录下，并以“仿真启动时间+仿真模式.dat”命名，根据文件名称能够方便地查找到所需要的半实物仿真数据，进而使用 MATLAB 等第三方软件完成仿真数据的离线分析工作。

2. 转台控制软件

转台控制软件集中体现了转台系统的控制方法与策略，选用成都纵横科宇自动化技术有限公司基于 Labview 研发的“综合测试三轴电动转台控制系统”，人机交互界面能够方便用户对转台进行操作和维护,实现了转台系统状态实时监控、三轴使能回零、三轴姿态实时显示与运动模式选择等功能,主界面如图 6.13 所示。

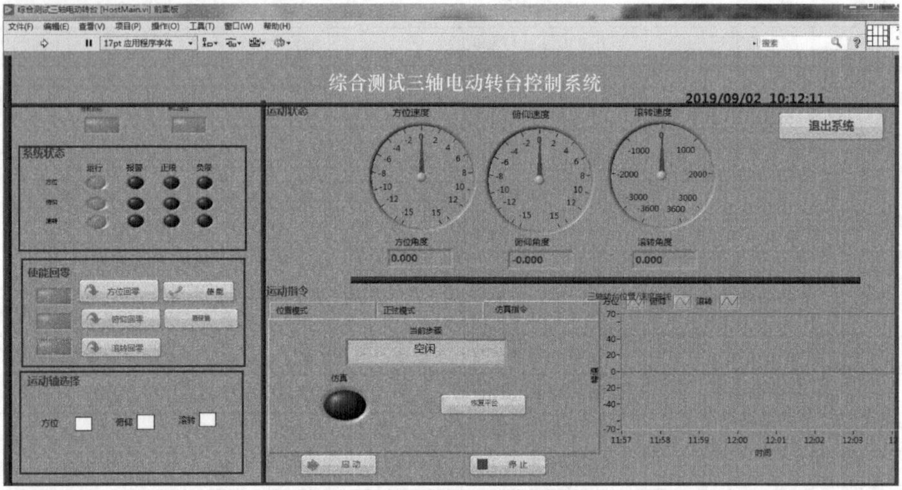

图 6.13　转台控制软件的主界面

主界面板块主要由四部分构成：系统状态板块，“控制系统”指示灯和“串口通信”指示灯点亮，表示工控机与运动控制卡、数据采集卡等器件的连接状态正常，“系统状态”指示灯能够实时反映三轴转台的状态，第一组为机构运行状态，第二组为驱动器状态，后两组为机构限位状态；使能回零板块，用于各轴的使能和回零操作，当该轴处于驱动就绪状态时，对应指示灯亮，在各轴正常使能后，单击“方位回零”、“俯仰回零”、“滚转回零”按钮进行回零操作，支持同时回零；运动状态板块，用于显示各轴运动信息；运动指令板块，能选择“位置模式”、“速度模式”和“仿真指令”等运动模式，半实物仿真主要在“仿真指令”运动模式下进行。

“仿真指令”运动模式主要用于实现在弹载 MCU 仿真指令注入工况下的三轴运动控制，转台控制软件根据弹载 MCU 发送的“通信连接 2”、“转台初始”、“驱动反馈”与“转台复位”等控制指令，使三轴转台进入指定的工作状态，当前步骤栏也相应地由“等待连接”依次显示为“连接完毕”、“初始完毕”、“实时仿真”与“复位完毕”。工控机在接收到弹载 MCU 的“驱动反馈”控制指令后，根据弹载 MCU 发送的姿态指令实时驱动转台，通过数据采集卡实时采集三轴转台姿态信息，并按通信协议反馈至弹载 MCU，见表 6.13。

表 6.13 工控机与弹载 MCU 的通信协议

名称	帧长	协议内容	数据流向
通信连接 2	3	0x41 0xff 校验和	弹载 MCU 主发
	3	0x41 0xff 校验和	工控机回发
转台初始	18	0x42 航向角 俯仰角 滚转角 滚转角速度 校验和	弹载 MCU 主发
	3	0x42 0xff 校验和	转台初始后工控机回发
驱动反馈	14	0x43 航向角 俯仰角 滚转角速度 校验和	弹载 MCU 主发(100Hz)
	18	0x43 航向角 俯仰角 滚转角 滚转角速度 校验和	工控机主发(100Hz)
转台复位	3	0x44 0xff 校验和	弹载 MCU 主发
	3	0x44 0xff 校验和	转台复位后工控机回发

需要注意的是，三轴转台所有的运动都是以回零点为基准零点，因此在选择“位置模式”、“速度模式”和“仿真指令”等运动模式前必须对三轴转台各轴进行回零。

6.2.4 系统误差分析

硬件设备在环，必然会在半实物仿真系统中引入误差，考虑到半实物仿真的精确度与置信度，有必要对系统误差进行分析，其主要包括硬件设备误差、时钟误差和解算误差等。

1. 硬件设备误差

硬件设备误差主要是指由安装方式、设备性能等因素导致硬件设备对相似关系的模拟存在误差。对于本系统，硬件设备主要为三轴转台与弹载双通道舵机。

系统所采用的三轴转台为立式转台，其姿态角定义、旋转顺序与弹体姿态角相同，为了使三轴转台坐标系与弹体坐标系重合而不存在坐标转换误差，需要对三轴转台水平基准面进行零位校准。采用东莞市晶研仪器科技有限公司研发的 DXL-360S 型双轴数显水平仪，经校准可以认为三轴转台水平基准面与水平面重合，如图 6.14 所示。

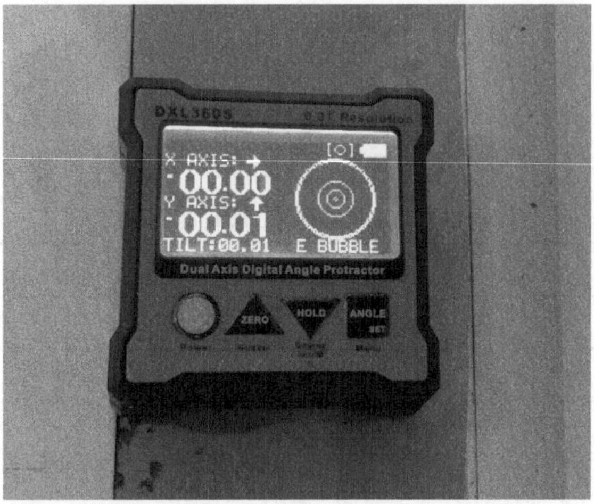

图 6.14　校准三轴转台

弹载双通道舵机为某型号产品，在装配完成后可以通过配套软件进行零位的校准与舵机内部控制参数的调整，如图 6.15 所示。

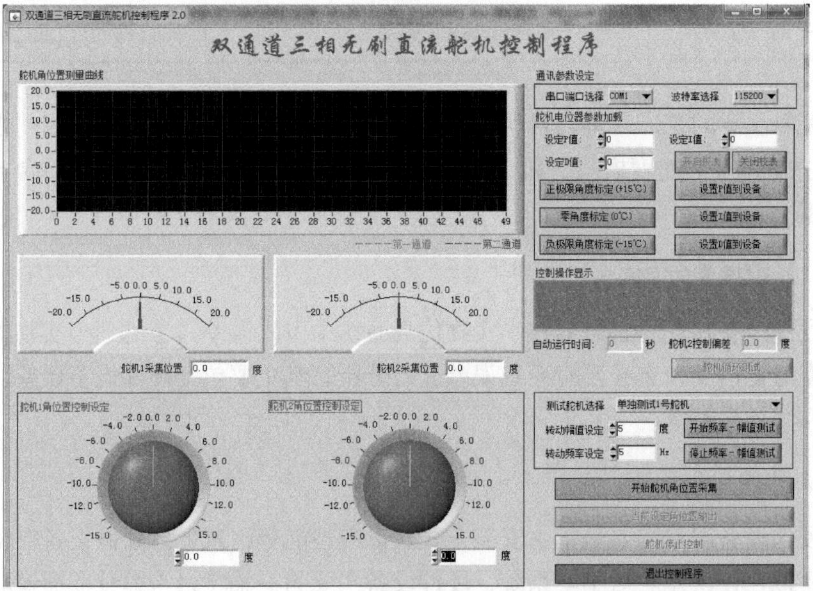

图 6.15　校准弹载双通道舵机

三轴转台与弹载双通道舵机的安装误差、动静态误差可以通过结构设计、加工装配、算法控制、在线滤波等环节来保证[177]，以使得姿态角、滚转角速度及舵偏角的模拟精度能够达到角分甚至角秒量级,通过对第 3～5 章中的大量实验结果的分析可知，三轴转台与弹载双通道舵机引入的硬件设备误差对半实物仿真结果的影响很小，能够满足半实物仿真的需要。

2. 时钟误差

半实物仿真系统的仿真时钟精度、仿真步长由弹载 MCU 硬件时钟决定，所采用的弹载 MCU 硬件时钟 TIM1 属于高级定时器，频率可达 180MHz，分辨率为 5.56ns，仿真步长为 10ms，则由硬件时钟引起的抖动仅为 $5.56/(10\times10^6)=5.56\times10^{-7}$，即时钟抖动造成的误差仅为 0.000056%，对半实物仿真的影响可以忽略不计。

另外，系统的时钟累计漂移误差大约为 30ms/h，这能够满足半实物仿真系统运行 10min 时累计漂移误差小于一个仿真步长(10ms)的要求。

3. 解算误差

解算误差主要是指 4 阶 Runge-Kutta 法的局部截断误差，由于它具有四阶精度 $O(h^5)$，所以当仿真步长为 10ms 时，局部截断误差的量级仅为 $O(10^{-10})$，它对半实物仿真结果的影响很小，能够满足半实物仿真的需要[178]。

需要说明的是，系统误差分析与补偿校正较为复杂，本节主要针对几种常见的误差项进行了初步分析，结合大量的仿真测试结果可知，所设计搭建的半实物仿真系统能够较好地满足半实物仿真研究需求。客观地讲，要进一步提高半实物仿真系统的实时性、精确度与置信度，仍然存在一定的工作需要完成，值得继续研究与改进。

6.3　半实物仿真测试

本节以 5.2 节中提出的基于自适应模糊与块动态面滑模的全状态耦合设计方法为例，详细地阐述对第 3～5 章中提出的 IGC、AIGC 设计方法进行半实物仿真测试的步骤，通过半实物仿真与数学仿真对 BAFDSSMN 方法进行测试和分析，用以验证半实物仿真系统的实时性与可用性，同时说明设计方法的可行性与有效性，仿真的结果与分析详见相关章节的“仿真结果与分析”部分。

整个半实物仿真的测试过程共包含准备阶段、仿真阶段、复位阶段与分析阶段，具体可以划分为 10 个步骤。其中，准备阶段包含设备自检、MCU 程序编译、模式选择、通信连接、参数装定与系统初始等 6 个步骤，仿真阶段包含仿真启动与实时仿真步骤，复位阶段包含系统复位步骤，分析阶段包含数据分析步骤，它们之间的逻辑关系如图 6.16 所示。

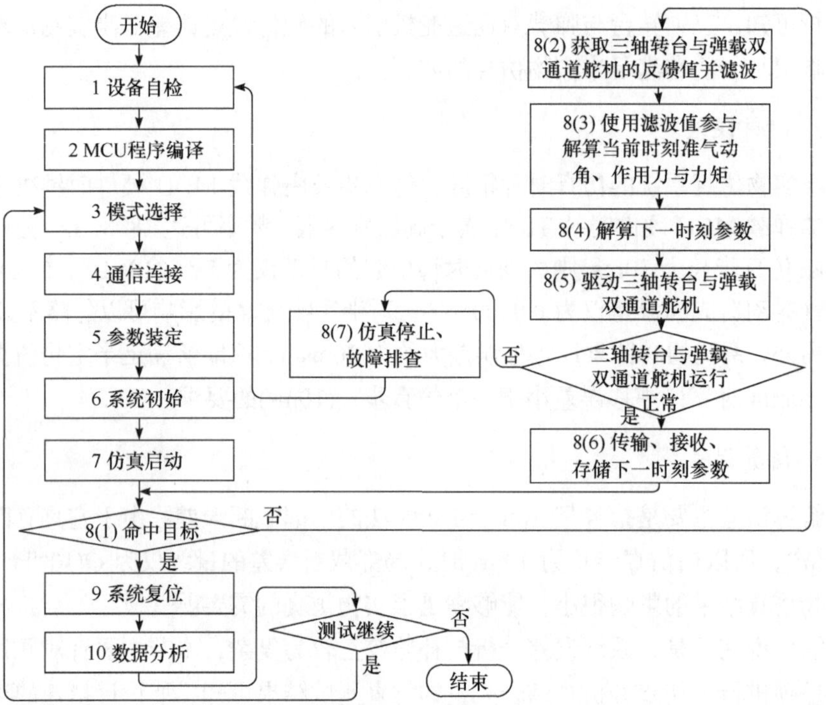

图 6.16　半实物仿真测试步骤的逻辑关系

步骤 1　设备自检。系统管理机、弹载 MCU、工控机、三轴转台、弹载双通道舵机等设备上电启动，弹载双通道舵机自动回零，在转台测控机柜端操作三轴转台回零，检查设备之间的通信线路连接情况，确保各设备的独立工作状态正常。

步骤 2　MCU 程序编译。MCU 程序主要由三部分构成：基本环境与功能、模型微分方程组、实时解算算法。MCU 程序框图如图 6.17 所示。

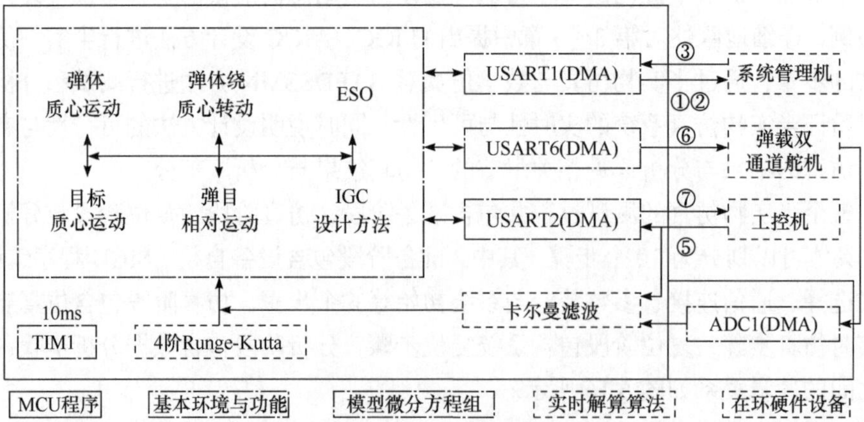

图 6.17　MCU 程序框图

(1) 基本环境与功能：为模型构建及实时解算奠定了基础，提供了数据高速交互的通道，是 MCU 程序实现的基础。基本环境主要包括全局变量、共用体变量、坐标转换矩阵等，全局变量主要包括仿真时间、步长、弹体属性参数、目标属性参数、弹目相对运动参数、IGC 设计方法参数、卡尔曼滤波参数等，共用体变量用以进行整型变量与字符型变量、浮点型变量与字符型变量之间的数据类型转换。基本功能主要是通过调用库函数来配置外设、DMA、定时器与中断等，外设主要包括 USART、ADC 等，中断主要包括 USART 接收中断、USART 总线空闲中断、DMA 传输完成中断、定时器中断等，详见表 6.14。

表 6.14　基本功能的配置

名称	引脚		DMA	中断	链路	对接设备
USART1	Tx	PA9	DMA2-流 7-通道 4	DMA2 流 7 传输完成中断	③	系统管理机
	Rx	PA10	—	USART2 接收、空闲中断	②	
USART2	Tx	PD5	DMA1-流 6-通道 4	DMA1 流 6 传输完成中断	④	转台测控机柜
	Rx	PD6	DMA1-流 5-通道 4	USART2 空闲中断	⑤	
				DMA1 流 5 传输完成中断		
USART6	Tx	PC6	DMA2-流 6-通道 5	DMA2 流 6 传输完成中断	⑥	舵机驱动器
ADC1	通道 4	PA4	DMA2-流 0-通道 0	DMA2 流 0 传输完成中断	⑦	舵机电位器 y
	通道 13	PC3				舵机电位器 z
TIM1		—	—	TIM1 定时中断	—	—

(2) 模型微分方程组：能够反映舰炮制导炮弹在末制导段的运动状态以及 IGC 的本质规律，是 MCU 程序的核心部分。

模型主要包括目标质心运动模型、弹体质心运动模型、弹目相对运动模型、弹体绕质心转动模型、ESO 模型、IGC 设计方法等。目标质心运动相对于弹体质心运动是独立的，其模型主要包含目标的位置分量、加速度分量、弹道倾角与弹道偏角的微分方程。弹体质心运动模型主要包含弹体的位置分量、加速度分量、弹道倾角与偏角的微分方程，还包括作用于弹体上的各项力的解算。弹目相对运动模型主要包含弹目距离、视线倾角与偏角的微分方程。弹体绕质心转动模型主要包含准攻角、准侧滑角、俯仰角、偏航角的微分方程，同时求解了作用于弹体上的各项力矩与干扰。ESO 模型主要包含观测变量的微分方程。IGC 设计方法主要包含虚拟控制量期望值、自适应 Nussbaum 函数参量、模糊自适应参量的微分方程，还包括了非奇异终端滑模、动态面滑模、虚拟控制量、控制量的解算公式。

(3) 实时解算算法：用以确保对模型微分方程组的实时解算，主要包括 4 阶 Runge-Kutta 法、卡尔曼滤波算法等，是 MCU 程序的重要部分。4 阶 Runge-Kutta 法是一种广泛应用于数值求解微分方程组的高精度单步算法，其理论基础为泰勒公式和使用斜率近似表达微分。令 f 、X 、t 、h 分别表示微分方程组、等式左端变量集合、仿真时间、步长，即 $X' = f(t,X)$ ，则 4 阶 Runge-Kutta 法可表示为

$$X_{t+1} = X_t + \frac{h}{6}(k_1 + 2k_2 + 2k_3 + k_4) \tag{6.1}$$

式中，k_1 为当前时刻斜率；k_2 、k_3 为时间段中点斜率；k_4 为预测的下一时刻斜率：

$$\begin{cases} k_1 = f(t, y_n) \\ k_2 = f\left(t + \dfrac{h}{2}, y_n + \dfrac{h}{2}k_1\right) \\ k_3 = f\left(t + \dfrac{h}{2}, y_n + \dfrac{h}{2}k_2\right) \\ k_4 = f(t + h, y_n + hk_3) \end{cases} \tag{6.2}$$

卡尔曼滤波算法的公式为

$$\begin{cases} K(t) = P(t)/[P(t) + R] \\ X(t) = X(t-1) + K(t)[Z(t) - X(t-1)] \\ P(t+1) = [1 - K(t)]P(t) + Q \end{cases} \tag{6.3}$$

式中，$K(t)$ 、$Z(t)$ 分别为 t 时刻的卡尔曼增益、实际测量结果；$P(t+1)$ 为 t 时刻误差协方差的预测值；$X(t)$ 为 t 时刻滤波后的系统状态；Q 为过程噪声协方差，R 为测量噪声协方差，Q 、R 符合高斯分布[179]。设定 $X(0) = 0$ 、$P(0) = 0.5$ 、$Q = 1\times10^{-6}$ 、$R = 1\times10^{-4}$ 。

MCU 程序的编译与装定是通过在 Keil 软件中的通用操作实现的，在此不再赘述。

步骤 3　模式选择。在系统管理机上运行系统管理软件，在菜单栏上单击“第 5 章设计方法测试”→“5.2 设计方法测试”，选择进入“基于自适应模糊与块动态面滑模的全状态耦合设计方法”的测试模式，如图 6.18 所示。

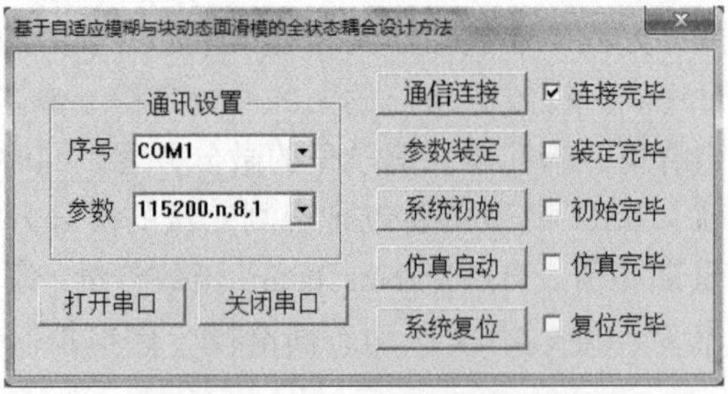

图 6.18　设计方法测试模式

步骤 4　通信连接。在“序号”、“参数”下拉框中选择串行通信的端口与参数，单击“打开串口”按钮在系统管理机上打开串行端口，单击“关闭串口”按钮可将其关闭，单击“通信连接”按钮则系统管理机向弹载 MCU 发送“通信连接 1”控制指令，触发弹载 MCU 向工控机发送“通信连接 2”控制指令。当“连接完毕”框显示“√”时，系统通信连接成功。

步骤 5　参数装定。在系统管理机上通过数学仿真选取一组合适的参数，仿真环境参数如表 6.15 所示，其中，下标为“0”的符号表示变量初始值，干扰数值的考虑与设计方法 BAFDSSMN 中对应的注相同。BAFDSSMN 方法的参数、模糊自适应参数向量、隶属度函数等其他参量的设定与 5.2.3 节中相同，设定目标做圆弧机动的加速度控制指令为

$$\begin{cases} a_{Ty_8}^c = 3 \ (\mathrm{m/s^2}) \\ a_{Tz_8}^c = -2 \ (\mathrm{m/s^2}) \end{cases} \tag{6.4}$$

在系统管理软件中进行编译，单击“参数装定”按钮则系统管理机向弹载 MCU 发送“参数装定”控制指令，当“装定完毕”框显示“√”时参数装定成功。

步骤 6　系统初始。单击“系统初始”按钮则系统管理机向弹载 MCU 发送“系统初始”控制指令，触发弹载 MCU 向工控机发送“转台初始”控制指令，工控机驱动三轴转台各轴运行到姿态角与滚转角速度的初始值。当“初始完毕”框显示“√”时，系统初始化成功。

表 6.15　半实物仿真环境参数

参数	数值	参数	数值
$x_{P_0 0}$ /m	0	$x_{T_0 0}$ /m	3000
$y_{P_0 0}$ /m	4000	$y_{T_0 0}$ /m	0
$z_{P_0 0}$ /m	0	$z_{T_0 0}$ /m	0
θ_{P0} /(°)	0	θ_{T0} /(°)	0
ψ_{P0} /(°)	0	ψ_{T0} /(°)	0
v_P /(m/s)	357	v_T /(m/s)	30
Δ_F /%	10	Δ_M /%	−10
τ_{Ty_8}	0.01	$d_{F_{Py_2}}$ /N	$2\sin t$
τ_{Tz_8}	0.01	$d_{F_{Pz_2}}$ /N	$2\cos t$
θ_{Qf} /(°)	−67	$d_{M_{z_4}}$ /(N·m)	$2\sin(t/2)$

续表

参数	数值	参数	数值
ψ_{Qf} /(°)	10	$d_{M_{y_4}}$ /(N·m)	2cos(t/2)
w_{x_0} /(m/s)	3	$d_{\delta_{zeq}}$ /(rad/s)	sin$t$
w_{y_0} /(m/s)	−2	$d_{\delta_{yeq}}$ /(rad/s)	cos$t$
w_{z_0} /(m/s)	2	τ_c	0.01

步骤 7　仿真启动。单击“仿真启动”按钮则系统管理机向弹载 MCU 发送“仿真启动”控制指令，触发弹载 MCU 向工控机发送“驱动反馈”控制指令，三轴转台控制软件当前步骤栏显示“实时仿真”，弹载 MCU 开始解算由弹体六自由度运动、目标三自由度运动、弹目相对运动、IGC 设计方法等组成的微分方程组，记录启动时刻的三轴转台滚转角，并将其作为弹体滚转角的初始值。

步骤 8　实时仿真。

(1) 根据当前时刻的弹目相对距离 R 与杀伤半径 R_s 判断是否命中目标，若 $R \leqslant R_s$，则命中目标，“仿真完毕”框显示“√”，进入步骤 9，否则进入步骤(2)。

(2) MCU 以 DMA 方式，分别通过工控机与双通道电位器，获取当前时刻转台三轴姿态与舵机双通道偏转角的反馈值，并进行在线卡尔曼滤波处理。

(3) 根据弹体动力学方程，运用当前时刻的俯仰角滤波值与弹道倾角解算准攻角，运用当前时刻的偏航角滤波值与弹道偏角解算准侧滑角，再运用当前时刻的滚转角、俯仰舵偏角、偏航舵偏角滤波值解算等效俯仰舵偏角、等效偏航舵偏角，进而解算当前时刻作用在弹体上的力与力矩。

(4) 根据 4 阶 Runge-Kutta 法解算由弹体六自由度运动方程等组成的微分方程组，得到微分方程组等式左侧变量在下一时刻的数值，其中包括俯仰角、偏航角、滚转角、滚转角速度、等效俯仰舵偏角、等效偏航舵偏角，进一步运用滚转角、等效俯仰舵偏角、等效偏航舵偏角解算下一时刻的俯仰舵偏角、偏航舵偏角。

(5) 弹载 MCU 以 DMA 方式向工控机发送姿态驱动指令(下一时刻的俯仰角、偏航角、滚转角速度)，工控机驱动三轴转台运动，弹载 MCU 以 DMA 方式向舵机驱动器发送舵偏角驱动指令(下一时刻的俯仰舵偏角、偏航舵偏角)，舵机驱动器驱动弹载双通道舵机偏转，若三轴转台与弹载双通道舵机运行平稳，进入步骤(6)，否则进入步骤(7)。

(6) 系统管理机接收弹载 MCU 以 DMA 方式传输的下一时刻参量，并将其存储在系统管理软件主程序所在目录下，以“2019 年 09 月 06 日 11 时 09 分-5.2 设计方法测试数据.dat”的方式命名。

(7) 按紧急情况处理方案停止仿真并急停三轴转台，关闭系统管理机与弹载MCU、弹载MCU与工控机之间的串行通信，排查线路连接、装定参数等可能发生故障的环节。

步骤 9　系统复位。单击“系统复位”按钮，系统管理机向弹载 MCU 发送“系统复位”控制指令，MCU 程序中的变量恢复为初始值，弹载三通道舵机回零，触发弹载MCU向工控机发送“转台复位”控制指令，工控机驱动三轴转台回零。当“复位完毕”框出现“√”时，系统复位成功。

步骤 10　数据分析。根据存储数据的文件名找到需要进行分析的数据，运用MATLAB等第三方软件对数据进行离线分析，仿真结果与仿真曲线分别如表6.16和图6.19所示。

表 6.16　BAFDSSMN 方法在目标做圆弧机动工况下的仿真结果

方法	脱靶量/m	命中时间/s	θ_{Qf}误差/(°)	ψ_{Qf}误差/(°)
BAFDSSMN	0.162	14.510	0.015	0.013
BAFDSSMN-H	0.169	14.530	0.017	0.015

图 6.19(a)和(b)分别展示了$\dot{\theta}_Q$、$\dot{\psi}_Q$及其观测值的曲线，$\dot{\theta}_Q$与$\dot{\psi}_Q$能够在有限时间内稳定地收敛至零点附近，表明ESO能够迅速地提供准确的视线角速度与干扰信息，有效地降低了系统的调控压力。

δ_z、δ_y的变化曲线分别在图6.19(c)和(d)中绘制，BAFDSSMN方法通过引入自适应 Nussbaum 增益函数有效地降低了舵偏幅度，避免了舵机卡滞在机械极限角度，而且某型号舵机的实际运行情况能够较好地贴近数学仿真。

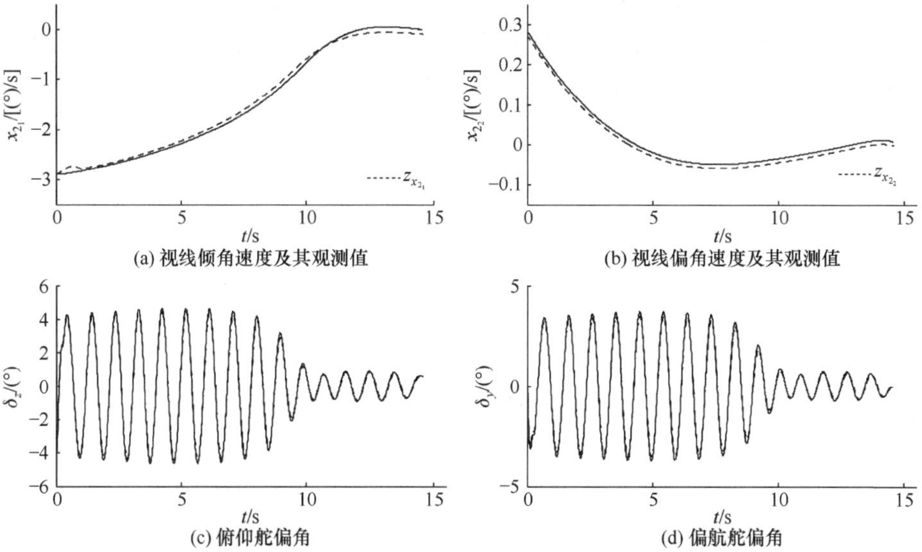

(a) 视线倾角速度及其观测值　(b) 视线偏角速度及其观测值
(c) 俯仰舵偏角　(d) 偏航舵偏角

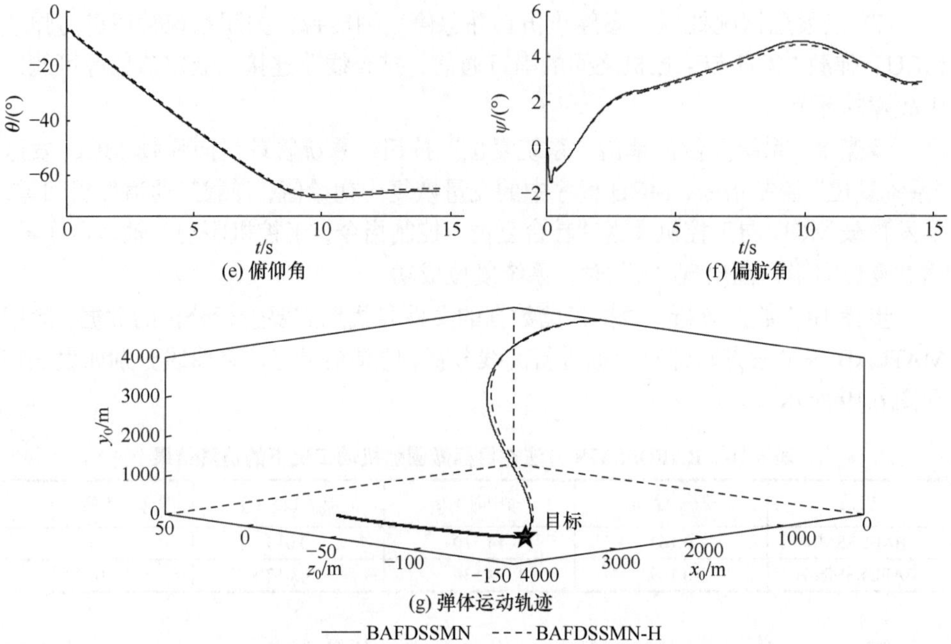

图 6.19　BAFDSSMN 方法在目标做圆弧机动工况下的仿真曲线

从图 6.19(e)和(f)中可以看出，弹体在 BAFDSSMN 方法的调控下，θ 与 ψ 的变化趋势较为平滑，同时也表明三轴转台的随动性能良好，弹载 MCU 与三轴转台之间的控制反馈具有较高的实时性。

通过上述分析可知，所设计半实物仿真系统具有较好的实时性与可用性，能够深层次地验证 BAFDSSMN 方法的可行性与有效性。为了更加清晰地表达出半实物仿真的测试步骤，现将在环硬件之间的主要信息流向总结于图 6.20，其中，箭头表示控制指令、仿真数据等主要信息的流向。

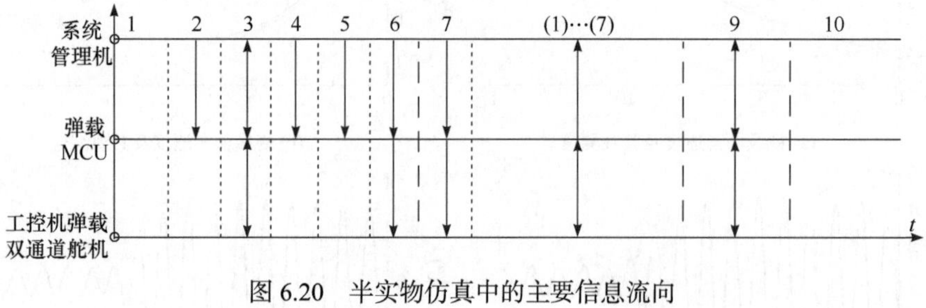

图 6.20　半实物仿真中的主要信息流向

6.4 本章小结

本章围绕半实物仿真研究目的，主要从半实物仿真研究需求、系统相似关系、系统总体方案与测试步骤等方面进行了详细的分析，设计并搭建了弹载 MCU、型号舵机与三轴转台等硬件设备在闭环回路的半实物仿真系统，并初步分析了系统中存在的误差。进而，以 5.2 节中提出的基于自适应模糊与块动态面滑模的全状态耦合设计方法为例，详细地阐述了对 IGC、AIGC 设计方法进行测试的步骤，实验结果表明该系统具有良好的实时性与可用性，达到了半实物仿真研究的目的，较好地满足了半实物仿真研究的需求，能够对所提出的 IGC、AIGC 设计方法进行置信水平更高的深层次验证，有助于推动IGC设计方法的理论发展与工程运用。

参 考 文 献

[1] 邱志明, 孙世岩, 易善勇, 等. 舰炮武器系统技术发展趋势研究[J]. 舰船科学技术, 2008, 30(2): 21-26.

[2] 孙世岩, 朱惠民, 宋歆, 等. 舰炮制导弹药发展研究[J]. 火力与指挥控制, 2016, 41(12): 1-4, 8.

[3] 汪德虎, 黄义, 孙续文. 舰炮对岸信息化制导弹药及作战运用[J]. 飞航导弹, 2011, (2): 37-40.

[4] 王伟, 马志赛. 制导炮弹的优势特点及发展趋势[J]. 飞航导弹, 2011, (7): 10-14.

[5] 姜尚, 田福庆, 孙世岩, 等. 适应海上火力支援新需求的末端导引控制方法综述[J]. 飞航导弹, 2019, (6): 75-82.

[6] Zarchan P. Tactical and Strategic Missile Guidance[M]. 6th ed. Lexington: American Institute of Aeronautics and Astronautics, 2012.

[7] Wang L, Zhang W H, Wang D H, et al. Command filtered back-stepping missile integrated guidance and autopilot based on extended state observer[J]. Advances in Mechanical Engineering, 2017, 9(11): 1-13.

[8] Ibarrondo F B, Sanz-Aránguez P. Integrated versus two-loop guidance-autopilot for a dual control missile with high-order aerodynamic model[J]. Proceedings of the Institution of Mechanical Engineers, Part G: Journal of Aerospace Engineering, 2016, 230(1): 60-76.

[9] Wang X F, Zheng Y Y, Lin H. Integrated guidance and control law for cooperative attack of multiple missiles[J]. Aerospace Science and Technology, 2015, 42: 1-11.

[10] 宋海涛, 张涛, 张国良. 飞行器制导控制一体化技术[M]. 北京: 国防工业出版社, 2017.

[11] 常绍舜. 从整体与部分的辩证关系看系统论与还原论的适用范围[J]. 系统科学学报, 2008, 16(1): 87-89.

[12] Meng K Z, Zhou D. Super-twisting integral-sliding-mode guidance law considering autopilot dynamics[J]. Proceedings of the Institution of Mechanical Engineers, Part G: Journal of Aerospace Engineering, 2018, 232(9): 1787-1799.

[13] 张宽桥, 杨锁昌, 张凯, 等. 导弹制导控制系统一体化设计方法研究综述[J]. 飞航导弹, 2018, (5): 76-80.

[14] Zhurbal A, Idan M. Effect of estimation on the performance of an integrated missile guidance and control system[J]. IEEE Transactions on Aerospace and Electronic Systems, 2011, 47(4): 2690-2708.

[15] Fiorentini L, Serrani A, Bolender M A, et al. Nonlinear robust adaptive control of flexible air-breathing hypersonic vehicles[J]. Journal of Guidance, Control, and Dynamics, 2009, 32(2): 402-417.

[16] Guo J G, Xiong Y, Zhou J. A new sliding mode control design for integrated missile guidance and control system[J]. Aerospace Science and Technology, 2018, 78: 54-61.

[17] 胡江, 王连柱, 解维河. 舰炮火箭助推滑翔增程制导炮弹现状及应用研究[J]. 飞航导弹, 2013, (10): 67-71.
[18] 高庆丰. 旋转导弹飞行动力学与控制[M]. 北京: 中国宇航出版社, 2016.
[19] Lee C H, Seo M G. New insights into guidance laws with terminal angle constraints[J]. Journal of Guidance, Control, and Dynamics, 2018, 41(8): 1832-1837.
[20] 尚剑宇, 邓志红, 付梦印, 等. 制导炮弹转速测量技术研究进展与展望[J]. 自动化学报, 2016, 42(11): 1620-1629.
[21] Chang S J. Dynamic response to canard control and gravity for a dual-spin projectile[J]. Journal of Spacecraft and Rockets, 2016, 53(3): 558-566.
[22] 邓宏彬, 王超, 赵娜, 等. 中小型智能弹药舵机系统设计与应用技术[M]. 北京: 国防工业出版社, 2016.
[23] 邱荣剑, 张永录. 国外舰炮制导弹药发展概况及趋势[J]. 飞航导弹, 2011, (1): 39-43.
[24] 侯淼, 阎康, 王伟. 远程制导炮弹技术现状及发展趋势[J]. 飞航导弹, 2017, (10): 86-90.
[25] 白毅, 仲海东, 秦雅娟, 等. 国外制导炮弹发展综述[J]. 飞航导弹, 2013, (5): 33-38, 49.
[26] 易文俊, 王中原, 史金光, 等. 带鸭舵滑翔增程炮弹方案弹道研究[J]. 南京理工大学学报(自然科学版), 2008, 32(3): 322-326.
[27] 李庆春, 张文生, 韩刚. 终端约束条件下末端制导律研究综述[J]. 控制理论与应用, 2016, 33(1): 1-12.
[28] Kim M, Grider K V. Terminal guidance for impact attitude angle constrained flight trajectories[J]. IEEE Transactions on Aerospace and Electronic Systems, 1973, AES-9(6): 852-859.
[29] Erer K S, Merttopcuoglu O. Indirect impact-angle-control against stationary targets using biased pure proportional navigation[J]. Journal of Guidance, Control, and Dynamics, 2012, 35(2): 700-704.
[30] 王广帅, 林德福, 范世鹏, 等. 一种适用于红外制导弹药的偏置比例导引律[J]. 系统工程与电子技术, 2016, 38(10): 2346-2352.
[31] Zhang Y A, Ma G X, Liu A L. Guidance law with impact time and impact angle constraints[J]. Chinese Journal of Aeronautics, 2013, 26(4): 960-966.
[32] 闫梁, 赵继广, 沈怀荣, 等. 带末端碰撞角约束的三维联合偏置比例制导律设计[J]. 航空学报, 2014, 35(7): 1999-2010.
[33] Lee Y I, Kim S H, Tahk M J. Optimality of linear time-varying guidance for impact angle control[J]. IEEE Transactions on Aerospace and Electronic Systems, 2012, 48(4): 2802-2817.
[34] Zhang Q Z, Wang Z B, Tao F. Optimal guidance law design for impact with terminal angle of attack constraint[J]. International Journal for Light and Electron Optics, 2014, 125(1): 243-251.
[35] Rao S, Ghose D. Terminal impact angle constrained guidance laws using variable structure systems theory[J]. IEEE Transactions on Control Systems Technology, 2013, 21(6): 2350-2359.
[36] Harl N, Balakrishnan S N. Impact time and angle guidance with sliding mode control[J]. IEEE Transactions on Control Systems Technology, 2012, 20(6): 1436-1449.
[37] Zhang Y X, Sun M W, Chen Z Q. Finite-time convergent guidance law with impact angle constraint based on sliding-mode control[J]. Nonlinear Dynamics, 2012, 70(1): 619-625.

[38] Hou Z W, Liu L, Wang Y J, et al. Terminal impact angle constraint guidance with dual sliding surfaces and model-free target acceleration estimator[J]. IEEE Transactions on Control Systems Technology, 2017, 25(1): 85-100.
[39] Kumar S R, Rao S, Ghose D. Nonsingular terminal sliding mode guidance with impact angle constraints[J]. Journal of Guidance, Control, and Dynamics, 2014, 37(4): 1114-1130.
[40] Lee Y, Kim Y. Three-dimensional impact angle control guidance law for missiles using dual sliding surfaces[J]. IFAC Proceedings Volumes, 2013, 46(19): 137-142.
[41] 赵曜, 李璞, 刘娟, 等. 带碰撞角约束的三维有限时间滑模制导律[J]. 北京航空航天大学学报, 2018, 44(2): 273-279.
[42] Kumar S R, Ghose D. Three dimensional impact angle constrained guidance law using sliding mode control[C]. American Control Conference, Portland, 2014: 2474-2479.
[43] 王建华, 刘鲁华, 王鹏, 等. 带三维落角约束的寻的导弹制导与姿控系统设计[J]. 国防科技大学学报, 2017, 39(1): 30-39.
[44] Yang S J, Guo J G, Zhou J. New integrated guidance and control of homing missiles with an impact angle against a ground target[J]. International Journal of Aerospace Engineering, 2018, 2018: 1-10.
[45] Wu P, Yang M. Integrated guidance and control design for missile with terminal impact angle constraint based on sliding mode control[J]. Journal of Systems Engineering and Electronics, 2010, 21(4): 623-628.
[46] 张尧, 郭杰, 唐胜景, 等. 机动目标拦截含攻击角约束的新型滑模制导律[J]. 兵工学报, 2015, 36(8): 1443-1457.
[47] Li Q C, Zhang W S, Han G, et al. Finite time convergent wavelet neural network sliding mode control guidance law with impact angle constraint[J]. International Journal of Automation and Computing, 2015, 12(6): 588-599.
[48] Li Q C, Zhang W S, Han G, et al. Adaptive neuro-fuzzy sliding mode control guidance law with impact angle constraint[J]. IET Control Theory & Applications, 2015, 9(14): 2115-2123.
[49] 张小件, 刘明雍, 李洋. 基于反演滑模和扩张观测器的带角度约束制导律设计[J]. 系统工程与电子技术, 2017, 39(6): 1311-1316.
[50] Wang W H, Xiong S F, Liu X D, et al. Adaptive nonsingular terminal sliding mode guidance law against maneuvering targets with impact angle constraint[J]. Proceedings of the Institution of Mechanical Engineers, Part G: Journal of Aerospace Engineering, 2015, 229(5): 867-890.
[51] Kumar S R, Rao S, Ghose D. Sliding-mode guidance and control for all-aspect interceptors with terminal angle constraints[J]. Journal of Guidance, Control, and Dynamics, 2012, 35(4): 1230-1246.
[52] 刘金琨, 孙富春. 滑模变结构控制理论及其算法研究与进展[J]. 控制理论与应用, 2007, 24(3): 407-418.
[53] Han J Q. From PID to active disturbance rejection control[J]. IEEE Transactions on Industrial Electronics, 2009, 56(3): 900-906.
[54] Dou L, Dou J. Three-dimensional large landing angle guidance based on two-dimensional guidance laws[J]. Chinese Journal of Aeronautics, 2011, 24(6): 756-761.

[55] Seo M G, Lee C H, Tahk M J. New design methodology for impact angle control guidance for various missile and target motions[J]. IEEE Transactions on Control Systems Technology, 2018, 26(6): 2190-2197.

[56] Song J H, Song S M, Zhou H B. Adaptive nonsingular fast terminal sliding mode guidance law with impact angle constraints[J]. International Journal of Control, Automation and Systems, 2016, 14(1): 99-114.

[57] Vergez P L, McClendon J R. Optimal control and estimation for strapdown seeker guidance of tactical missiles[J]. Journal of Guidance, Control, and Dynamics, 1982, 5(3): 225-226.

[58] 王伟, 林德福, 徐平. 捷联导引头弹目视线角速率估计[J]. 红外与激光工程, 2015, 44(10): 3066-3069.

[59] Sadhu S, Ghoshal T K. Sight line rate estimation in missile seeker using disturbance observer-based technique[J]. IEEE Transactions on Control Systems Technology, 2011, 19(2): 449-454.

[60] Wang P, Zhang K, Nie C. Research on line-of-sight rate estimation of strapdown seeker[J]. Applied Mechanics and Materials, 2014, 556-562: 3739-3744.

[61] Ratnoo A, Ghose D. Kill-band-based lateral impact guidance without line-of-sight rate information[J]. Journal of Guidance, Control, and Dynamics, 2012, 35(6): 1740-1750.

[62] Maley J M. Line of sight rate estimation for guided projectiles with strapdown seekers[C]. AIAA Guidance, Navigation, and Control Conference, Kissimmee, 2015: AIAA 2015-0344.

[63] 王小刚, 胡智勇, 于洋, 等. 基于鲁棒滤波的捷联导引头视线角速度估计方法[J]. 中国惯性技术学报, 2016, 24(2): 251-256, 262.

[64] 孙婷婷, 储海荣, 贾宏光, 等. 捷联式光学导引头视线角速率解耦与估计[J]. 红外与激光工程, 2014, 43(5): 1587-1593.

[65] Ma K M, Khalil H K, Yao Y. Guidance law implementation with performance recovery using an extended high-gain observer[J]. Aerospace Science and Technology, 2013, 24(1): 177-186.

[66] Liao F, Ji H B, Xie Y C. A novel three-dimensional guidance law implementation using only line-of-sight azimuths[J]. International Journal of Robust and Nonlinear Control, 2015, 25(18): 3679-3697.

[67] He S M, Wang J, Lin D F. Composite guidance laws using higher order sliding mode differentiator and disturbance observer[J]. Proceedings of the Institution of Mechanical Engineers, Part G: Journal of Aerospace Engineering, 2015, 229(13): 2397-2415.

[68] 王佩, 张科, 吕梅柏. 跟踪-微分器在全捷联制导中的应用分析[J]. 西北工业大学学报, 2014, 32(5): 817-821.

[69] He S M, Wang J, Wang W. A novel sliding mode guidance law without line-of-sight angular rate information accounting for autopilot lag[J]. International Journal of Systems Science, 2017, 48(16): 3363-3373.

[70] Lee C H, Kim T H, Tahk M J, et al. Polynomial guidance laws considering terminal impact angle and acceleration constraints[J]. IEEE Transactions on Aerospace and Electronic Systems, 2013, 49(1): 74-92.

[71] Li R, Xia Q L, Wen Q Q. Extended optimal guidance law with impact angle and acceleration

constriants[J]. Journal of Systems Engineering and Electronics, 2014, 25(5): 868-876.
[72] Fuller A T. In-the-large stability of relay and saturating control systems with linear controllers[J]. International Journal of Control, 1969, 10(4): 457-480.
[73] Zames G, Falb P L. Stability conditions for systems with monotone and slope-restricted nonlinearities[J]. SIAM Journal on Control, 1968, 6(1): 89-108.
[74] Shieh C S. Design of three-dimensional missile guidance law via tunable nonlinear H_∞ control with saturation constraint[J]. IET Control Theory & Applications, 2007, 1(3): 756-763.
[75] Wei A R, Wang Y Z. Disturbance tolerance and H_∞ control of port-controlled Hamiltonian systems in the presence of actuator saturation[J]. International Journal of Control, Automation and Systems, 2014, 12(2): 309-315.
[76] Silva J M, Oliveira M Z, Coutinho D, et al. Static anti-windup design for a class of nonlinear systems[J]. International Journal of Robust and Nonlinear Control, 2012, 24(5): 793-810.
[77] Xia Y Q, Su Y X. Saturated output feedback control for global asymptotic attitude tracking of spacecraft[J]. Journal of Guidance, Control, and Dynamics, 2018, 41(10): 2300-2307.
[78] 王永超，张胜修，曹立佳，等. 控制方向未知的输入受限非线性系统自适应模糊反步控制[J]. 系统工程与电子技术, 2016, 38(9): 2149-2155.
[79] 张杨，胡云安. 受限指令预设性能自适应反演控制器设计[J]. 控制与决策，2017, 32(7): 1253-1258.
[80] Wen C Y, Zhou J, Liu Z T, et al. Robust adaptive control of uncertain nonlinear systems in the presence of input saturation and external disturbance[J]. IEEE Transactions on Automatic Control, 2011, 56(7): 1672-1678.
[81] Li Y M, Tong S C, Li T S. Direct adaptive fuzzy backstepping control of uncertain nonlinear systems in the presence of input saturation[J]. Neural Computing and Applications, 2013, 23(5): 1207-1216.
[82] Wu G Q, Song S M, Sun J G. Finite-time dynamic surface antisaturation control for spacecraft terminal approach considering safety[J]. Journal of Spacecraft and Rockets, 2018, 55(6): 1430-1443.
[83] Sun J G, Song S M, Chen H T, et al. Finite-time tracking control of hypersonic aircrafts with input saturation[J]. Proceedings of the Institution of Mechanical Engineers, Part G: Journal of Aerospace Engineering, 2018, 232(7): 1373-1389.
[84] Si Y J, Song S M. Adaptive reaching law based three-dimensional finite-time guidance law against maneuvering targets with input saturation[J]. Aerospace Science and Technology, 2017, 70: 198-210.
[85] Li Q C, Zhang W S, Han G, et al. Fuzzy sliding mode control guidance law with terminal impact angle and acceleration constraints[J]. Journal of Systems Engineering and Electronics, 2016, 27(3): 664-679.
[86] 姜尚，田福庆，孙世岩，等. 含攻击角约束的网络化弹药分布式模糊协同制导律[J]. 控制理论与应用, 2020, 37(1): 118-128.
[87] Tekin R, Erer K S, Holzapfel F. Adaptive impact time control via look-angle shaping under varying velocity[J]. Journal of Guidance, Control, and Dynamics, 2017, 40(12): 3247-3255.

[88] He S M, Wang W, Wang J. Adaptive backstepping impact angle control with autopilot dynamics and acceleration saturation consideration[J]. International Journal of Robust and Nonlinear Control, 2017, 27(17): 3777-3793.
[89] Padhi R, Chawla C, Das P G. Partial integrated guidance and control of interceptors for high-speed ballistic targets[J]. Journal of Guidance, Control, and Dynamics, 2013, 37(1): 149-163.
[90] Wang X H, Wang J Z. Partial integrated missile guidance and control with finite time convergence[J]. Journal of Guidance, Control, and Dynamics, 2013, 36(5): 1399-1409.
[91] 熊少锋, 王卫红, 刘晓东, 等. 考虑导弹自动驾驶仪动态特性的带攻击角度约束制导律[J]. 控制与决策, 2015, 30(4): 585-592.
[92] Tan F, Hou M Z, Zhao H H. Autopilot design for homing missiles considering guidance loop dynamics[C]. 2nd International Conference on Intelligent Control and Information Processing, Harbin, 2011: 1-5.
[93] Wang Y L, Tang S J, Shang W, et al. Adaptive fuzzy sliding mode guidance law considering available acceleration and autopilot dynamics[J]. International Journal of Aerospace Engineering, 2018: 6081801-1-6081801-10.
[94] Lee Y I, Kim S H, Lee J I, et al. Analytic solutions of generalized impact-angle-control guidance law for first-order lag system[J]. Journal of Guidance, Control, and Dynamics, 2012, 36(1): 96-112.
[95] Zhang Z X, Li S H, Luo S. Composite guidance laws based on sliding mode control with impact angle constraint and autopilot lag[J]. Transactions of the Institute of Measurement and Control, 2013, 35(6): 764-776.
[96] 商巍, 唐胜景, 郭杰, 等. 考虑自动驾驶仪特性的自适应模糊动态面滑模制导律设计[J]. 兵工学报, 2015, 36(4): 660-667.
[97] 雷虎民, 王华吉, 周觐, 等. 基于扩张观测器的三维动态面导引律[J]. 系统工程与电子技术, 2017, 39(1): 138-146.
[98] 姜尚, 田福庆, 孙世岩, 等. 考虑自动驾驶仪动态特性与攻击角约束的模糊自适应动态面末制导律[J]. 系统工程与电子技术, 2019, 41(2): 389-401.
[99] Qu P P, Zhou D. A dimension reduction observer-based guidance law accounting for dynamics of missile autopilot[J]. Proceedings of the Institution of Mechanical Engineers, Part G: Journal of Aerospace Engineering, 2012, 227(7): 1114-1121.
[100] 杨靖, 王旭刚, 王中原, 等. 考虑自动驾驶仪动态特性和攻击角约束的鲁棒末制导律[J]. 兵工学报, 2017, 38(5): 900-909.
[101] He S M, Lin D F, Wang J. Robust terminal angle constraint guidance law with autopilot lag for intercepting maneuvering targets[J]. Nonlinear Dynamics, 2015, 81(1/2): 881-892.
[102] 张凯, 杨锁昌, 张宽桥, 等. 考虑导弹自动驾驶仪动态特性的新型制导律[J]. 北京航空航天大学学报, 2017, 43(8): 1693-1704.
[103] 王华吉, 雷虎民, 张旭, 等. 带扩张观测器的三维有限时间收敛导引律[J]. 国防科技大学学报, 2017, 39(6): 88-97.
[104] 薛文超, 黄朝东, 黄一. 飞行制导控制一体化设计方法综述[J]. 控制理论与应用, 2013,

30(12): 1511-1520.

[105] Williams D E, Richman J, Friedland B. Design of an integrated strapdown guidance and control system for a tactical missile[C]. Guidance and Control Conference, Gatlinburg, 1983: 1983-2169.

[106] Song H T, Zhang T. Fast robust integrated guidance and control design of interceptors[J]. IEEE Transactions on Control Systems Technology, 2015, 24(1): 349-356.

[107] Hughes T, McFarland M. Integrated missile guidance law and autopilot design using linear optimal control[C]. AIAA Guidance, Navigation, and Control Conference and Exhibit, Denvor, 2000: AIAA 2000-4163.

[108] Evers J H, Cloutier J R, Lin C F, et al. Application of integrated guidance and control schemes to a precision guided missile[C]. American Control Conference, Chicago, 1992: 3225-3230.

[109] Vaddi S S, Menon P K, Ohlmeyer E J. Numerical state-dependent riccati equation approach for missile integrated guidance control[J]. Journal of Guidance, Control, and Dynamics, 2012, 32(2): 699-703.

[110] Xin M, Balakrishnan S N, Ohlmeyer E J. Integrated guidance and control of missiles with θ-D method[J]. IEEE Transactions on Control Systems Technology, 2006, 14(6): 981-992.

[111] Kanellakopoulos I, Kokotovic P V, Morse A S. Systematic design of adaptive controllers for feedback linearizable systems[C]. American Control Conference, Boston, 1991: 649-654.

[112] Seyedipour S H, Fathi M, Shamaghdari S. Nonlinear integrated guidance and control based on adaptive backstepping scheme[J]. Aircraft Engineering and Aerospace Technology, 2017, 89(3): 415-424.

[113] Shao X L, Wang H L. Back-stepping active disturbance rejection control design for integrated missile guidance and control system via reduced-order ESO[J]. ISA Transactions, 2013, 57: 10-22.

[114] Swaroop D, Hedrick J K, Yip P P, et al. Dynamic surface control for a class of nonlinear systems[J]. IEEE Transactions on Automatic Control, 2000, 45(10): 1893-1899.

[115] 舒燕军, 唐硕. 轨控式复合控制导弹制导与控制一体化反步设计[J]. 宇航学报, 2013, 34(1): 79-85.

[116] 卢晓东, 赵辉, 赵斌, 等. 基于干扰补偿的拦截弹制导控制一体化设计[J]. 控制与决策, 2017, 32(10): 1782-1788.

[117] Zhao B, Xu S Y, Guo J G, et al. Integrated strapdown missile guidance and control based on neural network disturbance observer[J]. Aerospace Science and Technology, 2019, 84: 170-181.

[118] Hou M Z, Liang X L, Duan G R. Adaptive block dynamic surface control for integrated missile guidance and autopilot[J]. Chinese Journal of Aeronautics, 2013, 26(3): 741-750.

[119] 刘晓东, 黄万伟, 杜立夫. 含攻击角度约束的三维制导控制一体化鲁棒设计方法[J]. 控制理论与应用, 2016, 33(11): 1535-1542.

[120] Wang J H, Liu L H, Zhao T, et al. Integrated guidance and control for hypersonic vehicles in dive phase with multiple constraints[J]. Aerospace Science and Technology, 2016, 53: 103-115.

[121] Sagliano M, Mooij E, Theil S. Adaptive disturbance-based high-order sliding-mode control for

hypersonic-entry vehicles[J]. Journal of Guidance, Control, and Dynamics, 2016, 40(3): 521-536.

[122] Jegarkandi M F, Ashrafifar A, Mohsenipour R. Adaptive integrated guidance and fault tolerant control using backstepping and sliding mode[J]. International Journal of Aerospace Engineering, 2015, (6): 1-7.

[123] Yamasaki T, Balakrishnan S N, Takano H. Separate-channel integrated guidance and autopilot for automatic path-following[J]. Journal of Guidance, Control, and Dynamics, 2013, 36(1): 25-34.

[124] Koren A, Idan M, Golan O M. Integrated sliding mode guidance and control for missile with on-off actuators[J]. Journal of Guidance, Control, and Dynamics, 2008, 31(1): 204-214.

[125] He S M, Song T, Lin D F. Impact angle constrained integrated guidance and control for maneuvering target interception[J]. Journal of Guidance, Control, and Dynamics, 2017, 40(10): 2653-2661.

[126] 赵振昊, 沈毅, 李开聪, 等. 一种考虑导弹高阶动态特性的非线性一体化导引控制策略[J]. 宇航学报, 2009, 30(3): 1045-1051.

[127] Wang J H, Cai Y W, Cheng L, et al. Active disturbance rejection guidance and control scheme for homing missiles with impact angle constraints[J]. Proceedings of the Institution of Mechanical Engineers, Part G: Journal of Aerospace Engineering, 2019, 233(3): 1133-1146.

[128] You M, Zong Q, Tian B L, et al. Nonsingular terminal sliding mode control for reusable launch vehicle with atmospheric disturbances[J]. Proceedings of the Institution of Mechanical Engineers, Part G: Journal of Aerospace Engineering, 2018, 232(11): 2019-2033.

[129] Zhang C, Wu Y J. Non-singular terminal dynamic surface control based integrated guidance and control design and simulation[J]. ISA Transactions, 2016, 63: 112-120.

[130] 董朝阳, 程昊宇, 王青. 基于自抗扰的反步滑模制导控制一体化设计[J]. 系统工程与电子技术, 2015, 37(7): 1604-1610.

[131] 张尧, 郭杰, 唐胜景, 等. 导弹制导与控制一体化三通道解耦设计方法[J]. 航空学报, 2014, 35(12): 3438-3450.

[132] Guo C, Liang X G. Integrated guidance and control based on block backstepping sliding mode and dynamic control allocation[J]. Proceedings of the Institution of Mechanical Engineers, Part G: Journal of Aerospace Engineering, 2015, 229(9): 1559-1574.

[133] Shtessel Y B, Tournes C H. Integrated higher-order sliding mode guidance and autopilot for dual control missiles[J]. Journal of Guidance, Control, and Dynamics, 2009, 32(1): 79-94.

[134] Yamasaki T, Balakrishnan S N, Takano H. Integrated guidance and autopilot design for a chasing UAV via high-order sliding modes[J]. Journal of the Franklin Institute-engineering and Applied Mathematics, 2012, 349(2): 531-558.

[135] Shtessel Y B, Shkolnikov I A, Levant A. Guidance and control of missile interceptor using second-order sliding modes[J]. IEEE Transactions on Aerospace and Electronic Systems, 2009, 45(1): 110-124.

[136] 付斌, 吴兴宇, 陈康, 等. 反临近空间武器高阶滑模制导控制一体化方法[J]. 西北工业大学学报, 2017, 35(6): 967-974.

[137] 董飞垚, 雷虎民, 周池军, 等. 导弹鲁棒高阶滑模制导控制一体化研究[J]. 航空学报, 2013, 34(9): 2212-2218.

[138] 齐辉, 张泽, 许江涛, 等. 基于 Nussbaum 增益滑模自适应控制的导弹制导控制一体化设计[J]. 控制与决策, 2017, 32(1): 93-99.

[139] 赵国荣, 冯淞琪. 适用于制导控制一体化的模糊滑模方法[J]. 控制与决策, 2014, 29(7): 1321-1324.

[140] 赵国荣, 韩旭, 胡正高, 等. 基于模糊滑模方法的双舵控制导弹制导控制一体化[J]. 控制与决策, 2016, 31(2): 267-272.

[141] Wang L X, Mendel J M. Fuzzy basis functions, universal approximation, and orthogonal least-squares learning[J]. IEEE Transactions on Neural Networks, 1992, 3(5): 807-814.

[142] 王昭磊, 王青, 冉茂鹏, 等. 基于自适应模糊滑模的复合控制导弹制导控制一体化反演设计[J]. 兵工学报, 2015, 36(1): 78-86.

[143] Ran M P, Wang Q, Hou D L, et al. Backstepping design of missile guidance and control based on adaptive fuzzy sliding mode control[J]. Chinese Journal of Aeronautics, 2014, 27(3): 634-642.

[144] 赵暾, 王鹏, 刘鲁华, 等. 带有模糊干扰观测器的高超声速飞行器一体化制导控制方法[J]. 国防科技大学学报, 2016, 38(5): 86-93.

[145] 杨靖, 王旭刚, 王中原, 等. 基于滑模观测器的鲁棒变结构一体化导引控制律[J]. 兵工学报, 2017, 38(2): 246-253.

[146] Bachtiar V, Manzie C, Kerrigan E C. Nonlinear model-predictive integrated missile control and its multiobjective tuning[J]. Journal of Guidance, Control, and Dynamics, 2017, 40(11): 2961-2970.

[147] Yan H, Tan S P, He Y Z. A small-gain method for integrated guidance and control in terminal phase of reentry[J]. Acta Astronautica, 2017, 132: 282-292.

[148] 包为民. 对航天器仿真技术发展趋势的思考[J]. 航天控制, 2013, 31(2): 4-8.

[149] Chen Z Y, Chen W C, Liu X M, et al. Development of an educational interactive hardware-in-the-loop missile guidance system simulator[J]. Computer Applications in Engineering Education, 2018, 26(2): 341-355.

[150] Waszniowski L, Hanzalek Z, Doubrava J. Aircraft control system validation via hardware-in-the-loop simulation[J]. Journal of Aircraft, 2011, 48(4): 1466-1468.

[151] Malekzadeh M, Rezayati M, Saboohi M. Hardware-in-the-loop attitude control via a high-order sliding mode controller/observer[J]. Proceedings of the Institution of Mechanical Engineers, Part G: Journal of Aerospace Engineering, 2018, 232(10): 1944-1960.

[152] 范世鹏, 徐平, 吴广, 等. 精确制导战术武器半实物仿真技术综述[J]. 航天控制, 2016, 34(3): 66-72.

[153] Benninghoff H, Rems F, Boge T. Development and hardware-in-the-loop test of a guidance, navigation and control system for on-orbit servicing[J]. Acta Astronautica, 2014, 102: 67-80.

[154] Bacic M, MacDiarmid M. Hardware-in-the-loop simulation of aerodynamic objects[C]. AIAA Modeling and Simulation Technologies Conference and Exhibit, Hilton Head, 2007: AIAA 2007-6465.

[155] Saulnier K, Perez D, Huang R C, et al. A six-degree-of-freedom hardware-in-the-loop simulator for small spacecraft[J]. Acta Astronautica, 2014, 105(2): 444-462.
[156] 单家元, 孟秀云, 丁艳. 半实物仿真[M]. 2 版. 北京: 国防工业出版社, 2013.
[157] 蔡安江, 蒋周月, 郭师虹, 等. 半物理仿真技术工业应用现状及发展趋势[J]. 航天控制, 2018, 36(3): 52-56.
[158] 谢道成, 王中伟, 程见童, 等. 基于 dSPACE 的飞行器控制半实物仿真系统快速搭建[J]. 宇航学报, 2010, 31(11): 2557-2562.
[159] 曹娟娟, 房建成, 盛蔚, 等. 低成本多传感器组合导航系统在小型无人机自主飞行中的研究与应用[J]. 航空学报, 2009, 30(10): 1923-1929.
[160] 于永军, 刘建业, 熊智, 等. 高动态载体高精度捷联惯导算法[J]. 中国惯性技术学报, 2011, 19(2): 136-139.
[161] 韩子鹏等. 弹箭外弹道学[M]. 北京: 北京理工大学出版社, 2014.
[162] 李臣明, 张微, 韩子鹏. 100km 以下风场对远程弹箭运动的影响研究[J]. 兵工学报, 2007, 28(10): 1169-1172.
[163] 姜尚, 田福庆, 孙世岩, 等. 考虑落角约束与驾驶仪特性的自适应径向基空间末制导律[J]. 国防科技大学学报, 2019, 41(6): 100-110.
[164] Coelho F A, Hemerly E M. Block dynamic surface control applied to a sea-skimming missile[J]. Journal of Guidance, Control, and Dynamics, 2017, 40(5): 1286-1292.
[165] Li B, Hu Q L, Yu Y B, et al. Observer-based fault-tolerant attitude control for rigid spacecraft[J]. IEEE Transactions on Aerospace and Electronic Systems, 2018, 53(5): 2572-2582.
[166] 胡寿松. 自动控制原理基础教程[M]. 3 版. 北京: 科学出版社, 2013.
[167] Feng Y, Yu X H, Man Z H. Non-singular terminal sliding mode control of rigid manipulators[J]. Automatica, 2002, 38(12): 2159-2167.
[168] Li Y M, Tong S C, Li T S. Direct adaptive fuzzy backstepping control of uncertain nonlinear systems in the presence of input saturation[J]. Neural Computing and Applications, 2013, 23(5): 1207-1216.
[169] Nussbaum R D. Some remarks on a conjecture in parameter adaptive control[J]. Systems & Control Letters, 1983, 3(5): 243-246.
[170] 田福庆, 姜尚, 梁伟阁. 含齿隙弹载舵机的全局反步模糊自适应控制[J]. 自动化学报, 2019, 45(6): 1177-1185.
[171] Lai G Y, Liu Z, Zhang Y, et al. Adaptive fuzzy tracking control of nonlinear systems with asymmetric actuator backlash based on a new smooth inverse[J]. IEEE Transactions on Cybernetics, 2016, 46(6): 1250-1262.
[172] 吕帅帅, 林辉, 陈晓雷, 等. 弹载电动舵机幂次滑模反演控制[J]. 北京理工大学学报, 2016, 36(10): 1037-1042.
[173] Wu J, Li J, Chen W S. Practical adaptive fuzzy tracking control for a class of perturbed nonlinear systems with backlash nonlinearity[J]. Information Sciences, 2017, 420: 517-531.
[174] Shi Z G, Zuo Z Y. Backstepping control for gear transmission servo systems with backlash nonlinearity[J]. IEEE Transactions on Automation Science and Engineering, 2015, 12(2):

752-757.
[175] 姜尚, 田福庆, 孙世岩, 等. 滚转舰炮制导炮弹的空间多约束导引与控制一体化设计[J]. 航空学报, 2019, 40(10): 323101.
[176] Zhao X, Li J, Duan W S, et al. Numerical analysis of the mixed 4th-order runge-kutta scheme of conditional nonlinear optimal perturbation approach for the EI niño-southern oscillation model[J]. Advances in Applied Mathematics and Mechanics, 2016, 8(6): 1023-1035.
[177] 张培忠, 高坤, 宁金贵. 制导炸弹半实物仿真系统误差对仿真结果的影响[J]. 弹道学报, 2019, 31(1): 43-49, 55.
[178] 张舵, 刘满国, 章校, 等. 基于半实物仿真环境的系统误差分析研究[J]. 系统仿真学报, 2019, 31(1): 53-58, 64.
[179] Kalman R E. A new approach to linear filtering and prediction problems[J]. Journal of Basic Engineering, 1960, 82(1): 35-45.